現場で働く方必携!!

知っておきたい省エネ対策試し技50

藤井 照重

電気書院

はじめに

日本は世界5位のエネルギー消費国でありながら、一次エネルギーの自給率は7～8%と非常に低く、代替資源の探索・活用とともに、エネルギーを効率よく使用する省エネ技術の促進が非常に重要である。石油危機後、1979年に「エネルギー使用の合理化に関する技術（省エネ法）」が制定・実施された。実質GDP当たりのエネルギー消費が世界のトップクラスに至り、今後20年間においても同様にエネルギー消費効率35%改善を目指し、4つの規制分野：「工場等」、「輸送」、「住宅・建築物」、「機械器具等」において燃料、熱や電気のエネルギーを対象として省エネ化を図っている。

一方、石油、石炭、LNG等化石燃料の燃焼によって生ずる温室効果ガスのうちCO_2による地球温暖化問題も世界的に注目されている。我が国は2011年の東日本大震災後原子力発電所の停止から火力発電所の増加によって化石燃料の依存度が90%近くに増加し、2018年度は世界で5番目の約11.5億トン（世界の3.4%、一人当たり約10トン）の二酸化炭素を排出している。

さらに、政府は一次エネルギー消費の削減を目指して省エネ法では対象とされていない太陽光、風力、水力、地熱、バイオマスのような再生可能エネルギの利用促進のために2011年再生可能エネルギーの固定価格買取制度（FIT）を導入し、電力会社に一定の期間・価格で買い取る義務付けを行い、2030年に一次エネルギー源の22～24%の導入を目標としている。

本書は、工場等事業所においてエネルギー業務に携わり、省エネを図り、エネルギーコストの削減に関心のある人々を対象としている。まず省エネ法の基本として事業者が遵守すべき判断基準、原油換算値および二酸化炭素排出量及び省エネ改善への目標とする消費原単位について紹介する。次に省エネへの考え方・手段として50項目を取り上げ、その効果を求める計算方法を試し問題とともに説明する。

最後に、出版にあたり、大変お世話になった株式会社電気書院　近藤知之氏に厚く御礼申し上げます。

令和二年六月

藤井　照重

目　次

省エネ法に関する基礎事項

基本技 1　規制対象事業者が遵守すべき役割とは？ …… 2
2　原油換算の方法 …… 9
3　二酸化炭素排出量の算出 …… 17
4　エネルギー消費原単位と電気需要平準化評価原単位とは？ …… 21

知っておきたい省エネ対策試し技50

「ボイラ関連」
技 1　ボイラの省エネ …… 30
2　排ガス熱損失と他の熱損失 …… 37
3　給水温度の上昇 …… 42
4　空気比調整による燃料節約 …… 45
5　連続ブロー量を確認しよう！ …… 48
6　ドレン回収に伴う燃料消費量削減と節水料金 …… 55
7　放散熱量の省エネ …… 60
8　配管系統の熱放散と熱侵入 …… 68
9　煙突効果の利用 …… 73

「圧縮機関連」
10　圧縮機の省エネの基本 …… 77
11　圧縮機の吐出圧力の減少 …… 81
12　圧縮機の吸込み温度の低下 …… 83
13　圧縮機空気漏れの低減 …… 85
14　圧縮機の台数制御 …… 88
15　圧縮機のインバータ制御 …… 92
16　圧縮機の運転時間の短縮 …… 94
17　圧縮機空気配管の圧力損失の低減および圧縮機の分散化 …… 96
18　圧縮機空気の臨界流量 …… 101
19　小孔からの漏洩量（空気，蒸気）…… 106

「送風機関連」
20　送風機の省エネの基本 …… 112
21　送風機のインバータによる省エネ …… 121
22　工場換気の省エネ …… 125
23　屋内駐車場，電気室，機械室の換気制御 …… 129
24　工場エアーのブロワ化 …… 135

「ポンプ設備」
25 ポンプの省エネの基本 …… 139
26 ポンプの性能特性と流量制御 …… 146
27 ポンプの回転数制御による省エネ …… 151
28 熱搬送設備におけるポンプの台数制御 …… 158

「ヒートポンプ・冷凍機関連」
29 ヒートポンプおよび冷凍サイクルの省エネの基本 …… 161
30 ヒートポンプ，蒸気圧縮冷凍機の冷暖房温度緩和 …… 171
31 全熱交換器を用いた省エネ …… 179
32 外気導入制御による省エネ …… 185
33 空調容積の減少 …… 190
34 窓からの熱侵入と熱放出 …… 195

「工業炉・乾燥炉関係」
35 工業炉の省エネの基本 …… 202
36 蓄熱燃焼式バーナ(リジェネレイティブバーナ)による省エネ …… 207
37 工業炉壁の放射，伝導，蓄熱損失の低減 …… 213
38 乾燥炉の廃熱回収による省エネ …… 217
39 鋳物溶解炉開口部および「取鍋」の放熱損失の低減 …… 221

「コージェネレーションシステム」
40 コージェネレーションシステムの有効利用 …… 227

「電気設備関連」
41 デマンド監視装置による節電 …… 237
42 変圧器の省エネ …… 240
43 変圧器の統合 …… 244
44 力率の改善による省エネ …… 247
45 待機電力の削減 …… 256
46 照明設備の省エネ …… 260
47 自販機の省エネ …… 264
48 駆動ベルトコンベアのインバータ制御 …… 267

「その他」
49 ボイラとヒートポンプによる加熱システムの利用効率の比較 …… 272
50 再生可能エネルギーの活用 …… 282

参考文献 …… 305
索引 …… 307

省エネ法に関する基礎事項

基本技1　規制対象事業者が遵守すべき役割とは？

キーポイント

1973年(第1次)と1979年(第2次)に始まった石油危機を契機として1979年(昭和54年)に制定されたエネルギー使用の合理化に関する法律(省エネ法)の目的は，次のようである．「内外におけるエネルギーをめぐる経済的社会的環境に応じた燃料資源の有効利用の確保に資するため，工場・事業場，輸送，建築物，機械器具についてエネルギー使用の合理化に関する所要の措置その他エネルギーの使用の合理化を総合的に進めるために必要な措置を講ずることとし，もって国民経済の健全な発展に寄与する(法の第1条)」．ここで，エネルギーとは燃料，熱，電気を対象とし，廃棄物からの回収エネルギーや風力，太陽光等の非化石エネルギーは対象とされない．報告責務等の規制対象に該当する工場・事業場とは，事業者全体(本社，工場，支店，営業所，店舗等)の1年間のエネルギー使用量(原油換算)が合計1500 kL以上の事業者(特定事業者，特定連鎖化事業者)である．

解説

1．省エネ法が規制する分野

省エネ法が直接規制する4つの事業分野を表1に示す．表中に示す事業者が対象となるが，本編では表中No.1に示す工場・事業場等に係る事項について取扱う．

表１　省エネ法が規制する分野

No.	事業分野	内　容
1	工場・事業場等	工場，事業場（オフィス・病院・ホテル学校等）での事業者
2	輸送（自家輸送を含）	輸送（貨物・旅客）業者，荷主
3	住宅・建築物	建築主，増改時，特定住宅（戸建住宅）事業者
4	機械器具等	エネルギー消費機器，建築材料等の製造，輸入事業者

2、規制の対象となる事業者

エネルギー管理の規制体系が平成22年4月から事業者単位（企業単位）となり，事業者全体（本社・工場・支店・営業所・店舗等）の１年間のエネルギー使用量（原油換算）が合計して1500 kL以上であれば，エネルギー使用量を事業者単位で国へ届け出て，特定事業者の指定を受けなければならない．

表２　事業者全体としてのエネルギー管理指定の例

例１　A株式会社

構成	全体	年間のエネルギー使用量（原油換算）	規定範囲	指定規制対象
1	工場	3500 kL	≧ 3000 kL	第１種エネルギー管理指定工場
2	事業場	1600 kL	≧ 1500 kL	第２種エネルギー管理指定工場
3	事業場	1000 kL	< 1500 kL	—
4	事業場	600 kL	〃	—
5	営業所	500 kL	< 1500 kL	—
	合計	7200 kL	≧ 1500 kL	特定事業者

例２　B株式会社

構成	全体	年間のエネルギー使用量（原油換算）	規定範囲	指定規制対象
1	事業場	1000 kL	< 1500 kL	—
2	事業場	600 kL	〃	—
3	営業所	300 kL	〃	—
4	営業所	100 kL	< 1500 kL	—
	合計	2000 kL	≧ 1500 kL	特定事業者

他に，フランチャイズチェーン事業等の本部と加盟店の間の約款内容によって本部が連鎖化事業者となり，加盟店を含む事業全体の１年度間のエネルギー使用量（原油換算）が合計して1500 kL以上の場合は本部が国に届け出て，特定連鎖化事業者の指定を受けなければならない．

3．事業者の行うべき役割

事業者が行わなければならない役割・手順は次である．

① 事業者全体のエネルギー使用量（原油換算）の把握

② エネルギー使用量≧1500 kL/年のとき，エネルギー使用状況届出書を本社の所在地を管轄する経済産業局へ提出

③ 特定事業者または特定連鎖化事業者の指定

④ エネルギー管理統括者とエネルギー管理企画推進者の選任と届出

⑤ エネルギー管理の実施（判断基準，省エネ措置の実施）

⑥ 中長期計画・定期報告書の提出

この事業者全体としての義務内容および特定事業者等が設置する工場ごとの義務をまとめて表3(a)，(b)に示す．事業者が取り組むべき事項は，表3(a)に示す判断基準に定めた措置（管理標準の設定，省エネ措置の実施等）と電気需要平準化のために電気から燃料または熱の使用への転換や電気需要平準化時間帯以外への電気器具の稼働時間の変更等の電気需要平準化に資する取組みの実践である．目標としては事業者全体で中長期的（5年程度）にみてエネルギー消費原単位または電気需要平準化評価原単位を年平均１％以上低減することである．そのために事業者は，エネルギー管理統括者およびエネルギー管理企画推進者を選任するとともに定期報告書，中長期計画書を地域の経済産業局に毎年報告するように義務付けられている．

表３　事業者全体および工場等としての義務

(a)　事業者全体の義務

年間エネルギー使用量（原油換算 kL）		≧ 1500 kL/年	< 1500 kL/年
事業者の区分		特定事業者，特定連鎖化事業者	—
事業者の義務	選任すべき者	エネルギー管理統括者， エネルギー管理企画推進者	—
	取り組むべき事項	判断基準に定めた措置の実践（管理標準，省エネ実施）	
事業者の目標		中長期的に年平均１％以上のエネルギー消費原単位または電気需要平準化評価原単位の低減	
行政によるチェック		指導・助言，立入検査，合理化計画への作成指示	指導・助言への対応

(b)　特定事業者が設置する工場ごとの義務

年エネ使用量（原油換算 kL）	≧ 3000 kL/年		≧ 1500 kL/年 < 3000 kL/年	< 1500 kL/年
指定区分	第１種エネルギー管理指定工場等		第２種エネルギー管理指定工場等	—
事業者区分	第１種特定事業者	第１種指定事業者	第２種特定事業者	—
業種	製造業 ５業種*1	左記業種の事務所 左記以外の業種*2	すべての業種	
選任すべき者	エネルギー管理者	エネルギー管理員	エネルギー管理員	—

＊1　鉱業，製造業，電気供給業，ガス供給業，熱供給業（事務所を除く）
＊2　ホテル，病院，学校等

ただし，事業者単位のエネルギー使用量（原油換算）< 1500 kL/年の場合，その事業者は定期報告書・中長期計画書の提出やエネルギー管理統括者の選任等の義務は不要であるが，エネルギー使用の合理化への基本方針や判断基準に留意してエネルギー使用の合理化に努める必要がある．

４．事業者の判断基準

エネルギーを使用して事業を行う者がエネルギーの使用の合理化を適切かつ有効に実施するために必要な判断の基準について，事業者および連鎖化事業者が全体を俯瞰して取り組むべき事項は，次のように定められている．各事業者は次のエネルギー設備や分野ごとに，必要な判断基準に基づき運転管理，計測・記録，保守・点検，さらに新設措置等の該当部分について管理標準を定め，エネルギー使用の合理化に努めなければならない．

・エネルギーの使用の合理化の基準

(I) 専ら事務所その他これに類する用途に供する工場等に関する事項

⑴ 空気調和設備，換気設備

⑵ ボイラ設備，給湯設備

⑶ 照明設備，昇降機，動力設備

⑷ 受変電設備，BEMS

⑸ 受電専用設備およびコージェネレーション設備

⑹ 事務用機器，民生用機器

⑺ 事務用機器

⑻ その他エネルギーの使用の合理化に関する事項

(II) 工場等(上記(I)に該当するものを除く)に関する事項

⑴ 燃料の燃焼の合理化

⑵ 加熱および冷却並びに伝熱の合理化

⑶ 廃熱の回収利用

⑷ 熱の動力等への変換の合理化

⑸ 放射，伝導，抵抗等によるエネルギーの損失の防止

⑹ 電気の動力，熱等への変換の合理化

上記の事項につき，合理的なエネルギーの使用を図るために，各工場・事業場ごとにエネルギー管理の全体を表すマニュアルとしてエネルギー使用設備の「運転管理」，「計測・記録」，「保守・点検」といった運転要領を作成し，各従業員が遵守，実施し，省エネに努めなければならない．内容は，「どんな人でもそれさえ見ればエネルギーの使用量をほぼ最小に抑えて生産できる設備の運用法を示すマニュアルである」．一例として蒸気ボイラ(専ら事務所および工場等)の管理標準の作成例を表4に示す．

表４　蒸気ボイラ（専ら事務所および工場等）の管理標準例

設備または設備群名	定格
蒸気ボイラ， 給気ファン，給水ポンプを含む	蒸発量５t/h×３台

①管理および基準

番号 (工場等)	内容 (管理基準･基準の項目名)	基準値	関連記録・資料・備考
(1) ①ア	空気比の管理	1.2 以下	メーカ点検記録
(1) ①イ	基準空気比 (別表第１（A))	1.2～1.3	ボイラ運転マニュアル
(2-1) ①コ	ボイラ設備の管理： 圧力	0.45 MPa ± 0.03 MPa	運転マニュアル
	ボイラ設備の管理： 流量	5 t/h	運転マニュアル
	ボイラ設備の管理： 時間	9 時～20 時	運転マニュアル
(3) ①ア	廃ガス温度の管理	200 ℃以下	メーカ点検記録
(3) ①イ	基準廃ガス温度 (別表第２（A))	200 ℃以下	ボイラ運転マニュアル
(3) ①ウ	蒸気ドレンの廃熱回収温度・量の管理	―	ボイラ運転マニュアル
(6-1) ①ア	ボイラ設備の不要時の停止	―	ボイラ運転マニュアル
(6-1) ①ウ	ポンプの流量・吐出圧の適正化調整	―	設備保守管理表（ポンプ)
(6-1) ①カ	運転電流・電圧の管理	１回/日， １回/月	電圧，電流チェックリスト(ファン)
(2-1) ①キ	ボイラ給水の水質管理	JIS B 8223	運転マニュアル・自動制御マニュアル
(1) ①ウ	ボイラ台数制御の管理	―	該当せず（単体運転)
(1) ①エ	燃料の性状管理	１回/年	ボイラ運転マニュアル

②計測および記録

番号 (工場等)	内容（管理基準，計測記録項目，実施頻度等)	基準値	関連記録・資料・備考
(2) ②	燃料供給量，残存 O_2 量の計測・記録	１回/日， ２回/年	運転日報
(2-1) ②	供給蒸気の圧力・量の計測・記録	１回/日	運転日報
	給水量，給水温度の計測・記録	１回/日	運転日報
	給水の水質検査	２回/年	メーカー点検記録
(3) ②	廃ガス温度の計測・記録	２回/年	メーカー点検記録
	回収ドレン分析（温度，量，性状)	２回/年	メーカー点検記録
(6-1) ②	運転電流・電圧の計測・記録	１回/日， １回/月	電圧，電流チェックリスト(ファン，ポンプ)

③計測および記録

番号(工場等)	番号	内容(管理基準，保守点検項目，実施頻度等)	基準値	関連記録・資料・備考
(1) ③	(2) ③ア	日常保守点検	1回/日	点検記録
		燃焼設備の保守・点検	2回/年	メーカー点検記録
(2-1) ③		熱交設備(スケール等の除去)の保守・点検	1回/年	設備保守管理表
(3) ③		廃熱回収設備の保守・点検	1回/年	設備保守管理表
(6-1) ③ア	(3) ③ウ	動力伝達部・電動機軸受の保守・点検	2回/年	設備保守管理表(ファン，ポンプ)
(6-1) ③イ	(3) ③ウ	配管・ダクトからの漏えい等の保守・点検	1回/日，1回/月	設備保守管理表(ファン，ポンプ)
(5-1) ③ア	(2) ③イ	断熱保温の保守・天譴	1回/日，1回/月	設備保守管理表
(5-1) ③イ		スチームトラップ，蒸気漏えい保守点検	1回/月	設備保守管理表

④新設にあたっての措置

番号(工場等)	番号	内容(前年度に実施した新設措置)	関連記録・資料・備考
(3) ①ア	(2) ④イ	高効率ボイラの採用	

＜参考＞

省エネ法(正式名：エネルギーの使用の合理化に関する法律)

我が国の省エネ政策の根幹をなすもので，二度の石油危機を契機に1979年(昭和54年)に制定された。事業分野としては，工場，輸送，建築物，機械器具の四種類について省エネ化を進め，効率的に使用するための法律である．2008年(平成20年)の改正により，これまで工場・事業場ごとに行っていたエネルギー管理を企業全体で行うことが義務付けされた．

基本技2　原油換算の方法

キーポイント

電気・ガソリン・重油・ガス等異なる一次，二次エネルギー源を合計したり，比較するために，原油の単位量あたりの高発熱量を用いて発熱量換算し，共通の単位として原油の量に換算する(原油換算と呼ぶ)．エネルギーの使用の合理化に関する法律(通称：省エネ法)では，前年度全体で原油換算1500 kL以上のエネルギーを使用した事業者は，前年度に使用したエネルギーの総量を原油に換算し，合計を毎年4月末までに各地域の経済産業局に報告することが義務付けられている．

解説

原油の換算係数は，発熱量1000万kJ(10 GJ)を原油0.258 kLとして換算する．すなわち，熱量1 GJ＝0.0258 kL(原油)と換算する．

以下，燃料別に原油換算の方法を記す．

1、A重油を使用の場合

A重油の高発熱量は，1 kLあたり39.1 GJである．したがって，A重油を1 kL使用したときの原油換算使用量＝39.1 GJ/kL×0.0258 kL/GJ＝1.01 kL(原油)

2、都市ガスを使用の場合

都市ガスの発熱量は，ガス供給会社ごとに組成が若干異なるので，ガス供給事業者から提示される高発熱量を用いる．一般に13 Aで45 GJ/千m^3であるので，この場合にはこの都市ガスの原油換算使用量＝45 GJ/千m^3×0.0258 kL/GJ＝1.16 kL/千m^3(原油)となる．

3．原油を使用した場合

省エネ法施行規則に提示されている原油(コンデンセート以外)の発熱量は，1 kLあたり38.2 GJである．したがって，原油換算使用量＝38.2 GJ/kL×0.0258 kL/GJ＝0.986 kL/kLである．ここで，1 kL/kLでないのは，国際的に共通な値と現在日本で使用されている平均的な原油の品質の違いで，我が国のものはやや軽く，発熱量が少し低くなっているためである．

4．電気使用の場合

省エネ法の換算係数は，一般に次表のようである．

表5　電気の換算熱量

		一次エネルギー換算使用量
一般電気事業者	昼間買電 [千kWh]	9.97 GJ/千kWh
	夜間買電 [千kWh]	9.28 GJ/千kWh
その他	上記以外の買電，自家発電	9.76 GJ/千kWh

＊改正省エネ法に基づく「昼間買電」は8時～22時，「夜間買電」は22時～翌8時を指す．

例えば，昼間(午前8時か午後10時まで)500万kWh使用した場合の原油換算量は，次のようである．

昼間の一次エネルギー換算値の9.97GJ/千kWhから5000千kWh×9.97 GJ/千kWh×0.0258 kL/GJ＝1286 kL(原油)である．このように昼夜で換算使用量が異なるのは，表6に示すように昼夜の発電効率の違いによって投入エネルギー量に違いが生ずるためである．

例えば，昼夜別の熱効率の平成15年度実績値は，次のようである(電気事業連合会の平成17年9月資料「電力の一次エネルギー換算について」)．

表６　電力の昼夜別発電効率（実績値）

項　目	全　日	昼間 （8時～22時）	夜間 （22時～翌8時）
発電端効率	40.85 %	40.44 %	41.92 %
総合損失率	9.7 %	10.7 %	7.5 %
所内率	4.5 %	4.6 %	4.3 %
送配電損失率	5.3 %	6.3 %	3.2 %
変電所所内電力率	0.13 %	0.13 %	0.13 %
需要端熱効率	36.90 %	36.10 %	38.78 %
一次エネルギー換算値 [kJ/kWh]	9757	9972	9282

＊電力会社の汽力発電所の運転実績および卸電気事業者の汽力発電所の運転実績をベースとしての発電端効率を示す.

エネルギー使用量の原油換算（平成27年度提出報告分）で使用されている簡易計算表を次に示す．ここで，都市ガスの換算係数値は，各ガス会社によって組成が異なるので，正確な値は契約資料を調べるかガス供給事業者に問い合わせる．一般に都市ガス13 Aの高発熱量は，45 GJ/千m^3とされる．

＜参考＞

一次エネルギーと二次エネルギー

一次エネルギーとは加工されてない状態で供給される石油，石炭，原子力，天然ガス，水力，地熱，太陽熱等．二次エネルギーは一次エネルギーを転換・加工して得られる電気，各種温度の熱エネルギー，ガソリン，灯油，重油等の石油製品，都市ガス，水素，コークス等をいう．

表7　エネルギー使用量(原油換算)の換算係数

エネルギー使用量(原油換算値)計算				
エネルギーの種類			換算係数	
			数値	単位
燃料および熱	原油		38.2	GJ/kL
	原油のうちコンデンセート(NGL)		35.3	GJ/kL
	揮発油(ガソリン)		34.6	GJ/kL
	ナフサ		33.6	GJ/kL
	灯油		36.7	GJ/kL
	軽油		37.7	GJ/kL
	A 重油		39.1	GJ/kL
	B・C 重油		41.9	GJ/kL
	石油アスファルト		40.9	GJ/t
	石油コークス		29.9	GJ/t
	石油ガス	液化石油ガス(LPG)	50.8	GJ/t
		石油系炭化水素ガス	44.9	GJ/ 千㎥
	可燃性天然ガス	液化天然ガス(LNG)	54.6	GJ/t
		その他可燃性天然ガス	43.5	GJ/ 千㎥
	石炭	原料炭	29.0	GJ/t
		一般炭	25.7	GJ/t
		無煙炭	26.9	GJ/t
	石炭コークス		29.4	GJ/t
	コールタール		37.3	GJ/t
	コークス炉ガス		21.1	GJ/ 千㎥
	高炉ガス		3.41	GJ/ 千㎥
	転炉ガス		8.41	GJ/ 千㎥
	都市ガス		45.0	GJ/ 千㎥
	産業用蒸気		1.02	GJ/GJ
	産業用以外の蒸気		1.36	
	温水		1.36	
	冷水		1.36	
	小計①			
電気	電気事業者	昼間売電	9.97	GJ/ 千 kWh
		夏季・冬季における電気需要平準化時間帯	9.97	GJ/ 千 kWh
		夜間買電	9.28	GJ/ 千 kWh
	その他	上記以外の買電	9.76	GJ/ 千 kWh
	小計②			
合計 GJ(③=①+②)				
原油換算 [kL]			0.0258	KL/GJ

試し問題 1

ある工場において電力会社からの年間電気使用量は，昼間買電：15000千kWh，夜間買電：5000千kWhで，燃料は年間でボイラにA重油：3500 kL，都市ガス13 A：3000千m^3を使用している．トータルの熱量 [GJ] および原油換算量を求めよ．

[解答]

各熱量は，表7より

① A重油：換算係数39.1 GJ/kLから3500 × 39.1＝136850 GJ，

② 都市ガス13 A：換算係数45 GJ/千m^3を用いて3000×45＝135000 GJ，

③ 昼間電力：換算係数9.97 GJ/千kWhから15000×9.97＝149550 GJ，

④ 夜間電力：換算係数9.28 GJ/千kWhから5000×9.28＝46400 GJ，

したがって，合計の熱量＝136850 GJ＋135000 GJ＋149550 GJ＋46400 GJ＝467800 GJ，

熱量1 GJ＝0.0258 kL(原油)から，合計の原油換算量＝467800 GJ×0.0258 kL/GJ＝12069.24 kL

試し問題 2

当該年度に使用した燃料量を発熱量に換算したものが8万GJ，電力会社から供給された電気量を熱量に換算したものが10万GJである工場の原油換算エネルギー使用量は何kLか．

[解答]

燃料では燃料の種類ごとに高発熱量換算し，合計した総発熱量を発熱量1 GJ＝原油0.0258 kLとして原油換算し，エネルギー使用量とする．一方，電気では電気の種類ごとに電気の使用量を熱量に換算し，燃料の場合と同じく，熱量1 GJ＝原油0.0258 kLとして，原油換算エネルギー使用量とする．問題では燃料と電気の各総熱量が与えられている．総熱量＝8万GJ＋10万GJ＝18万GJ，したがって，原油換算エネルギー使用量＝18万GJ×0.0258 kL/GJ＝4644 kL

試し問題 3

コージェネレーションシステム(以下コージェネと略す)設備を有する工場において，前年に使用した燃料のトータルの換算発熱量が60万GJで，その燃料の一部の20万GJをコージェネ設備の燃料に用いた．コージェネ設備の発電量は，換算熱量10万GJ，また発生した蒸気の熱量6万GJは，隣接する別会社へ供給した．それとは別に電力会社からの換算熱量が18万GJであった(図1参照)．この工場の前年度におけるエネルギー使用量(原油換算)は何kLか．

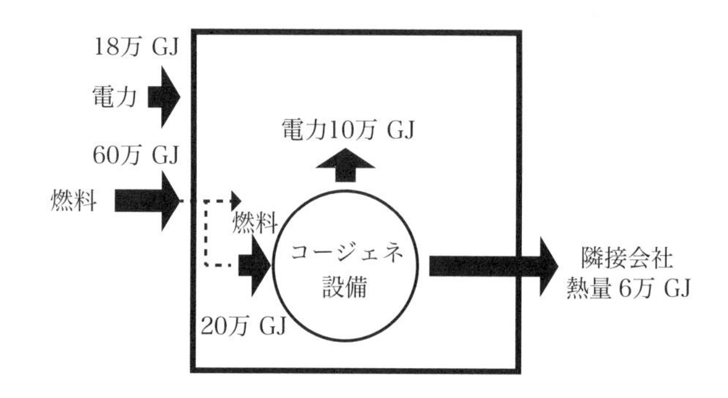

図１　工場のエネルギー使用の内訳

[解答]

燃料の総発熱量60万GJ，電気の換算熱量18万GJなので，熱量1 GJ $=0.0258$ kLを用いて，原油換算エネルギー使用量 $=60\times10^4\times0.0258+18\times10^4\times0.0258=20124$ kL

なお，工場のコージェネ設備の使用燃料(20万GJ)や発電量(10万GJ)および隣接会社への熱回収量(6万GJ)は，すべてこの工場で使用した熱量(60万GJ)中に含まれるので，工場のエネルギー使用量の計算に入れなくてよい．

試し問題 4

ある事業者が保有する食品工場における前年度の燃料，電気等の使用量は，次のa～fのようであった．この事業者には，食品工場のほかに，別の事業所として本社事務所があり，事務所としてのみ使用され，この前年度の電気使用量は，下記の項gであった．この事業所全体で，前年度の原油に換算したエネルギー使用量を求めよ（図２参照）．

a：食品工場で，一般電気事業者から購入して使用した電気量を熱量に換算した量が５万GJ

b：食品工場で，乾燥設備等で燃料として使用したA重油の量を熱量に換算した量が４万GJ

c：食品工場で都市ガスの供給を受けてコージェネ設備によって発電を行って，その電気を使用し，熱は蒸気として使用した．その都市ガス量を熱量換算量が３万GJ

d：食品工場で，cのコージェネ設備によって発電され，使用した電気の量を熱量換算した量が１万GJ

e：食品工場で，cのコージェネ設備によって製造され，使用した蒸気の熱量が１万GJ

f：食品工場で，太陽光発電設備を設置して発電した電気は全量を工場内で使用し，熱量に換算した量が２千GJ

g：本社事務所で，一般電気事業者から購入して使用した電気量を熱量換算した量が１万５千GJ

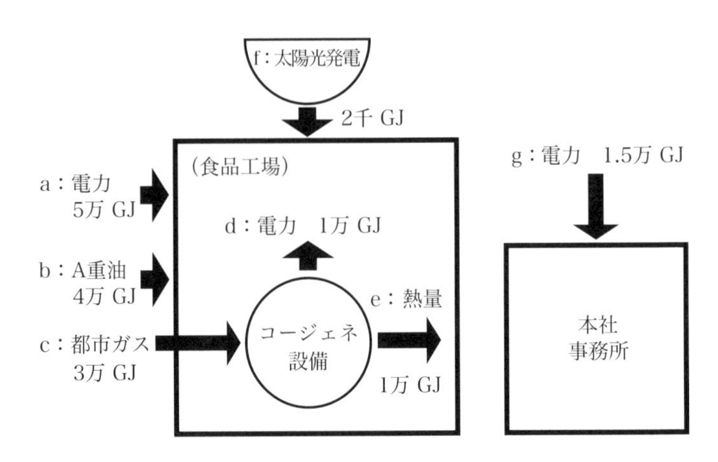

図 2　事業者のエネルギー使用の内訳

[解答]

燃料や廃熱回収によってコージェネ設備で発電した電気・生成した蒸気・温水の熱エネルギーは，投入の燃料使用量の試算に入っているので，発生した電気，熱はエネルギー使用量の算定には含めない．また項fの太陽光発電設備により発電した電気は，省エネ法で定める電気には該当しないので，エネルギー使用量の計算に含めない．

事業者全体の原油換算エネルギー使用量＝(項a＋項b＋項c＋項g)×0.0258
＝(50000＋40000＋30000＋15000)×0.0258＝3483 kL

この事業者は事業者全体のエネルギー使用量が1500 kL以上であるから特定事業者である．

食品工場の原油換算エネルギー使用量は，(50000＋40000＋30000)×0.0258
＝3096 kL
この食品工場の原油換算エネルギー使用量は3000 kL以上であるから第一種エネルギー管理指定工場となる．

本社事務所の原油換算エネルギー使用量は，15000×0.0258＝387 kLで，1500 kL未満であるからエネルギー管理指定工場等に該当しない．

基本技3 二酸化炭素排出量の算出

キーポイント

地球温暖化に寄与する温室効果ガス(CO_2，メタン，一酸化二窒素，フロンガス等)の総排出量の内，CO_2の割合が約76 %を占め，影響が最も大きい．電気や熱の源となる燃料の燃焼によって生じる地球温暖化効果ガスCO_2に対して，世界的にその削減が求められている．我が国では省エネ法によりすべての事業所の原油換算エネルギー使用量合計が1500 kL/年以上となる事業者(特定事業者，特定連鎖化事業者)は，二酸化炭素の排出量を定期報告書に記載して各地域の経済産業局に届け出の義務が課せられ，この算出が必要である．

解説

エネルギー起源の二酸化炭素排出量には，対象となる燃料等に対して次表の排出係数を基に算出される．なお，木材，木くず，木炭等のバイオマス系燃料では，植物により大気中から吸収された二酸化炭素が再び大気中に排出されるもの(カーボンニュートラルと呼ばれる)なので，二酸化炭素の排出量＝0として計算から除外されている．

エネルギー起源の二酸化炭素の算出方法について表8および経済産業省，環境省令を基に環境省が作成した算定係数値を表9に示す．

表 8　エネルギー起源の二酸化炭素

対　象	算出方法	単位量あたりの排出係数	
		区　分	値
燃料の使用	(燃料種ごと) 燃料使用量×高発熱量×単位発熱量あたりの炭素排出量	表 9 に従う	
他者からの熱の使用(熱供給等)	(熱の種類ごと) 熱使用量×単位使用料あたりの排出量	産業用蒸気	0.060 t-CO_2/GJ
		温水・冷水・蒸気(産業用を除く)	0.057 t-CO_2/GJ

表 9　二酸化炭素 (CO_2) 排出量算定係数

燃　料			排出量算定係数	発熱量	炭素排出量
		単位	t-CO_2/ 単位	GJ/ 単位	t-C/GJ
原油（除くコンデンセート）		1 kL	2.62	38.2	0.0187
	うちコンデンセート	1 kL	2.38	35.3	0.0184
ガソリン		1 kL	2.32	34.6	0.0183
灯油		1 kL	2.49	36.7	0.0185
軽油		1 kL	2.62	38.2	0.0187
A 重油		1 kL	2.71	39.1	0.0189
B・C 重油		1 kL	2.98	41.7	0.0195
液化石油ガス（LPG）		1 t	3.00	50.2	0.0163
液化天然ガス（LNG）		1 t	2.70	54.5	0.0135
原料炭		1 t	2.60	28.9	0.0245
一般炭（輸入炭）		1 t	2.41	26.6	0.0247
無煙炭		1 t	2.54	27.2	0.0255
コークス		1 t	3.24	30.1	0.0294
コークス炉ガス		千m^3	0.85	21.1	0.0110
高炉ガス		千m^3	0.33	3.41	0.0266
転炉ガス		千m^3	1.18	8.41	0.0384
都市ガス 13 A		千m^3	2.28	45.0	0.0138
同　　12 A		千m^3	2.12	41.9	0.0138
熱供給等	産業用蒸気	GJ	0.0601	−	−
	産業以外の蒸気，温水，冷水	GJ	0.0568	−	−

（備考）上表中，炭素排出量 t-C/GJ＝{(t-CO_2/ 単位) ÷ 発熱量 (GJ/ 単位)} × $\frac{12}{44}$

電力の公式数値は，二酸化炭素の排出係数が各電気事業者また年度で燃料の種別等が異なるので，年度ごとに公表される各電力会社の算定方式に従う．表10には平成29年度実績の大手電気事業者の基礎排出係数を参考に示す．

表10　電気事業者の二酸化炭素の排出係数（平成30年度実績）

電気事業者名	基礎排出係数 [t-CO_2/kWh]*
北海道電力株式会社	0.000643
東北電力株式会社	0.000522
東京電力エナジーパートナー株式会社	0.000468
中部電力株式会社	0.000457
北陸電力株式会社	0.000542
関西電力株式会社	0.000352
中国電力株式会社	0.000618
四国電力株式会社	0.000500
九州電力株式会社	0.000319
沖縄電力株式会社	0.000786

＊この係数は毎年公表されている．電力会社の発電方式や昼夜による違いはない．

＜参考＞

温室効果のメカニズム

太陽からの短波長（0.35～0.75 μm）の可視光によって暖められた地表から放射された1～100 μmの長波長の赤外線は、温室効果ガス（Greenhouse gas，二酸化炭素，メタン，水蒸気など）によって吸収され，宇宙および地表に放射され，地表の温度をさらに上昇させる．人為起源の温室効果ガス（排出量割合：二酸化炭素76 %，メタン16 %，一酸化二窒素6 %，フロン類等2 %）のうちもっとも量が多い二酸化炭素の影響が大きい．すなわち，地球の平均気温14 ℃に対して，温室効果ガスがなければ，－19 ℃になるといわれている。

試し問題 1

使用ボイラは，前年度燃料（C重油）を2000 kL消費した．この場合の前年度エネルギー使用量 [GJ] およびCO_2排出量を求めよ．

[解答]

表9からC重油の発熱量：41.7 GJ/kL，CO_2排出係数：2.98 t-CO_2/kLである．したがって，年間のエネルギー使用量 [GJ]＝2000×41.7＝83400 GJ，

CO_2排出量 [t-CO_2]＝2000×2.98＝5960 t-CO_2

あるいは，C重油の炭素排出係数0.0195 t-C/GJを用いると，年間の炭素排出量 [t-C]＝83400×0.0195＝1626.3 t-Cで，CO_2排出量は，

C（分子量12）→CO_2（分子量44）に直すと，分子量比から$\frac{44}{12}$を乗じて，1626.3 $\times\frac{44}{12}=5963.1$ t-CO_2

試し問題 2

ガスタービンコージェネレーションシステムの燃料である都市ガス13 Aの使用量は，年間900千m^3_Nである．都市ガス13 Aの発熱量を45 GJ/千m^3_Nとする．CO_2排出量を求めよ．

[解答]

表9の都市ガス13 Aの炭素排出係数0.0138 t-C/GJを用いて，年間のCO_2排出量[t-CO_2]$=900\times45\times0.0138\times\frac{44}{12}=2049.3$ t-CO_2

あるいは，表9の都市ガス13 Aの排出量算定係数2.28 t-CO_2/千m^3を用いると，年間のCO_2排出量 [t-CO_2]＝2.28×900＝2052 t-CO_2

基本技4　エネルギー消費原単位と電気需要平準化評価原単位とは？

キーポイント

工場等におけるエネルギー使用の合理化に関する事業者の判断の基準として，合理化に対する目標および計画的に取り組むべき措置がある．すなわち，エネルギーの使用の合理化に関する諸基準を順守するとともに，その設置している工場等におけるエネルギー消費原単位または電気需要平準化評価原単位の二種類の原単位を管理，報告することが求められている．中長期的にみて両者原単位のどちらか一方を年平均１パーセント以上低減させることを目標に技術的かつ経済的に可能な範囲内で実現に努めなければならない．

特に，2011年(平成23年)の東日本大震災とその後の原子力発電所の停止によって電源不足の状況が生じ，「電力のピークカット」が我が国の大きな課題となっている．従来のエネルギー消費原単位の他に，平成26年4月1日省エネ法が改正され，社会問題となってきた夏や冬の需要ピーク時の電力不足を解消することを目的に電気需要平準化評価原単位が追加された．需要家側の対策として，従来の省エネに加えて，蓄電池や自家発電の活用等によって夏季・冬季の「電気需要平準化時間帯」の電気の使用量を削減する取り組みを行った場合にはその事業者が省エネ法上不利な評価を受けないよう，これをプラスに評価できる体系とするものである．

解説

「電気需要平準化時間帯」とは，全国一律で7月1日～9月31日(夏季)および12月1日～3月31日(冬季)の8時～22時(土日祝日を含む)を指し，この時間帯の電力使用率は，例えば，図3(夏季)に示すように，概ね1日の平均(2012年度実績では夏季74 %,冬季78 %を占める)を上回る.

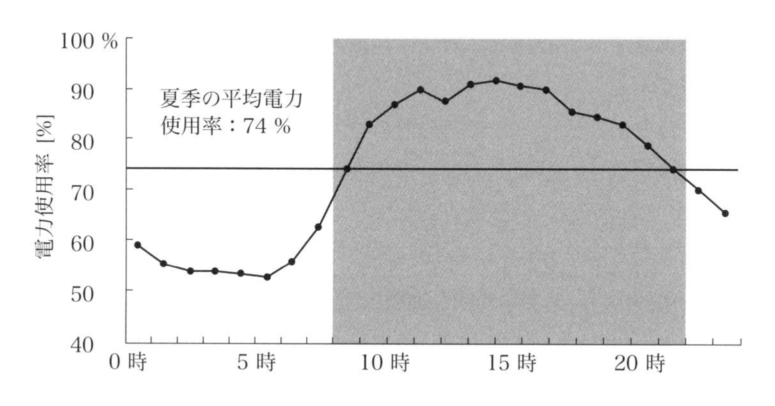

図3　夏季時間帯の電力使用率の例

1．エネルギー消費原単位

生産量や仕事量または生産面積，人数等が増減した場合，それに伴ってエネルギー消費量が変化するので，エネルギー消費量と密接な関係を持つ因子(項目)を定めて，その項目あたりのエネルギー消費量をエネルギー消費原単位とする．エネルギー効率的な概念で，式(4.1)に示す．

エネルギー消費原単位
＝エネルギー使用量÷生産数量等(エネルギーの使用量に密接な関係のある数値)　(4.1)

ここで，分母の生産数量等は，エネルギー消費量と密接な関係をもつ因子とする．従来では生産数量，販売量，売上高，延べ面積，従業員数，ベッド数，製品重量，素材重量等が選ばれている．複数の生産品があり，エネルギー使用量が個々で異なる場合には各製品ごとに重みを付加した数式としても良く，事業者が独自に選択できる．

次に，ある工場におけるエネルギー消費原単位の５年間の計算の一例を示す．

表 11　エネルギー消費原単位の算出例

項目＼年度		(n-4)年度	(n-3)年度	(n-2)年度	(n-1)年度	n年度	5年度間平均エネルギーの使用に係る原単位変化
①燃料および熱の使用量（GJ）		52990	47500	47200	49255	47525	
②電気の使用量	(千kWh)	7276	7092	7803	7534	7223	
	(GJ)	70795	69005	75923	73306	70280	
③合計（GJ）③＝①＋②		123735	116505	123123	122561	117805	
④原油換算（kL）		3192	3006	3177	3162	3039	
⑤生産数量または建物延床面積その他のエネルギーの使用量と密接な関係をもつ値		9600	9507	9659	9840	9552	
⑥エネルギーの使用に係る原単位(＝④÷⑤)		A	B	C	D	E	
		0.3325	0.3162	0.3289	0.3213	0.3182	
	対前年度比（%）		95.1	104.0	97.7	99.0	98.9

＊1　項目⑤は，製品生産重量[千t]である．原単位の単位は，[kL/千t]である．
＊2　5年度間平均原単位は，$\{(B/A)\times(C/B)\times(D/C)\times(E/D)\}^{1/4}=(E/A)^{1/4}$である．

結果，過去5年度間の平均エネルギー使用原単位変化は，98.9 %と目標である１%以上の改善(1.1 %)を示している．

2. 電気需要平準化評価原単位

「電気需要平準化時間帯」とは，全国一律で7月～9月(夏季)および12月～3月(冬季)の8時～22時(土日祝日を含む)を指す．この時間帯は電力使用率が年間の1日の平均を大きく上回る時間帯である．

ピーク時間帯の電気使用量を削減できた場合，これ以外の時間帯における削減よりも原単位改善への寄与が大きくなるようにピーク時間帯の電力使用量を1.3倍にして評価するというものである．このピークカットを実現するためには，次の3つの措置が考えられる．

① チェンジ：電気使用から燃料または熱の使用に転換，例えば空調設備等からガスエンジンヒートポンプや吸収式冷温水器等への変更．

② シフト：設備稼働時間をピーク時間帯から夜間に変更，蓄電池の活用等．

③ カット：電力使用量のデマンド監視装置やBEMS等を用いてピークカットする．

電気需要平準化評価原単位
＝{(エネルギー使用量 − 電気需要平準化時間帯の電気使用量)＋1.3×(電気需要平準化時間帯の電気使用量)}÷生産数量等（エネルギーの使用料に密接な関係のある数値）

(4.2a)

すなわち，原油の換算係数として「発熱量1 GJ(＝100万kJ)を原油0.0258 kLとして換算する」を用いて，書き直すと，

電気需要平準化評価原単位＝{全エネルギーの合計原油換算値＋電気需要平準化時間帯の買電量の熱量×(評価係数α −1)}×0.0258 kL÷生産数量等（エネルギーの使用料に密接な関係のある数値）

(4.2b)

ここで，評価係数α ＝1.3

すなわち，平準化概念を導入することで電気需要平準化時間帯における事業者の電気使用への削減努力が，従来より大きく評価されることになった．

試し問題 1

事務所においてエネルギー使用は電気のみで，エネルギー消費および電気需要平準化評価の各原単位の分母は，面積1 m^{2}とする．次の2つのケース：①平準化時間帯の買電量を削減，②平準化時間帯以外の買電量を削減したとき，各々の場合の原単位を比較せよ．条件は原油換算値で，ケース①：(i)平準化時間帯買電量は削減前60 kL，削減後40 kL，(ii)平準化時間帯以外の買電量は削減前後一定で40 kL，ケース②：(i)平準化時間帯買電量は削減前後で一定で60 kL，(ii)平準化時間帯以外の買電量は削減前40 kL，削減後20 kLとする．

[解答]

ケース①の場合，削減前の買電量合計＝60＋40＝100 kL，電気需要平準化時間帯の買電の割り増し分＝60×0.3＝18 kL，削減後の買電量合計＝40＋40＝80 kL，電気需要平準化時間帯の買電の割り増し分＝40×0.3＝12 kL，

したがって，エネルギー消費原単位：削減前 $= \dfrac{60+40}{1} = 100\ \text{kL/m}^2$

削減後 $= \dfrac{40+40}{1} = 80\ \text{kL/m}^2$

電気需要平準化評価原単位：削減前 $= \dfrac{100+18}{1} = 118\ \text{kL/m}^2$

削減後 $= \dfrac{80+12}{1} = 92\ \text{kL/m}^2$

ケース②の場合，削減前の買電量合計＝60＋40＝100 kL，電気需要平準化時間帯の買電の割り増し分＝60×0.3＝18 kL，削減後の買電量合計＝60＋20＝80 kL，電気需要平準化時間帯の買電の割り増し分＝60×0.3＝18 kL，まとめて結果を表12に示す．

表 12　電気需要平準化時間帯の削減効果

項　目	ケース①		ケース②	
	削減前	削減後	削減前	削減後
平準化時間帯買電量 [kL]	60	40	60	60
上記時間帯以外の買電量 [kL]	40	40	40	20
エネルギー消費原単位 [kL/m^2]	100	80 (20 % 減)	100	80 (20 % 減)
電気需要平準化時間帯の買電量の割り増し分 (×0.3)	18	12	18	18
平準化評価帯原単位 [kL/m^2]	118	92 (22 % 減)	118	98 (17 % 減)

すなわち，エネルギー消費原単位は，削減後ケース①と②ともに80 kL/m^2(20 %減)で変わらない．一方，電気需要平準化評価原単位は，ケース①が92(22 %減)に対しケース②では98(17 %減)である．同じ買電量を削減する場合，平準化時間帯の買電量を削減したケース①の方が平準化時間帯以外の買電量を削減したケース②の場合より電気需要平準化評価原単位の評価が高くなる．

試し問題 2

昼間(午前8時～午後10時まで)時間帯に稼働する工場において，エネルギー消費原単位は原油の量に換算したエネルギー使用量を製品の生産数量で除した値として管理している．前年度は，製品の生産数量が5500台で，電気使用量は12000 MWhであった．また，ボイラで使用したA重油は1000 kLで，33800 GJの蒸気を発生させ，すべて工場で消費した．今年度は，生産数量5900台で，電気使用量は12500 MWh，A重油を1020 kL使用して35000 GJの蒸気を発生させ，すべて工場で消費した．この工場における前年度と今年度におけるエネルギー消費原単位および電気需要平準化評価原単位はいくらか．ただし，電気使用量の熱量への換算係数を9.76 GJ/MWh，A重油の高発熱量を39.1 GJ/kLとする．

[解答]

$$前年度のエネルギー消費原単位 = \frac{12000 \times 9.76 + 1000 \times 39.1}{5500} = 28.40\ \mathrm{GJ/台}$$

$$今年度のエネルギー消費原単位 = \frac{12500 \times 9.76 + 1020 \times 39.1}{5900} = 27.44\ \mathrm{GJ/台}$$

今年度は前年度に比べ，$\frac{27.44}{28.40} = 0.966 \rightarrow 96.6\ \%$となり，3.4 %の改善を示した.

次に，電気需要平準化評価原単位は，

$$前年度の電気需要平準化評価原単位 = \frac{12000 \times 9.76 \times 1.3 + 1000 \times 39.1}{5500} = 34.79\ \mathrm{GJ/台}$$

$$今年度の電気需要平準化評価原単位 = \frac{12500 \times 9.76 \times 1.3 + 1020 \times 39.1}{5900} = 33.64\ \mathrm{GJ/台}$$

したがって，今年度は前年度に比べ，$\frac{33.64}{34.79} = 0.967 \rightarrow 96.7\ \%$となり，3.3 %の改善を示した.

試し問題 3

表11のn年度の電気需要平準化評価原単位を求めよ．ここで，電気の使用量7223千kWhの内，夏季・冬季における電気需要平準化時間帯の買電量を3000千kWhとする.

[解答]

電気需要時間帯(昼間)の換算係数＝9.97 GJ/千kWhから3000千kWh×9.97＝29910 GJ

原油換算すると，1 GJ＝0.0258 kLから29910 GJ×0.0258＝771.7 kL

したがって，

$$電気需要平準化評価原単位 = \frac{3039 + 771.7 \times (1.3 - 1)}{9552} = 0.3424\ \mathrm{kL/千t}$$
である.

知っておきたい省エネ対策試し技50

技1 ボイラの省エネ

キーポイント

ボイラは，高温の燃焼ガスから低温の液体(主に水)へ熱が移動して蒸気(または温水)を発生させる装置である．その性能を表すボイラ効率とは，ボイラに供給した総熱量に対して給水が吸収した有効熱量の割合である．ボイラの省エネにはボイラの入出熱量のバランスについてきちんと把握しておく必要がある．

解説

1．ボイラの熱収支

ボイラの入熱，出熱，および熱損失の関係を示した熱収支を図1.1に示す．入熱は主に燃料の発熱量で，出熱は蒸気(または温水)の発生熱量で，有効熱とは給水から蒸気(または温水)に達するまでの熱である．すなわち，ボイラ効率＝有効熱/入熱で表されるが，一方，熱バランスから有効熱＝入熱－熱損失であるので，熱損失との関係では次のようになる．

$$\text{ボイラ効率} = \frac{\text{有効熱}}{\text{入熱}} = \frac{\text{入熱} - \text{熱損失}}{\text{入熱}} = 1 - \frac{\text{熱損失}}{\text{入熱}} \quad (1.1)$$

したがって，ボイラ効率を改善するには，各熱損失を減少させることが必要で図1.2には省エネ対策を[　　]で示す．さらに，ボイラの熱焼の管理としていかに低空気比で完全燃焼させられるかで，過剰な空気で燃焼させると，完全燃焼しても過剰な空気を暖めるのに要する余分な熱量および排ガス量が増加し，排ガス熱損失が増加する．

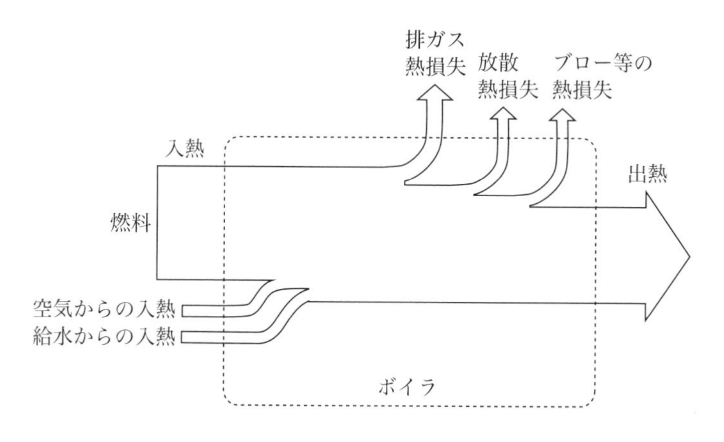

図 1.1　入出熱バランス

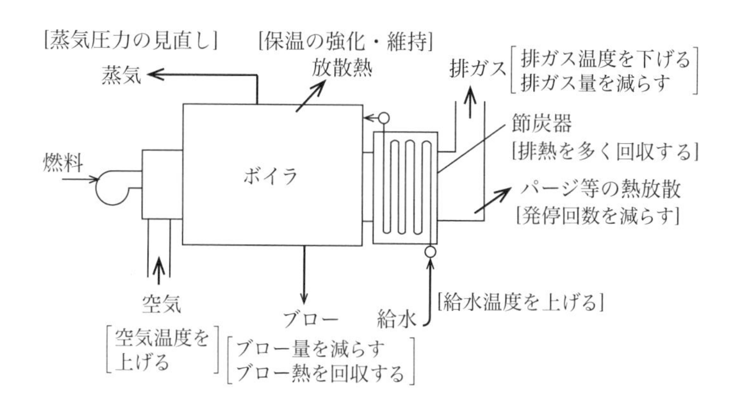

図 1.2　ボイラの省エネ対策

2．ボイラ効率の算出

ボイラ効率η_Bの算出には前記で示した(i)入出熱法，η_B＝(有効熱/入熱)から有効熱を入熱で除して求める方法，次に，(ii)熱損失法，$\eta_{B1}=1$－(熱損失/入熱)から各熱損失の合計を入熱で除して1から減ずる方法の二つがある．特に，(ii)熱損失法は，省エネ改善のための熱損失の流失箇所の把握のために重要である．二つの違いを説明すると，

(i)入出熱法の基本は，η_B=(作業流体の吸収熱量)÷(供給燃料の発熱量)である．すなわち，分母は一般に(燃料の低発熱量H_ℓ×燃料消費量B)で，分子は有効出熱で水および蒸気(温水)側において吸収される熱量の合計(Q_S)である．なお，試験中にブローを行う場合にはブロー水の吸収熱(Q_d)を分子に加えて次式で表される．

$$\eta_{B1} = \frac{Q_S + Q_d}{H_\ell \times B} \tag{1.2}$$

次に，(ii)熱損失法は，燃料1 kg(または1 m^3)あたりの熱損失合計(L_t)を入熱から差し引くことで求められる．

$$\eta_{B2} = 1 - \frac{L_t}{H_\ell} = 1 - \rho_t \tag{1.3}$$

ここで，燃料1 kg(またはm^3)あたりの熱損失合計L_tと入熱，すなわち低発熱量H_ℓとの割合$\rho_t = \dfrac{L_t}{H_\ell}$は，各損失割合の合計から次式で表される．

$$\begin{aligned} L_t &= L_1 + L_2 + L_3 + L_4 + L_5 + L_6 \\ \rho_t &= \rho_1 + \rho_2 + \rho_3 + \rho_4 + \rho_5 + \rho_6 \end{aligned} \tag{1.4}$$

ここで，各記号の意味は，次のようである．

L_1：排ガス(水蒸気を含む)の保有熱損失 [kJ/kg(またはm^3)]
L_2：不完全燃焼ガスによる熱損失 [kJ/kg(またはm^3)]
L_3：燃焼中の未燃分による熱損失 [kJ/kg(またはm^3)]
L_4：放散熱による熱損失 [kJ/kg(またはm^3)]
L_5：炉内吹込蒸気または温水による排ガス熱損失 [kJ/kg(またはm^3)]
L_6：その他の熱損失 [kJ/kg(またはm^3)]

これより，ボイラ効率を改善するには，図1.1および式(1.4)の熱損失法からわかるように，各熱損失Lの減少，とりわけボイラ効率悪化のほとんどを占めるボイラからの排ガス熱損失(L_1)を減らすことにある．

3．ボイラの省エネ項目

ボイラの省エネ対策は，図1.2に示すように上記の熱損失を減少させることで，ボイラ効率が改善され，表1.1のような項目があげられる．備考欄には蒸気圧力0.5 MPaG(ゲージ圧力)程度の小形貫流ボイラでの燃料消費量の削減 [%]を目安として示す．

表1.1 ボイラの省エネ項目

	項目	内容	備考
(i)	熱損失の減少	・排ガス熱損失の減少 ・放散熱損失の減少 ・ボイラ保温の維持強化	排ガス温度 20 ℃減→排ガス損失は約 1.0 % 削減
(ii)	入熱を増やす	空気・給水温度の増加	空気・給水温度を 10 ℃増→ 各々燃料消費量 0.4 %，1.6 % 減
(iii)	内部熱損失の減少	・ブロー量の適正と熱回収 ・間欠運転・発停の減少	ブロー量を 0.1 % 減→燃料消費量約 0.2 % 減少

試し問題 1

過熱蒸気350 t/hを発生するボイラがあり，このボイラの燃料消費量は24500 kg/hである．燃料の低発熱量が41.0 MJ/kg，ボイラの入口給水の圧力，温度が13 MPa(abs)，200 ℃(比エンタルピー857.23 kJ/kg)，ボイラの出口蒸気の圧力，温度が12 MPa(abs)，545 ℃(比エンタルピー3468.73 kJ/kg)のとき，ボイラ効率を求めよ．ただし，有効熱は蒸気発生分のみで，入熱は燃料からのみ供給されるものとする．

[解答]

式(1.1)において，入熱＝燃料消費量×燃料の低発熱量＝24500 kg/h × 41.0 × 10^3 kJ/kg＝1.0045 × 10^9 kJ/h，有効熱＝蒸発量 ×(出口蒸気の比エンタルピー－入口給水の比エンタルピー)＝350 × 10^3 kg/h ×(3468.73－857.23) kJ/kg ＝9.14 × 10^8 kJ/h

$$\text{ボイラの熱効率} = \frac{\text{有効熱}}{\text{入熱}} = \frac{9.14\times10^8}{1.0045\times10^9} = 0.910 \rightarrow 91.0\ \%$$

試し問題 2

ある工場のボイラの熱勘定は，表1.1のようであった．ボイラ効率を入出熱法と熱損失法で求めよ．

表 1.1　ボイラの熱勘定表

入　熱	kJ/kg-f	%	出　熱	kJ/kg-f	%
①燃料の発熱量	41500.0	99.5	④発生蒸気の吸収熱	36700.5	88.0
②燃料の顕熱	200.8	0.5	⑤ブロー水の吸収熱	450.0	1.1
③その他，持込熱	0	0	⑥排ガスの保有熱損失	3675.8	8.8
—	—	—	⑦吹込蒸気の熱損失	49.8	0.1
—	—	—	⑧放散熱	457.3	1.1
—	—	—	⑨その他，熱損失	367.4	0.9
合　計	41700.8	100.0	合　計	41700.8	100.0

＊kg-f は燃料1 kgあたりを示す．

[解答]

$$\text{入出熱法}\ \eta_{B1} = (\text{有効熱④＋⑤}) \times \frac{100}{\text{入熱①＋②}}$$

$$= (36700.5 + 450.0) \times \frac{100}{41500.0 + 200.8}$$

$$= (37150.5) \times \frac{100}{41700.8} = 89.1\ \%$$

$$熱損失法\ \eta_{B2} = \left\{1 - \frac{(熱損失⑥+⑦+⑧+⑨)}{入熱①+②}\right\} \times 100$$

$$= \left\{1 - \frac{3675.8 + 49.8 + 457.3 + 367.4}{41500.0 + 200.8}\right\} \times 100$$

$$= \left(1 - \frac{4550.3}{41700.8}\right) \times 100 = (1 - 0.109) \times 100 = 89.1\ \%$$

表1.1の各項目の数値の大きさに着目して，次の簡易式が得られる．

入熱≒燃料発熱量①，有効熱≒発生蒸気の吸収熱④，熱損失≒排ガスの保有熱損失⑥と近似すると，

$$簡易入出熱法\ \eta_{C1} = (有効熱④) \times \frac{100}{入熱①} = \frac{36700.5 \times 100}{41500.0} = 88.4\ \%$$

$$簡易熱損失法\ \eta_{C2} = \left(1 - \frac{熱損失⑥}{入熱①}\right) \times 100 = \left(1 - \frac{3675.8}{41500.0}\right) \times 100 = 91.1\ \%$$

上記の熱損失≒排ガスの保有熱損失⑥に放散熱⑧を加えると，

$$簡易熱損失法\ \eta_{C3} = \left(1 - \frac{熱損失⑥+⑧}{入熱①}\right) \times 100 = \left(1 - \frac{3675.8 + 457.3}{41500.0}\right) \times 100$$

$$= 90.0\ \%$$

試し問題 3

ボイラの排ガスが保有する熱量を有効利用するために空気予熱器を設置する．空気予熱器設置前には350 ℃であったボイラ出口の排ガス温度が，空気予熱器の設置で150 ℃に減少した．空気予熱器設置前後のボイラの排ガス熱損失を低発熱量基準で除した排ガス熱損失割合 [%] で求めよ．その差がボイラ効率の改善につながる．ただし，大気温度20 ℃，燃料の低発熱量40.1 MJ/kg，燃料1 kgあたりの排ガス量12.1 $m^3{}_N$/kg，排ガスの平均定圧比熱1.38 kJ/($m^3{}_N$・K)とする．

[解答]

ボイラ排ガスの熱損失割合は，式(1.3)から，以下のようである．

排ガス損失割合 ρ_1

={ボイラ排ガス量×定圧比熱×(ボイラ出口ガス温度−大気温度)}/燃料発熱量

設置前の排ガス損失割合 $\rho_{10} = \dfrac{12.1 \times 1.38 \times (350 - 20)}{40.1 \times 10^3}$

$= 0.137 \rightarrow 13.7\ \%$

設置後の排ガス損失割合 $\rho_{11} = \dfrac{12.1 \times 1.38 \times (150 - 20)}{40.1 \times 10^3}$

$= 0.054 \rightarrow 5.4\ \%$

すなわち，排ガス温度の低下からボイラ効率 η_B は，$13.7 - 5.4 = 8.3\ \%$ 改善される．

＜参考＞

空気比 α

空気比とは，燃料の完全燃焼に必要な理論的空気量に対して実際に供給する空気量がどれだけ多いか，$\alpha = 1.2$ など理論空気量の何倍かで表す指標である．

一般には，排ガス分析により排ガス中の酸素濃度 O_2 [容積%]を測定し，次の簡略式で概略値が求められる(式2.5参照)．

$$空気比\ \alpha \fallingdotseq \frac{21}{21 - O_2}$$

技2　排ガス熱損失と他の熱損失

キーポイント

ボイラや工業炉等一般に燃料焚きの加熱装置において最も大きな熱損失となるのが燃焼に伴って生じる熱交換後の排ガスの放出熱である．この排熱を回収するためにボイラでは節炭器や空気予熱器，工業炉ではレキュペレータやリージェネバーナ等が設けられる．ここでは，排ガス熱量の算出方法およびその他の諸損失について述べる．

解説

熱損失合計L_tは，次の各種熱損失の和である．

1．排ガスの熱損失L_1

排ガスの熱損失L_1 [kJ/(燃料1 kgまたは1 m^3)] は，次式で表される．

$$L_1 = Gc_g(t_g - t_0) \tag{2.1}$$

ここで，G：燃料1 kg(または1 m^3)あたりの実際排ガス(水蒸気を含む)量 [m^3/kg(またはm^3)]，t_g：排ガスの温度 [℃]，t_0：基準温度 [℃]，c_g：排ガスの平均比熱 ≒ 1.38 kJ/(m^3・K)で，燃料A重油の場合，湿り排ガスで温度150～300 ℃，空気比1.1～1.5の範囲で平均比熱1.363～1.408 kJ/(m^3_N・K)，都市ガスLNG13Aでは排ガス温度100～150 ℃，空気比1.1～1.3で，湿り排ガスの平均比熱は，1.362～1.378 kJ/(m^3_N・K)であり，組成や温度によって変化する．

実際の燃焼ガス量G [m^3/(燃料1 kgまたは1 m^3)] は，空気比1の理論燃焼ガス量と過剰空気量の和に等しいから，

$$G = \text{理論燃焼ガス量} + \text{過剰空気量} = G_0 + (\alpha - 1)A_0 \qquad (2.2)$$

ここで，G_0：理論燃焼ガス量 [m^3/(燃料1 kgまたは1 m^3)]，α：空気比，A_0：理論空気量 [m^3/(燃料1 kgまたは1 m^3)] である．

式(2.1)，(2.2)から排ガスの熱損失L_1は，

$$L_1 = \{G_0 + (\alpha - 1)A_0\}c_g(t_g - t_0) \qquad (2.3)$$

すなわち，排ガス熱損失は，排ガス温度t_gと排ガス量Gに関係し，排ガス量Gは，燃料の組成と空気比αに影響される．

例えば，すべての固体，液体燃料の空気比αに対して，排ガス熱量損失割合$\rho_1(=L_1/H_\ell)$ [無次元] は，すべての固体および液体燃料に対して次の近似式がある．

$$\rho_1 = (3.32\,\alpha + 0.61) \times \frac{\Delta t}{100} \times \frac{1}{100} \qquad (2.4)$$

ここで，$\Delta t = t_g - t_0$である．

すなわち，空気比αと排気温度t_gの管理が重要である．空気比αが過大であると，排ガス量が増加し，排ガス熱損失が増加する．一方，過小であると，一酸化炭素やすすが発生し，不完全燃焼による損失が増加する．空気比αは，燃焼ガス分析によって，乾き排ガス中の酸素濃度(O_2，容積%)から，概略値が次式から求められる．

$$\alpha \fallingdotseq \frac{21}{21 - (O_2)} \qquad (2.5)$$

2．不完全燃焼による熱損失L_2

不完全燃焼による熱損失L_2 [kJ/(燃料1 kgまたは1 m^3)] は，燃料ガス中にCO等の未燃ガスが残ったときの損失である．

$$L_2 = 126.1\{G_0 + (\alpha - 1)A_0\}(CO)\ \ \text{kJ/kg (または m}^3\text{)} \qquad (2.6)$$

ここで，126.1は，CO 1 m^3の燃焼熱［kJ/m^3］，G_0：燃焼ガス量［m^3/(燃料1 kgまたは1 m^3)］，A_0：理論空気量［m^3/(燃料1 kgまたは1 m^3)］，(CO)：排ガス中のCOの体積割合［m^3/m^3］

3．未燃分による熱損失L_3

燃え殻中の未燃分の損失で油焚きやガス焚きではほぼ$L_3=0$である．石炭の火格子燃焼では10 %に及ぶことがある．大体の目安としては，火格子燃焼で良質炭：4～6 %，低質炭：6～12 %，揮発分10～30 %の微粉炭燃焼で3.5～7 %である．

4．放散損による熱損失L_4

$L_4=\dfrac{\ell_r H_\ell}{100}$［kJ/(燃料1 kgまたは1 m^3)］，ここで，ℓ_rは低発熱量に対する放散熱損失［%］で，ボイラの種類，構造，蒸発量等によって異なる値をとる．ボイラ各部の表面および周囲外気温度の測定値と熱伝達率から，また各部の熱流束を測定することによって求められる．

5．その他の熱損失L_5

L_5は他の雑損失(保有水の吹き出しや蒸気によるすす吹き等)の合計である．

試し問題 1

都市ガス燃焼ボイラにおいて乾き排ガス中の酸素濃度(体積%)が5 %であった．空気比を求めよ．

［解答］

式(2.5)より，$\alpha \fallingdotseq \dfrac{21}{21-5}=1.31$

試し問題 2

ボイラの熱勘定において，ボイラの排ガス温度＝154 ℃，大気温度＝20 ℃，排ガス量が燃料1 kgあたり15.0 m^3とすると，排ガス損失は何％か．ボイラ効率を熱損失法で算出せよ．ただし，排ガスの平均定圧比熱＝1.38 kJ/(m^3・K)，燃料の低発熱量＝40.2 MJ/燃料1 kg，排ガス損失以外のその他の熱損失を0.8 MJ/燃料1 kgとする．

[解答]

燃料1 kgあたりの排ガス熱量＝15.0 m^3×1.38 kJ/(m^3・K)×(154－20)K＝2773.8 kJ，したがって，

$$\text{排ガス損失}[\%] = \frac{2773.8}{40.2 \times 10^3} \times 100 = 6.9\ \%$$

燃料1 kgあたりの損失熱の合計≒0.8＋2.7738＝3.5738 MJ，したがって，

$$\text{ボイラ効率} = 1 - \frac{3.5738}{40.2} = 0.911 \rightarrow 91.1\ \%$$

試し問題 3

燃料A重油焚きボイラに対して，空気比$\alpha = 1.2$で排ガス温度と外気温度の差$\Delta t = 200$ ℃の排ガス損失割合[%]および排ガス温度を20 ℃減少させたときの排ガス熱損失割合[%]を求めよ．

[解答]

固体，液体の排ガス熱損失割合の近似式(2.4)を用いて，

$$\rho_1 = (3.32 \times 1.2 + 0.61) \times \frac{\Delta t}{100} \times \frac{1}{100} = 4.594 \times \frac{\Delta t}{10^4}$$

$\Delta t = 200$，180 ℃に対して$\rho_1 = 0.0919$，0.0827で，排ガス損失割合は，それぞれ9.19 %，8.27 %となる．

試し問題 4

燃料が軽油のボイラに対して排ガス温度と外気温度の差$\Delta t = 200$ ℃一定で，空気比$\alpha = 1.3$のときの排ガス損失割合 [%] と空気比αを1.2に改良したときの排ガス熱損失割合 [%] を調べよ.

[解答]

式(2.4)から空気比$\alpha = 1.3$のとき，

$$\rho_1 = (3.32 \times 1.2 + 0.61) \times \frac{\Delta t}{100} \times \frac{1}{100} = 4.594 \times \frac{\Delta t}{10^4}$$

$$= 0.0985 \rightarrow 9.85\ \%$$

次に$\alpha = 1.2$に減少させると，

$$\rho_1 = (3.32 \times 1.2 + 0.61) \times \frac{200}{100} \times \frac{1}{100} = 0.09188 \rightarrow 9.19\ \%$$

すなわち，$9.85 - 9.19 = 0.66$ %減らすことができる.

<参考>

パージ損失

多缶設置のボイラ等で蒸気負荷の増減によって一部のボイラを停止させ，次に再着火する場合には安全のために，炉内をプレパージし，未燃ガスの掃気，換気を行う．このとき常温の空気が炉内の熱を奪うため，熱損失が発生する．蒸気負荷の平準化を図り，ボイラの停止回数を減らしパージ損失を少なくして省エネを図る.

技3　給水温度の上昇

キーポイント

ドレン回収や蒸気や温水による給水加熱によって給水温度が上昇すると，所定の蒸気になるまでの吸熱量が減少するので燃料が節減でき，省エネにつながる．ただし，節炭器を経てドラムに給水する場合等，給水圧力の飽和温度以上に温度が上昇すると，沸騰して蒸気泡が配管内に形成され，流れが阻害されたり，伝熱面に不備を起こすので，給水圧力と温度の関係に注意する必要がある．

解説

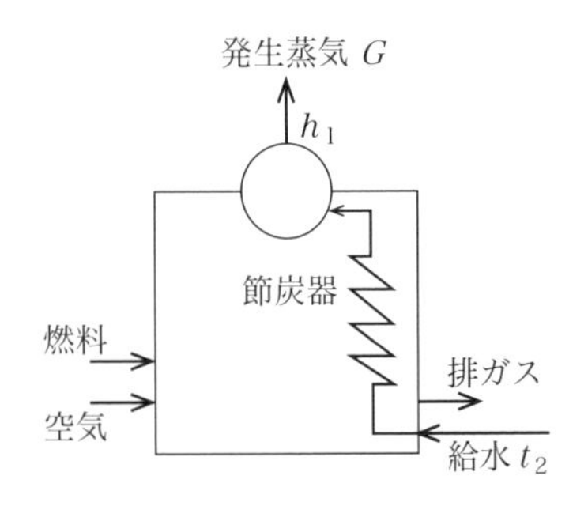

図 3.1　ボイラ概念図

図3.1に示すボイラにおいて，燃料の低発熱量をH_ℓ，給水，蒸発量をG，蒸発出口の比エンタルピーをh_1，給水温度をt_2，節炭器での給水の温度上昇をΔt，水の比熱をc_p(＝4.1868 kJ/(kg・K))とする．燃料と空気の持込み顕熱を無視すると，ボイラ効率η_{B}の定義から燃料消費量Bは，次式で表される．

$$B = \frac{G(h_1 - c_p t_2)}{\eta_B H_\ell} \tag{3.1}$$

したがって，給水温度上昇Δtによる燃料消費量の削減割合は，次のように表される．

$B_1 = \dfrac{G(h_1 - c_p t_2)}{\eta_{B1} H_\ell}$ および $B_2 = \dfrac{G\{h_1 - c_p(t_2 + \Delta t)\}}{\eta_{B2} H_\ell}$ から，

$$\frac{B_1 - B_2}{B_1} = 1 - \beta\left(1 - \frac{c_p \Delta t}{h_1 - c_p t_2}\right) = (1-\beta) + \beta \cdot \frac{c_p \Delta t}{h_1 - c_p t_2} \tag{3.2}$$

ここで，$\beta = \dfrac{\eta_{B1}}{\eta_{B2}}$

ボイラ効率が一定（$\eta_{B1} = \eta_{B2}$，$\beta = 1$）の場合，給水温度上昇Δtによる燃料消費量の削減割合は，式(3.2)から次式で表される．

$$\frac{B_1 - B_2}{B_1} = \frac{c_p \Delta t}{h_1 - c_p t_2} \tag{3.3}$$

ここで，水の比熱$c_p = 4.1868$ kJ/(kg・K)である．

試し問題

ある食品工場において0.8 MPa(abs)飽和蒸気発生のボイラにおいてボイラ入口給水温度をドレン回収によって20 ℃から30 ℃に上昇させた．何％の燃料節約となるか．ただし，ボイラ効率は0.92一定とする．

[解答]

0.8 MPa(abs)の飽和蒸気エンタルピー$h_1 = 2768.3$ kJ/kg，$\eta_{B1} = \eta_{B2} = 0.92$一定から式(3.3)に代入して，

$$\frac{B_1 - B_2}{B_1} = \frac{c_p \Delta t}{h_1 - c_p t_2} = \frac{4.1868 \times 10}{2768.3 - 4.1868 \times 20} = 0.0156 \rightarrow 1.56\ \%$$

すなわち，1.56 %の燃料節約になる．

ただし，給水温度を上げると排ガスの熱吸収割合が低下し，排ガス温度が上昇する結果，排ガス熱損失が増加して，ボイラ効率が低下するので，「技2　排ガス熱損失と他の熱損失」によって排ガス熱損失を求め，それを考慮すればよい．ここで，10 ℃の給水温度増加によって，ボイラ効率が0.92から0.91に減少した場合の燃料消費量の削減率は，式(3.2)を用いて，

$\beta = \dfrac{\eta_{B1}}{\eta_{B2}} = \dfrac{0.92}{0.91} = 1.011$から，

$$\begin{aligned}\frac{B_1 - B_2}{B_1} &= (1 - \beta) + \frac{\beta c_p \Delta t}{h_1 - c_p t_2}\\ &= (1 - 1.011) + \frac{1.011 \times 4.1868 \times 10}{2768.3 - 4.1868 \times 20}\\ &= -0.011 + 0.0158\\ &= 0.0048 \rightarrow 0.48\ \%\end{aligned}$$

すなわち，給水温度上昇(20 ℃ → 30 ℃)によって燃料は1.56 %削減できる．一方，エコノマイザ(節炭器)での収熱が低下するので，排ガス温度が上昇し，ボイラ効率は低下する．ボイラ効率が92 % → 91 %に減少した場合の燃料削減率は0.48 %で，ボイラ効率が低下しても一般に省エネになる．

技4　空気比調整による燃料節約

キーポイント

ボイラや加熱炉等で燃料を完全燃焼させるために，理論空気量より少し過剰の空気を入れて燃焼させる．しかし，必要以上の空気に燃焼熱が消費されるとともに，排ガス量が増加，すなわち排ガス熱損失が増加する結果，ボイラや加熱炉の効率が悪化する．このために，排ガス中の酸素濃度を計測して過剰とならないように空気量（空気比）を適切に調整することが省エネにつながる．

解説

空気比αは，次のように定義される．

$$\alpha = \frac{\text{実際に使われた空気量}}{\text{理論空気量}} = \frac{A_0 + G'(O_2 / 21)}{A_0} \qquad (4.1)$$

ここで，G'：乾き燃焼ガス量 [$m^3/kg_{\text{-f}}$または$m^3/m^3_{\text{-f}}$]，O_2：乾き燃焼ガス中の酸素濃度 [m^3/m^3]，A_0：理論空気量 [$m^3/kg_{\text{-f}}$または$m^3/\ m^3_{\text{-f}}$]，添字の「-f」は燃料（fuel）を意味する．以下同様である．

排ガス損失割合は，「技2　排ガス熱損失と他の熱損失」の式(2.3)から

$$\rho_1 = \frac{Gc_p(t_g - t_0)}{H_\ell} \qquad (4.2)$$

ここで，G：燃焼ガス量 [$m^3/kg_{\text{-f}}$または$m^3/m^3_{\text{-f}}$]で，$G=$ 理論燃焼ガス量G_0+ 過剰空気量$(m-1)A_0$で表される．c_p：燃焼ガスの平均定圧比熱 [$kJ/(m^3_N \cdot K)$]，H_ℓ：低発熱量 [$kJ/kg_{\text{-f}}$または$kJ/m^3_{\text{-f}}$]

ボイラ効率において最も大きな損失は排ガス損失なので，次のように近似できる．

$$ボイラ効率\ \eta_B \fallingdotseq 1 - \rho_1 \tag{4.3}$$

$$燃料消費量\ B = \frac{Q}{\eta_B \cdot H_\ell} \fallingdotseq \frac{Q}{(1-\rho_1)\cdot H_\ell} \tag{4.4}$$

ここで，Q：給水の吸収熱量 = 蒸発量 ×(蒸気エンタルピー − 給水エンタルピー)

したがって，Qが一定で空気比αが$\alpha_1 \to \alpha_2$に変化したときの各燃料消費量および燃料消費量の変化割合は，次の式で表される．

$$B_1 = \frac{Q}{(1-\rho_{11})\cdot H_\ell}, \quad B_2 = \frac{Q}{(1-\rho_{12})\cdot H_\ell} \tag{4.5}$$

$$\therefore 燃料消費量の削減割合\ \alpha = \frac{B_1 - B_2}{B_1} = \frac{\rho_{11} - \rho_{12}}{1 - \rho_{12}} \tag{4.6}$$

式(4.1)，(4.2)から

$$\left.\begin{array}{l} \rho_{11} = \dfrac{G_1 c_p (t_{g1} - t_0)}{H_\ell}, \quad \rho_{12} = \dfrac{G_2 c_p (t_{g2} - t_0)}{H_\ell} \\ G_1 = G_0 + (\alpha_1 - 1)A_0, \quad G_2 = G_0 + (\alpha_2 - 1)A_0 \end{array}\right\} \tag{4.7}$$

ここで，G_0：理論湿り排ガス量［$m^3/kg_{\text{-f}}$または$m^3/m^3_{\text{-f}}$］，A_0：理論空気量［$m^3/kg_{\text{-f}}$または$m^3/m_{\text{-f}}$］，H_ℓ：燃料の低発熱量［$kJ/kg_{\text{-f}}$または$kJ/m^3_{\text{-f}}$］，c_p：燃焼ガスの定圧比熱［$kJ/(m^3 \cdot K)$］，t_g：排ガス温度［℃］，t_0：空気温度［℃］，α_1，α_2：調整前と調整後の空気比である．

都市ガス13 Aの場合，温度t_g［℃］の燃焼ガスの定圧比熱c_pおよび理論空気量A_0，湿り理論燃焼ガス量G_{0w}，湿り燃焼ガス量G_wは，各種成分濃度容積%(h_2，CO，C_xH_y，O_2)より，次のように算出できる．

$$\left.\begin{aligned} c_p &= 1.349 + 0.00017\,t_g \quad [\mathrm{kJ/(m^3 \cdot K)}] \\ A_0 &= \frac{1}{0.21} \times \left\{0.5h_2 + 0.5\mathrm{CO} + \Sigma\left(x + \frac{y}{4}\right)C_xH_y - \mathrm{O_2}\right\} \\ G_{0\mathrm{w}} &= 1 + A_0 - \left\{0.5h_2 + 0.5\mathrm{CO} - \Sigma\left(\frac{y}{4} - 1\right)C_xH_y\right\} \\ G_\mathrm{w} &= G_{0\mathrm{w}} + (\alpha - 1)A_0 \end{aligned}\right\} \quad (4.8)$$

供給ガス会社によって組成が若干異なるが，概略値は，理論空気量 A_0：11.0 [$\mathrm{m^3/m^3_{-f}}$]，湿り理論燃焼ガス量 $G_{0\mathrm{w}}$：12.1 [$\mathrm{m^3/m^3_{-f}}$] である．

試し問題

ある工場で都市ガス13 Aを燃焼するボイラにおいて，空気比を現状の $\alpha_1 = 1.5$ から $\alpha_2 = 1.2$ に調整した．排ガス温度 $t_g = 190$ ℃一定，空気温度 $t_0 = 20$ ℃一定，低発熱量 $H_\ell = 41.9\ \mathrm{MJ/m^3_{-f}}$ とした場合の燃料消費節約割合を求めよ．ここで，A_0：11.0 $\mathrm{m^3/m_{-f}{}^3}$，G_0：12.1 $\mathrm{m^3/m_{-f}{}^3}$ とする．

[解答]

燃料消費削減割合は，式(4.6)，(4.7)を用いて，$t_{g1} = t_{g2}$ から t_g とおくと，

$$\text{燃料消費削減割合}\ \frac{B_1 - B_2}{B_1} = \frac{\rho_{11} - \rho_{12}}{1 - \rho_{12}} = \frac{(\alpha_1 - \alpha_2)A_0\,c_p(t_g - t_0)}{H_\ell - \{G_0 + (\alpha_2 - 1)A_0\}\,c_p(t_g - t_0)} \quad (4.9)$$

燃焼ガスの定圧比熱 c_p は，式(4.8)を用いて，

$c_p = 1.349 + 0.00017\,t_g = 1.349 + 0.00017 \times 190 = 1.3813\ [\mathrm{kJ/(m^3 \cdot K)}]$，

A_0：11.0 [$\mathrm{m_N{}^3/m^3_{-f}}$]，$G_0$：12.1 [$\mathrm{m_N{}^3/m^3_{-f}}$] を用いて，式(4.9)に代入して，

$$\text{燃料消費削減割合} = \frac{\{(1.5 - 1.2) \times 11.0 \times 1.3813 \times (190 - 20)\} \times 100}{41900 - \{12.1 + (1.2 - 1) \times 11.0\} \times 1.3813 \times (190 - 20)}$$

$= 2.01$ %となる．

技5　連続ブロー量を確認しよう！

キーポイント

ボイラで蒸発が繰り返されると，ボイラ水中のカルシウム，マグネシウム，ナトリウム等の無機物残留成分が濃縮され，ボイラ底部にスラッジとして溜まる．湯に溶けきれなくなると，析出して缶内面にこびりつき，熱伝導性が悪化し，缶体の寿命を縮めると共に燃料消費量の増大につながる．これを防止するために，連続ブローを行うが，ブロー量が過度にならないように適正に調整して省エネにつなげる必要がある．

解説

スケールの熱伝導性は，軟鋼の熱伝導率が50 W/(m・K)程度に対してその1/20～1/100と小さく，熱抵抗となって，過熱の原因となる．連続ブローは，中容量以上または連続で運転されているボイラで缶水やスラッジの排出を目的に運転中連続して行われる．一方，小型貫流ボイラや炉筒煙管ボイラ等小容量のボイラでは，沈殿した浮遊物のかまどろの排出をボイラが停止中で残圧がある早朝や夜間停止後に行う間欠(缶底)ブローを実施している．

1．連続ブロー量の決定

ブローする量は，給水中の塩素イオン全蒸発残留物，アルカリ度またはシリカ等の測定物濃度の基準によって決定される．ボイラ水中の不純物の許容濃度(範囲)に対して給水が持ち込む不純物量とブローで排出される不純物量が同一であればよいから，ブロー量に対して次式が成立する．

$$f \times G_0 = m_0 \times B \tag{5.1}$$

ここで，f：給水中の濃度対象物の濃度 [mg/L]，G_0：給水量 [kg/h]，m_0：ボイラ水の濃度対象物の許容濃度 [mg/L]，B：ブロー（吹出し）量 [kg/h] である．上中，濃度を示す単位 1 mg/L とは，水 1 L に 1 mg の物質が溶けていることを示す．
したがって，式(5.1)から，

$$\left.\begin{aligned} \text{給水量に対するブロー率 } R_1\,[\%] &= \frac{B}{G_0} = f \times \frac{100}{m_0} \\ \text{蒸発量に対するブロー率 } R_2\,[\%] &= \frac{B}{G_0 - B} = f \times \frac{100}{m_0 - f} \end{aligned}\right\} \tag{5.2}$$

水溶液中に含まれる溶解固形物（電解質：イオン）が多ければ多い程電気を通すことから，水中の電気の通りやすさを示す電気伝導率から溶解固形物の量を知ることができる．すなわち，ボイラ水において全固形物（全蒸発残留物）と電気伝導率とは pH 値にもよるが，概ね次の関係がある．

$$\text{全固形物 [mg/L]} \fallingdotseq 7 \times \text{電気伝導率 [mS/m]} \tag{5.3}$$

ただし，懸濁している固形物が少ない場合である．懸濁物は，溶解（イオン化）しておらず，電気を運ばないので，電気伝導率が低くても全固形物の多いことがある．さらにシリカも電気を通しにくいので，電気伝導率が低くても，シリカの高い場合がある．

すなわち，上記を除くと全蒸発残留物 [mg/L] は，近似的に電気伝導率 [mS/m，25 ℃]（ミリジーメンス/メートル）の 7 倍に等しく，複雑な各成分測定をしなくても電気伝導率計による測定から容易に全蒸発残留物が求められる．蒸発残流物の主な成分は，カルシウム，マグネシウム，シリカ，ナトリウム，カリウム等の塩類や有機物である．

2．ブロー量の省エネ

図5.1においてボイラ給水の量G_0，比エンタルピーh_1，出口の蒸気の量G，比エンタルピーをh_2とする．給水に対するブロー率をx(=R_1/100，式(5.2))とすると，ブロー量はG_0x，比エンタルピーは飽和水のh'_2(ここに肩書きの「′」は飽和液を示す)である．

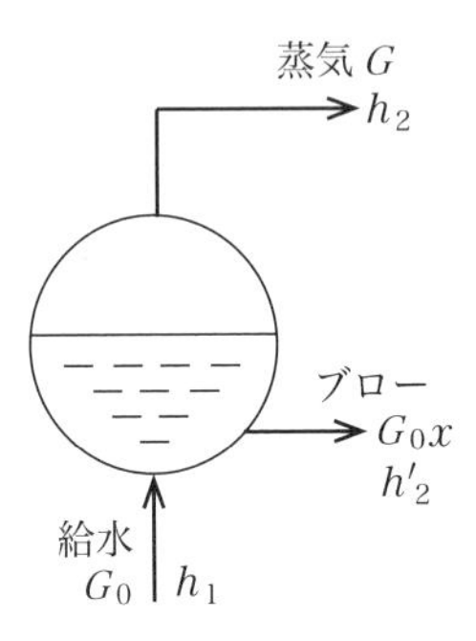

図 5.1　ブロー

質量バランスから，

$$G=G_0-G_0x=G_0(1-x) \tag{5.4}$$

上記のブロー時の燃料消費量Bは，ボイラ効率η_B，低発熱量H_ℓとすると，

$$B=\frac{G(h_2-h_1)+G_0x(h'_2-h_1)}{\eta_B H_\ell} \tag{5.5}$$

ブローがない，$x=0$のときの燃料消費量をB_0とすると，

$$B_0=\frac{G(h_2-h_1)}{\eta_{B0} H_\ell} \tag{5.6}$$

したがって，ブローの有無による燃料消費量の削減割合は，$\eta_B \fallingdotseq \eta_{B0}$とすると，式(5.5)，(5.6)から

$$\frac{B-B_0}{B_0}=\frac{x(h'_2-h_1)}{(1-x)(h_2-h_1)} \tag{5.7}$$

ここで，B_0：ブローなしのときの燃料消費量，B：ブローありのときの燃料消費量である．

次に，図5.2に示すように給水に対するブロー率がx_1(燃料消費量B_1)からx_2(燃料消費量B_2)に変化したときの燃料消費量の変化割合$\frac{B_2-B_1}{B_1}$を求める．条件として蒸発量Gが一定の場合には，給水量をそれぞれG_1，G_2とすると，ブロー量はG_1x_1，G_2x_2となり，各燃料消費量は次のように表される．

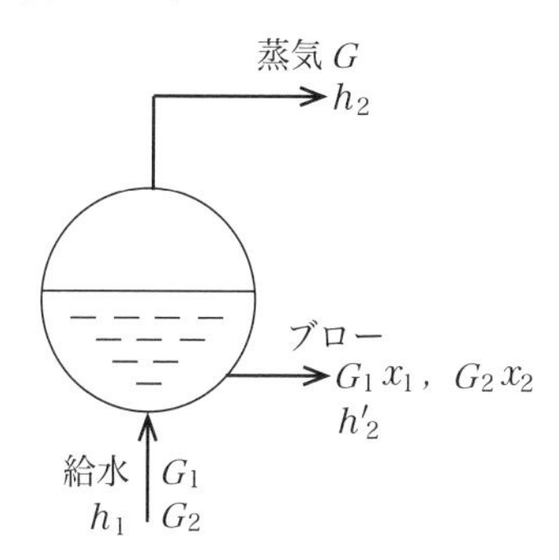

図 5.2　ブロー量の変化

$$\left.\begin{aligned} B_1 &= \frac{G(h_2-h_1)+G_1x_1\left(h'_2-h_1\right)}{\eta_{\mathrm{B1}}H_\ell} \\ B_2 &= \frac{G(h_2-h_1)+G_2x_2\left(h'_2-h_1\right)}{\eta_{\mathrm{B2}}H_\ell} \end{aligned}\right\} \tag{5.8}$$

ここで，ボイラ効率$\eta_{\mathrm{B1}} \fallingdotseq \eta_{\mathrm{B2}}$とすると，$G=G_1(1-x_1)=G_2(1-x_2)$から，燃料削減割合は，式(5.8)から

$$\frac{B_2-B_1}{B_1}=\frac{x_2-x_1}{(1-x_1)(1-x_2)\left(\dfrac{x_1}{1-x_1}+\dfrac{h_2-h_1}{h'_2-h_1}\right)} \tag{5.9}$$

<参考>

蒸気圧力0.7 MPa(abs)一定で5種類の給水温度$t_1=20\sim100$ ℃に対してブロー率を0～20 %まで変化させたとき，ブロー率＝0からの燃料消費量の増加割合 [%]を次図に示す．

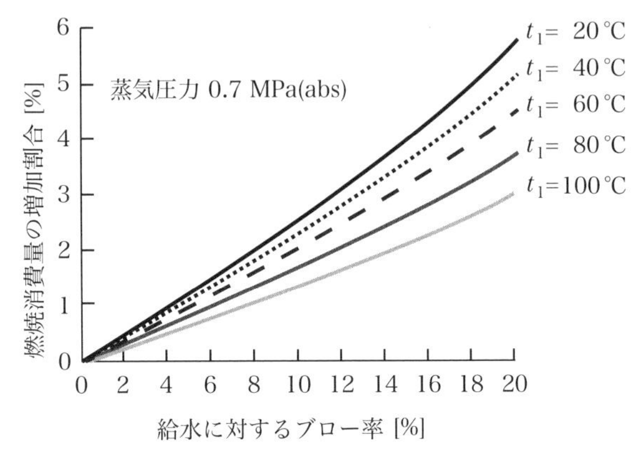

図 5.3　燃料消費量の変化割合（蒸気圧力 0.7 MPa(abs) 一定）

ブローした熱量を熱交換器で回収し，省エネが図れる．すなわち，ブローの熱量を全量$G_0x(h'_2-h_1)$回収できれば前述の燃料消費量の増加分は，解消できる．実際は熱交換器の温度差から全量でなくΔhを熱回収できたとすると，$G_0x\Delta h$の熱回収が図れ，熱回収割合は，次式で表される．

$$熱回収割合 = \frac{\Delta h}{h'_2 - h_1} \tag{5.10}$$

試し問題 1

ある工場で2 t/hのガス焚きボイラで，ボイラ水の許容水質は電気伝導率400 mS/m(4000 μS/cm)以下と規定されている．変更前に測定したボイラ水の電気伝導率は320 mS/mで，このときの蒸発量に対するブロー率は，11 %であった．ボイラ水の電気伝導率を400 mS/mに変更した後のブロー率を求めよ．ただし，懸濁している固形物やシリカはほとんどないものとする．

[解答]

目的成分濃度の電気伝導率を式(5.3)に代入して，

変更前の全固形物m_1 [mg/L] ≒ 7×電気伝導率 [mS/m] = 7×320 = 2240 mg/L

変更後の全固形物m_2 [mg/L] ≒ 7×電気伝導率 [mS/m] = 7×400 = 2800 mg/L

変更前の蒸発量に対するブロー率R_{21} [%] $= 11 = f \times \dfrac{100}{2240 - f}$

よって，給水中の対象物の濃度$f = 221.98$ mg/L

したがって，変更後のR_{22} [%] $= 221.98 \times \dfrac{100}{2800 - 221.98} = 8.61$ %

すなわち，蒸発量に対するブロー量を11 %から8.61 %に減少させることができ，燃料の節約，省エネにつながる．

試し問題 2

0.7 MPa(abs)飽和蒸気，給水温度20 ℃の場合の給水に対するブロー率を15 %から10 %に減少させたときの燃料消費量の削減割合を求めよ．

[解答]

図5.2において$x_2 = 0.10$，$x_1 = 0.15$，$h_2 = 2762.75$ kJ/kg，$h'_2 = 697.14$ kJ/kg（飽和水），$h_1 = 4.1868 \times 20 = 83.7$ kJ/kgを式(5.9)に代入すると，

$$\frac{B_2-B_1}{B_1}=\frac{x_2-x_1}{(1-x_1)(1-x_2)\left(\dfrac{x_1}{1-x_1}+\dfrac{h_2-h_1}{h'_2-h_1}\right)}$$

$$=\frac{0.1-0.15}{(1-0.15)(1-0.10)\left(\dfrac{0.15}{1-0.15}+\dfrac{2762.75-83.7}{697.14-83.7}\right)}$$

$$=-0.014\rightarrow 1.4\ \%$$

したがって，ブロー率を15 %から10 %に減少させると，燃料消費量はブロー量15 %のときの1.4 %削減できる．

試し問題 3

0.7 MPa(abs)飽和蒸気，給水温度20 ℃のボイラにおいて，給水に対するブロー率$x_1=15$ %および$x_2=10$ %の場合，ブロー率$x=0$に対する各燃料増加割合を求めよ．

[解答]

式(5.7)に代入して，

$$x_1=15\ \%\ \text{の場合}：\frac{B_1-B_0}{B_0}=\frac{x_1(h'_2-h_1)}{(1-x_1)(h_2-h_1)}$$

$$=\frac{0.15\times(697.14-83.7)}{(1-0.15)\times(2762.75-83.7)}$$

$$=-0.040\rightarrow -4.0\ \%$$

同様に，

$$x_2=10\ \%\ \text{の場合}：\frac{B_1-B_0}{B_0}=\frac{x_2(h'_2-h_1)}{(1-x_2)(h_2-h_1)}$$

$$=\frac{0.10\times(697.14-83.7)}{(1-0.10)\times(2762.75-83.7)}$$

$$=-0.0254\rightarrow -2.54\ \%$$

技6 ドレン回収に伴う燃料消費量削減と節水料金

キーポイント

ボイラ(加熱)蒸気システムにおいて生産設備側で利用した蒸気の凝縮によって発生したドレンは，ドレンの熱量(顕熱)の回収によってボイラ燃料の削減が図れ，大きな省エネに結び付くとともに補給水量や水処理費用の削減にもつながる．

解説

1．ドレン回収による燃料削減

ドレンの熱回収によってボイラ等加熱器に給水する温度が上昇すると，ボイラ(加熱器)への投入熱量が減少するので燃料の削減につながる．ただ，給水圧力の飽和温度以上になると沸騰が始まるので，配管内の水循環の不良等を招くので，注意が必要である．

例えば，給水量をG [kg/s]一定で給水の温度上昇分をΔt [℃]とすると，ボイラ(加熱器)加熱量の減少分ΔQ [kW]は，

$$\Delta Q = G \times \Delta t \times 4.1868 \qquad (6.1)$$

ここで，4.1868 kJ/(kg・K)は，水の比熱である．

⑴　燃料の低発熱量をH_ℓ [kJ/kg]，ボイラ(加熱器)の熱効率を給水温度に関係なくη_B [%]一定とすると，燃料の削減量ΔF [kg/s]は，次式で表される．

$$\Delta F\ [\mathrm{kg/s}] = \frac{\Delta Q}{H_\ell(\eta_B / 100)} \qquad (6.2)$$

ここで，ΔQ [kW]：加熱量の減少分

ボイラ(加熱器)を年間t時間稼働とすると，年間の燃料削減量 [kg/年] $= t \times 3600 \times \Delta F$となる．

（備考） 風呂の蓋設置による熱量およびボイラの燃料削減量の算出にも式(6.1)，(6.2)が適用できる．

(2) ボイラ効率が初期のη_{B0}から給水温度の変化によってη_{B1}に変化した場合の燃料の削減量ΔF_1 [kg/s]は，

$$\Delta F_1\ [\mathrm{kg/s}] = \frac{G\left[\left\{\left(h_1 - h_{f0}\right) / \eta_{B0}\right\} - \left\{\left(h_1 - h_{f1}\right) / \eta_{B1}\right\}\right]}{H_\ell} \quad (6.3)$$

ここで，h_1：ボイラ(加熱器)出口の比エンタルピー [kJ/kg]，h_f：給水比エンタルピー，添え字0は変化前を，添え字1は変化後を示す．

2．ドレン回収に伴う補給水量の削減費用

ドレン回収によってボイラ(加熱器)への補給水量は，その分減少するので，水道料金・下水道使用料およびプラントの水処理費用の削減につながる．水道料金・下水道使用料は，地域管轄の事業体(自治体)によって異なるが，一般に水道料金は，基本料金と使用量の多い程単価(円/m^3)が高くなる従量料金からなる．基本料金は，メータ(水道管の太さ)の「口径」で決められ，口径の大きい程高い．

下水道料金は，一般に水道使用量で決められている．家庭ではトイレとお風呂が使用水量の半分以上を占め，他の炊事，洗濯を見てもほとんどを下水道に流している．しかし，工場，病院等において上水使用量と下水使用量が異なる場合が多く，水道水が下水道に放流されない場合は，条例によってその量が減免される．例えば，飲み水や散水，さらに飲料メーカーや酒造メーカー，コンクリート製造等の製造過程で水が消失してしまう場合やクーリングタワー(冷却塔)やボイラ等で多量の水が蒸発してしまう場合には，下水量は取水量と大きく異なるので，実際の排水量とかけ離れた下水道料金を支払っている可能性がある．このような下水道料金の削減には，「減量認定制度」を活用すればよい．この制度

は条例によって定められ，各自治体によって内容や基準が異なるので，各自治体や水道局の認定を得る必要がある．さらに，ホテルやスポーツクラブ等の業務部門では，節水，節湯，例えば節水シャワーヘッド，スイッチ付シャワーヘッドの使用，さらにトイレの洗面や浴室の水洗の自動化，センサー付水洗等の採用によって節水を心がける必要がある．

試し問題 1

蒸発量5 t/hのボイラにおいて蒸気出口圧力0.9 MPa(abs)飽和一定，基準給水温度20 ℃に対して，給水温度を20 ℃から50 ℃に上昇させた場合，(i)ボイラ(加熱器)効率η_B一定の場合，(ii)ボイラ(加熱器)効率η_Bが給水入り口温度20 ℃の95.3 %から50 ℃の94.4 %へ変化した場合の燃料消費量の削減率を求めよ．(iii)給水温度20 ℃，ボイラ効率$\eta_B = 95.3$ %のとき，年間8000時間稼働のときの燃料消費量を求めよ．ただし，燃料の低発熱量を40.2 MJ/kgとする．

[解答]

0.9 MPa(abs)の比エンタルピー$h_1 = 2773.04$ kJ/kg，各燃料消費量F_0，F_1は，

$$F_0 = \frac{G(h_1 - c_p t_0)}{\eta_{B0} \cdot H_\ell / 100}, \quad F_1 = \frac{G(h_1 - c_p t_1)}{\eta_{B1} \cdot H_\ell / 100}$$

(i)　$\eta_{B0} = \eta_{B1}$の場合，

$$\text{燃料削減率}\ \frac{F_0 - F_1}{F_0} = \frac{c_p(t_1 - t_0)}{h_1 - c_p t_0} = \frac{4.1868 \times (50 - 20)}{2773.04 - 4.1868 \times 20}$$

$$= \frac{125.60}{2689.3} = 0.047 \rightarrow 4.7\ \%$$

(ii)　$\eta_{B0} = 95.3$ %，$\eta_{B1} = 94.4$ %の場合，

$$\text{燃料削減率}\ \frac{F_0 - F_1}{F_0} = \left\{\frac{G(h_1 - c_p t_0)}{\eta_{B0} \cdot H_\ell / 100} - \frac{G(h_1 - c_p t_1)}{\eta_{B1} \cdot H_\ell / 100}\right\} \Big/ \left\{\frac{G(h_1 - c_p t_0)}{\eta_{B0} \cdot H_\ell / 100}\right\}$$

$$= 1 - \frac{h_1 - c_p t_1}{h_1 - c_p t_0} \times \frac{\eta_{B0}}{\eta_{B1}}$$

数値を代入して，

$$燃料削減率\ \frac{F_0 - F_1}{F_0} = 1 - \frac{2773.04 - 4.1868 \times 50}{2773.04 - 4.1868 \times 20} \times \frac{95.3}{94.4}$$

$$= 1 - \frac{2563.70}{2689.30} \times 1.0095 = 0.038 \rightarrow 3.8\ \%$$

すなわち，ドレン回収によって給水温度が20 ℃から50 ℃に上昇すると，(i)の場合，燃料を4.7 %，(ii)の場合3.8 %削減できる．

(iii)　$燃料消費量 F = \frac{G(h_1 - 4.1868 \times t_1)}{\eta_{B0} \cdot H_\ell / 100} = \frac{5000 \times (2773.04 - 4.1868 \times 20)}{40.2 \times 10^3 \times 0.953}$

$$= 351.0\ \mathrm{kg/h}$$

したがって，$年間燃料消費量 = \left(\frac{351.0}{1000}\right) \times 8000 = 2.81 \times 10^3\ \mathrm{t}/年$

試し問題 2

業務用で口径25 mm，2ヶ月の使用水道料150 m³の場合の水道料金を求めよ．ただし，所轄の自治体の水道料金において口径25 mmの2ヶ月の基本料金は3672.00円（税込み），従量料金は表6.1に従うとする．

表 6.1　業務用の従量料金

区　分	水量 [m³]	料金 [円/1 m³，税込み]
業務用	〜 60	194.40
	61 〜 120	248.40
	121 〜 200	286.20
	201 〜 600	313.20
	601 〜 2000	356.40
	2001 〜	388.80

[解答]

表6.1に基づき，次表6.2の結果となる．

表6.2　水道料金(税込み)の計算結果

基本料金	口径 25 mm	—	3672.00 円
従量料金	1～ 60 m^3 まで	60 m^3 × 194.40 円	11664.00 円
	61～120 m^3 まで	60 m^3 × 248.40 円	14904.00 円
	121～160 m^3 まで	30 m^3 × 286.20 円	8586.00 円
小　計	—	—	38826.00 円

すなわち，2ヶ月38826円，平均すると1 m^3あたり258.8円である．ただし，各自治体によって最大7倍ほどの大きな料金差がある．

試し問題 3

下水量150 m^3を使用した場合の下水道使用料を求めよ．ただし，基本額は20 m^3まで1015.20円(税込み)とし，超過額は使用水量21～60 m^3：105.84円，61～100 m^3：138.24円，101～200 m^3：164.16円とする．

[解答]

次表のようになる．

表6.3　下水道使用料(税込み)の計算結果

基本額	0～ 20 m^3 まで	—	1015.20 円
超過額	21～ 60 m^3 まで	40 m^3 × 105.84 円	4233.60 円
	61～100 m^3 まで	40 m^3 × 138.24 円	5529.60 円
	101～160 m^3 まで	50 m^3 × 164.16 円	8208.00 円
小　計	—	—	18986.40 円

すなわち，2ヶ月18986円(1円未満切り捨て)，平均すると1 m^3あたり126.6円である．結果，上記の水道料金と合わせた金額は，57812.4円(385.4円/m^3)となる．

技7 放散熱量の省エネ

キーポイント

ボイラや加熱炉等の外壁から大気中への熱放散は，熱損失となるので保温して放散熱量を減少させることが省エネに結びつく．外壁表面から対流熱伝達によって熱放散するとともに，外部表面温度が高い場合には放射による熱損失も無視できない．熱は温度の高いところから低いところに伝わるが，伝わり方には「伝導」，「対流」，「放射」の3つの形態がある．ここでは，各形態の計算方法について説明する．

解説

1．熱伝導

物体中に温度勾配($t_1 > t_2$)があると，高温部から低温部へ熱エネルギーが移動する．例えば図7.1に示すように壁の一端を加熱する(温度t_1)と，他端(温度t_2)に熱が伝わり，熱くなっていく．

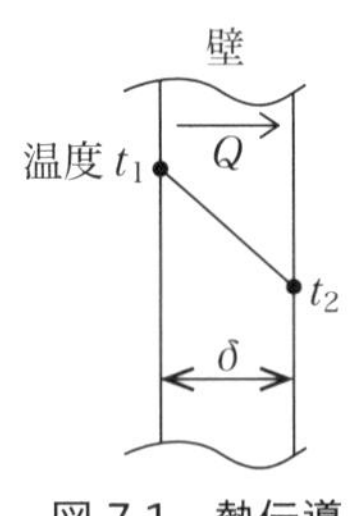

図 7.1　熱伝導

この場合，熱エネルギーは，物質内を熱伝導で移動し，熱の大きさ(熱量)Qは，温度勾配$\Delta t = t_1 - t_2$に比例し，厚さδに反比例する(フーリエの法則)．

$$Q = \lambda A \frac{\Delta t}{\delta} \tag{7.1}$$

ここで，Q：伝熱量 [W]，A：伝熱面積 [m^2]，δ：厚さ [m]，λは比例定数で熱伝導の伝わりやすさを示し，熱伝導率 [W/(m・K)] と呼ばれ，物質の種類によって値が異なる．鉄，銅等の金属は，値が大きく熱移動しやすく，木材やコンクリート，ガラス等の非金属は熱移動しにくく，空気等の気体は，さらに小さく熱を伝えにくい．表7.1に各熱伝導率の値を示す．

表7.1　物質の熱伝導率〈0 ℃〉

物　質		熱伝導率 [W/(m・K)]
金属	純銀	410
	純銅	385
	純アルミニウム	202
	純ニッケル	93
	純鉄	73
	炭素鋼（1 %C）	43
	純鉛	35
	ニッケルクロム銅（18 %Cr，8 %Ni）	16.3
非金属固体	砂岩	1.83
	ガラス（板）	0.78
	楓または樫材	0.17
	ガラスウール	0.038
液体	水銀	8.21
	水	0.556
	アンモニア	0.540
	潤滑油（エンジンオイル SAE50）	0.147
気体	水素	0.175
	ヘリウム	0.141
	空気	0.024
	水蒸気（飽和）	0.0206
	炭酸ガス	0.0146

図7.2に示す配管のように断面が円筒の場合，伝熱面積Aは半径方向に異なり，伝熱量Qは次のように表される．

$$Q = 2\pi\lambda L \frac{\Delta t}{\ln(r_0/r_\mathrm{i})} \tag{7.2}$$

ここで，L：配管の長さ [m]，r_i，r_0：円筒の内外半径 [m]

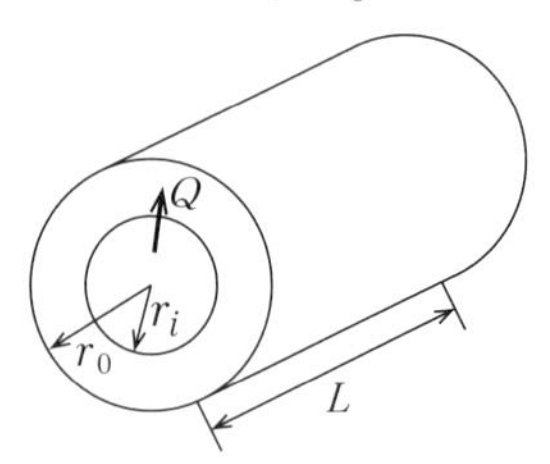

図 7.2　円筒の熱伝導

2．対流熱伝達

対流熱伝達は，気体や液体自体が自然にあるいは強制的に対流移動して熱を運ぶ．図7.3に示すように，加熱体の表面温度t_Wから雰囲気中の外界温度t_∞への伝熱量Q [W]は，伝熱表面積をA [m^2]とすると，ニュートンの冷却の法則を用いて次のように表される．

$$Q = A\alpha(t_\mathrm{W} - t_\infty) \tag{7.3}$$

ここで，αは比例係数で，熱伝達率 [W/(m^2・K)]と呼ばれる．この値は密度差によって生じる自然対流かポンプ，ファン等による強制対流か，さらに炉表面と外界雰囲気の流体の相変化の状態によって異なる．空気，水に対する対流熱伝達率の概略の大きさを表7.2に示す．

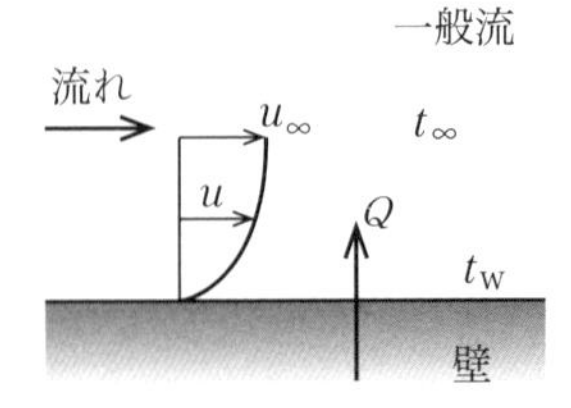

図 7.3　対流熱伝達（平板）

表 7.2　対流熱伝達率の概略値

伝熱形態	対流熱伝達率α [W/(m²・K)]
自然対流（空気）	5 ～　　25
強制対流（空気）	10 ～　500
強制対流（水）	100 ～ 15000

加熱された流体の密度が減少し，生じた浮力によって引き起こされる自然対流の熱伝達率αは，表からわかるように空気で5～25 W/(m²・K)程度で，ファンやポンプで流体を流す強制対流ではその値は約10倍程度と大きい．

3．輻射による熱損失

物体の有する熱エネルギーが電磁波の形で空間を直進し，他の物体にあたると一部が反射と透過，残りが物体に吸収され熱エネルギーに変換され，真空中でも伝わる．この全輻射エネルギーの伝熱量Qは，次式のように絶対温度の4乗に比例する(ステファン・ボルツマンの法則)．

$$q = \frac{Q}{A} = \varepsilon \sigma T^4 \tag{7.4}$$

ここで，ステファン・ボルツマン定数$\sigma = 5.669 \times 10^{-8}$ W/(m²・K⁴)，Aは表面積，εは放射率，qは単位面積あたりの輻射エネルギーである．図7.4のような2つの長い同心円筒が輻射熱交換する場合の輻射エネルギーによる伝熱量は，次式で表される．

$$q = \frac{Q}{A_1} = \frac{\sigma\left(T_1{}^4 - T_2{}^4\right)}{\dfrac{1}{\varepsilon_1} + \left(\dfrac{A_1}{A_2}\right)\left(\dfrac{1}{\varepsilon_2} - 1\right)} \tag{7.5}$$

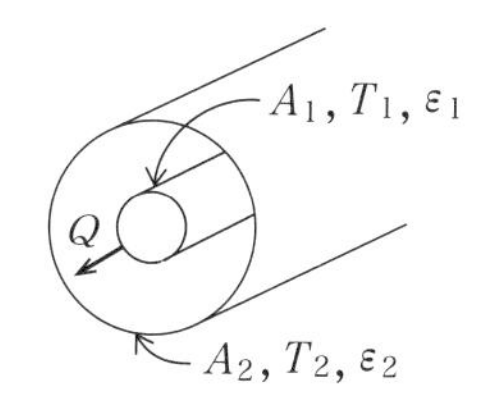

図 7.4　同心円筒 2 面間の輻射熱交換

ここで，凸面物体が大きな凹面で回りを完全に囲まれているような極限の場合，$A_1/A_2 \to 0$から

$$q = \frac{Q}{A_1} = \sigma \varepsilon_1 (T_1{}^4 - T_2{}^4) \tag{7.6}$$

試し問題 1

内径2 cm，外径4 cmのステンレス鋼(18 %Cr，8 %Ni)圧肉管が3 cmのアスベストで断熱されている．管内壁が600 ℃，アスベストの外壁が100 ℃に保たれているときの単位長さあたりの熱損失を求めよ．ただし，ステンレス鋼とアスベストの熱伝導率は，それぞれ19 W/(m・K)，0.2 W/(m・K)とする．

[解答]

図7.5において式(7.2)からステンレス鋼とアスベストにおける熱移動量は，次のように表される．

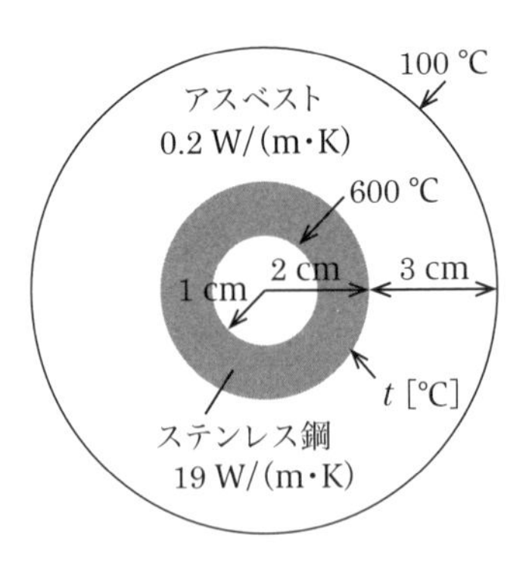

図 7.5　円筒の熱伝導

単位長さあたりの伝熱量q [W/m]$= \dfrac{Q}{L}$は，それぞれの層において等しく，式(7.2)から

$$\left.\begin{aligned} &\text{ステンレス鋼：} q = 2\pi \times 19 \times \frac{600 - t}{\ln(2/1)} \\ &\text{アスベスト　：} q = 2\pi \times 0.2 \times \frac{t - 100}{\ln(5/2)} \end{aligned}\right\}$$

よって，両式を等置して$q = 680.3$ W/m，$t = 596.1$ ℃

試し問題 2

温度20 ℃の空気中に，温度300 ℃で幅1 m，長さ2 mの平板が長い2 mの方を垂直にして置かれている．この場合の平板からの放熱量を求めよ．ただし，空気の物性値は，動粘性係数$\nu = 0.274 \times 10^{-4}$ m²/s，熱伝導率$\lambda = 0.03537$ W/(m・K)，プラントル数$Pr = \dfrac{c_p \rho \nu}{\lambda} = 0.69$，体膨張率$\beta = \dfrac{1}{(300 + 20)/2 + 273.15} = \dfrac{1}{433.15} = 2.31 \times 10^{-3}$ [1/K]である．

[解答]

流れの状態(層流，乱流)を確認するために流体の物性で決まるグラスホフ数(Gr)とレイリー数(Ra)を計算する．

$$Gr = gL^3\beta \frac{\Delta t}{\nu^2} = 9.807 \times 2^3 \times 2.31 \times 10^{-3} \times \frac{(300 - 20)}{(0.274 \times 10^{-4})^2} = 6.76 \times 10^{10}$$

したがって，$Ra = Gr \times Pr = 6.76 \times 10^{10} \times 0.69 = 4.66 \times 10^{10}$となる．よって，流れの状態は，$10^9 < Ra < 10^{12}$から乱流域状態にある．

垂直平板の乱流域の次式から前縁から2 mまでの位置の平均ヌッセルト数(Nu)は，次式による．

$$Nu = 0.13(Gr \times Pr)^{\frac{1}{3}} = 467.8 \tag{7.7}$$

したがって，平均熱伝達率$\alpha = Nu \dfrac{\lambda}{L} = 467.8 \times \dfrac{0.03537}{2} = 8.27$ W/(m²・K)，両面からの放散熱量$Q = A\alpha(t_w - t_\infty) = 1 \times 2 \times 2 \times 8.27 \times (300 - 20) = 9.26 \times 10^3$ W $= 9.26$ kW

試し問題 3

温度600 ℃の物体の表面から放射される単位面積，単位時間あたりの放射エネルギーを求めよ．ただし，この物体の放射率を0.8，ステファン・ボルツマン定数を$\sigma = 5.669 \times 10^{-8}$ W/(m^2・K^4)とする．

[解答]

式(7.4)から $\dfrac{Q}{A} = 0.8 \times 5.669 \times 10^{-8} \times (600 + 273.15)^4$

$$= 0.8 \times 5.669 \times \left(\frac{600 + 273.15}{100}\right)^4 = 2.63 \times 10^4 \text{ W/m}^2$$

$$= 26.3 \text{ kW/m}^2$$

試し問題 4

大きな部屋の中に表面温度150 ℃，長さ5 m，直径15.0 cmの配管が水平に通っている．室内の空気温度は20 ℃，圧力は大気圧とする．配管表面の輻射率を0.7と仮定した場合，自然対流および輻射によって配管から失われる熱量を求めよ．

[解答]

① 輻射による伝熱量Q_1

配管が広い空間に囲まれているので，式(7.6)から，$Q_1 = A_1 \sigma \varepsilon_1 ({T_1}^4 - {T_2}^4)$

$$= (\pi \times 0.15 \times 5) \times 5.669 \times 0.7 \times \left\{\left(\frac{150 + 273.15}{100}\right)^4 - \left(\frac{20 + 273.15}{100}\right)^4\right\} = 2307.2 \text{ W}$$

② 自然対流による伝熱量Q_2

$T_\mathrm{f} = \dfrac{150 + 20}{2} = 85$ ℃ $= 358.15$ Kにおける空気の物性値は，体膨張率β $= \dfrac{1}{T_\mathrm{f}} = \dfrac{1}{358.15} = 2.792 \times 10^{-3}$ K^{-1}，$\rho = 0.980$ kg/m^3，$\nu = 2.20 \times 10^{-5}$ m^2/s，

$Pr=0.70$からグラスホフ数$Gr_f=g\beta(T_1-T_\infty)\dfrac{d^3}{\nu^2}=9.807\times2.792\times10^{-3}\times(150-20)\times\dfrac{0.15^3}{(2.20\times10^{-5})^2}=2.482\times10^7$，$Ra_f=Gr_f\times Pr_f=2.482\times10^7\times0.70=1.737\times10^7$

$10^4<Ra_f<10^9$から層流熱伝達である．したがって，水平円柱の大気圧への自然対流に対する熱伝達率αの簡易式$\alpha=1.32\left(\dfrac{\Delta T}{d}\right)^{0.25}$に代入する．ここで，$\alpha$：熱伝達率 [W/(m^2・K)]，$\Delta T=T_w-T_\infty$ [℃]，d：直径 [m]で，値を代入して，$\alpha=1.32\left(\dfrac{150-20}{0.15}\right)^{0.25}=7.16$ W/(m^2・K)，よって，伝熱量$Q_2=\alpha A\Delta T=7.16\times\pi\times0.15\times5\times(150-20)=2193.1$ W

ゆえに，配管から失われる総伝熱量Qは，$Q=Q_1+Q_2=2307.2+2193.1=4500.3$ W

<参考>

炉からの放射熱の削減に対して，炉への燃料のエネルギー削減量(原油換算)の計算は次のようである．炉(加熱器)の熱効率をη_F，炉の年間稼働時間H [h]，放散熱量をQ [W]とすると，

散熱量に対する年間の燃料の消費熱量 Q_F [J] $=Q\times H\times\dfrac{3600}{\eta_F}$

熱量に対する原油換算係数は，1 GJ＝0.0258 kLを用いる．

例えば，放散熱量$Q=1000$ W，$H=8000$ h，$\eta_F=0.6$(60 %)の場合，

$Q_F=1000\times8000\times\dfrac{3600}{0.6}=4.8\times10^{10}$ J，原油換算燃料消費量は，年間$4.8\times10^{10}\times\dfrac{0.0258}{10^9}=1.24$ kL/年

技8　配管系統の熱放散と熱侵入

キーポイント

蒸気系統のバルブ，配管，フランジ等からの放熱は，蒸気温度が高く，放散面積の大きい程大きい．逆に，チラー等からの冷水配管系統では外界から熱侵入があり，エネルギー損失に結びつく．そのためにできるだけ保温材を施工して断熱するが，ここでは裸配管および保温材施工の場合の放散熱量の大きさについて説明する．

解説

伝熱の3つの形態：「伝導」，「対流」，「放射」について前記の技7を参照せよ．

1．裸配管の場合

断熱材を施していない裸配管の熱放散について試し問題1と2を後に示す．

2．配管保温時の熱ロス

図8.1において厚さ(r_0-r_i)の断熱材を施工した長さLの配管の半径r_iの内壁温度をT_i，断熱材の外壁温度をT_0，外気温度をT_∞，熱伝達率をαとする．伝導と対流による熱伝達量は，それぞれ技7の式(7.2)，(7.3)から式(8.1)を得る．式(8.1)を変形して，管の内壁温度T_iと外気温度T_∞間の伝導と対流による熱伝達量Qおよび断熱材外壁温度T_0が式(8.2)，(8.3)のように表される．

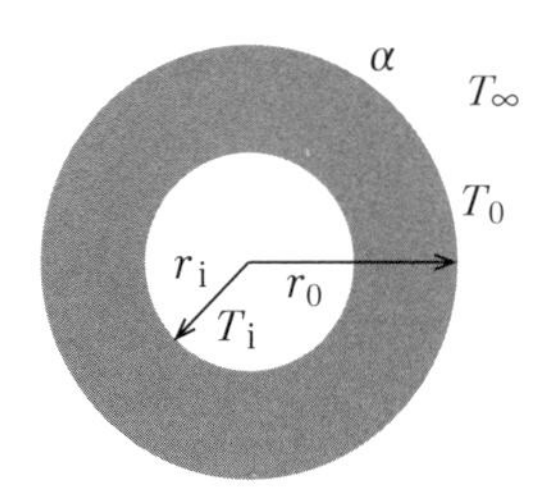

図 8.1　断熱材による保温

$$\left.\begin{aligned} Q &= \frac{2\pi\lambda L(T_i - T_0)}{\ln\left(\dfrac{r_0}{r_i}\right)} \\ Q &= 2\pi r_0 L\alpha(T_0 - T_\infty) \end{aligned}\right\} \tag{8.1}$$

これより，両式を変形して，

$$T_i - T_0 = \frac{Q}{2\pi L}\cdot\frac{\ln\left(\dfrac{r_0}{r_i}\right)}{\lambda}$$

$$+\Big)\quad T_0 - T_\infty = \frac{Q}{2\pi L}\cdot\frac{1}{r_0\alpha}$$

$$T_i - T_\infty = \frac{Q}{2\pi L}\left[\frac{\ln\left(\dfrac{r_0}{r_i}\right)}{\lambda} + \frac{1}{r_0\alpha}\right]$$

$$\therefore Q = 2\pi L(T_i - T_\infty) \Big/ \left[\frac{\ln\left(\dfrac{r_0}{r_i}\right)}{\lambda} + \frac{1}{r_0\alpha}\right] \tag{8.2}$$

式(8.1)に式(8.2)を代入して，

$$\begin{aligned} T_0 &= T_\infty + \frac{Q}{2\pi L}\cdot\frac{1}{r_0\alpha} \\ &= T_\infty + \frac{T_i - T_\infty}{r_0\alpha\cdot\left[\dfrac{\ln\left(\dfrac{r_0}{r_i}\right)}{\lambda} + \dfrac{1}{r_0\alpha}\right]} \end{aligned} \tag{8.3}$$

ここで，Lは管の軸方向長さ，λは断熱材の熱伝導率［W/(m²・K)］で，例えば，次のような値をとる．

表 8.1　断熱材の種類と熱伝導率

種　類	使用温度［℃以下］	熱伝導率［W/(m・K)］
グラスウール保温板・筒	− 20 ～　350	0.043 ～ 0.044
ロックウール保温板・筒	− 20 ～　600	0.043 ～ 0.044
ポリスチレンフォーム保温板・筒	− 50 ～　80	0.028 ～ 0.040
硬質ウレタンフォーム保温板・筒	− 200 ～　100	0.026 ～ 0.029
ポリエチレンフォーム保温板・筒	− 50 ～　70	0.038 ～ 0.043
ケイ酸カルシウム保温板・筒	0 ～ 1000	0.055 ～ 0.146

試し問題 1

蒸気圧力0.8 MPa(abs)，170 ℃の蒸気が流れる40 Aの裸配管の単位長さあたりの放散熱量を求めよ．ただし，外気温度を20 ℃とする．

［解答］

管内の熱抵抗は，管から外側大気への熱抵抗より小さいので，蒸気配管の外側温度として170 ℃を想定する．自然対流熱伝達率αは，表7.2中の概略値15 W/(m²・K)（無風の場合，10～15/(m²・K)）を採用する．

配管の1 mあたりの伝熱面積A［m²］$=\pi d=\pi\times 40\times 10^{-3}=0.126$ m²

放熱量Q_{c}［W］$=A\,\alpha\,\Delta t=0.126\times 15\times(170-20)=283.5$ W/m

放射熱量は，管の放射率$\varepsilon=0.7$とすると，$Q_{\mathrm{r}}=\sigma A\varepsilon(T_{\mathrm{s}}{}^4-T_{\mathrm{a}}{}^4)$において，

$T_{\mathrm{s}}=170+273.15=443.15$ K，$T_{\mathrm{a}}=273.15+20=293.15$ Kを代入して，

$Q_{\mathrm{r}}=5.669\times 0.126\times 0.7\times\left\{\left(\dfrac{443.15}{100}\right)^4-\left(\dfrac{293.15}{100}\right)^4\right\}=155.9$ W/m，したがって，全放散熱量$Q=Q_{\mathrm{c}}+Q_{\mathrm{r}}=283.5+155.9=439.4$ W/m

試し問題 2

チラーから40 Aの裸配管中を10 ℃の冷水が流れ，外気温度が25 ℃であるとき，侵入熱量はいくらか．ただし，対流熱伝達率を15 W/(m²・K)，配管表面の放射率$\varepsilon = 0.17$（鉄：あらみがきの場合）とする．

[解答]

配管の１ mあたりの伝熱面積A [m²]$= \pi d = \pi \times 40 \times 10^{-3} = 0.126$ m²

したがって，侵入熱量Q_c [W]$= A\alpha\Delta t = 0.126 \times 15 \times (25 - 10) = 28.35$ W/m

放射による侵入熱量は，管の放射率$\varepsilon = 0.17$とすると，$Q_r = \sigma A \varepsilon (T_a{}^4 - T_s{}^4)$において，$T_s = 10 + 273.15 = 283.15$ K，$T_a = 273.15 + 25 = 298.15$ Kを代入して，

$Q_r = 5.669 \times 0.126 \times 0.17 \times \left\{ \left(\dfrac{298.15}{100} \right)^4 - \left(\dfrac{283.15}{100} \right)^4 \right\} = 1.79$ W/m，したがって，

全侵入熱量$Q = Q_c + Q_r = 28.35 + 1.79 = 30.14$ W/m

＜参考＞

蒸気バルブ等の放熱表面積の算出に対しては，次の直管相当長さとして換算する．

表 8.2　バルブ表面積の相当管長 [m]

配管部品の種類	15A	20A	25A	40A	50A	65A	80A	100A	125A	150A	200A
フランジ形玉形弁 (1 MPa)	1.15	1.06	1.22	1.11	1.11	1.23	1.25	1.27	1.40	1.50	1.68
フランジ形玉形弁 (2 MPa)	1.24	—	1.21	1.20	1.28	1.50	1.56	1.58	—	1.78	1.87
フランジ形仕切弁 (1 MPa)	1.12	0.98	1.15	1.31	1.22	1.16	1.31	1.20	1.27	1.35	1.52
減圧弁 (1 MPa)	1.96	1.71	1.67	1.49	1.55	1.60	1.66	1.58	1.91	1.76	1.81
フランジ (1 MPa)	0.50	0.46	0.53	0.47	0.44	0.42	0.42	0.39	0.44	0.45	0.44
フランジ (2 MPa)	0.51	0.46	0.54	0.47	0.49	0.46	0.50	0.46	—	0.56	0.51

（出典）『省エネルギー』Vol.31，No.10～11，省エネルギーセンター

試し問題 3

蒸気圧力0.8 MPa(abs)，170 ℃の蒸気が流れる40 Aの配管に厚さ20 mm，熱伝導率$\lambda=0.043$ W/(m・K)の断熱材を施工した．単位長さあたりの放散熱量を求めよ．ただし，外気温度を20 ℃，対流熱伝達率を15 W/(m^2・K)，断熱材表面の放射率$\varepsilon=0.3$とする．

[解答]

式(8.2)，(8.3)に$L=1$ m，$T_i=170$ ℃，$T_0=20$ ℃，$\lambda=0.043$ W/(m・K)，$r_i=20\times10^{-3}$m，$r_0=40\times10^{-3}$ m，$\alpha=15$ W/(m^2・K)を代入して，

$$\text{対流による放散熱量}\ Q_c=\frac{2\pi\times1\times(170-20)}{\dfrac{\ln(40/20)}{0.043}+\dfrac{1}{40\times10^{-3}\times15}}=53.0\ \text{W/m}$$

$$\text{管の外壁温度}\ T_0=20+\frac{53.0}{2\pi\times1\times40\times10^{-3}\times15}=20+14.1=34.1\ ℃$$

断熱材表面(34.1 ℃)の放射率$\varepsilon=0.3$とすると，$Q_r=\sigma A\varepsilon(T_s{}^4-T_a{}^4)$において，$T_s=34.1+273.15=307.25$ K, $T_a=273.15+20=293.15$ K, 表面積$A=\pi\times(80\times10^{-3})\times1=0.251$ m^{2}を代入して，$Q_r=5.669\times0.251\times0.3\times\left\{\left(\dfrac{307.25}{100}\right)^4-\left(\dfrac{293.15}{100}\right)^4\right\}$ $=6.5$ W，したがって，全放散熱量$Q=Q_c+Q_r=53.0+6.5=59.5$ W/m

よって，断熱材施工によって裸配管(試し問題1)に比べて放散熱量は，$\dfrac{59.5}{439.4}=\dfrac{1}{7.4}$と約$\dfrac{1}{7}$に減少し，省エネが図られる．

技9　煙突効果の利用

キーポイント

煙突効果とは，煙突内部の温度が外気より高いとき，高温の空気は低温の空気より密度が低いため煙突内のガスに浮力が生じ，下方向より冷気を取り込みながら暖かいガスが上昇する（ドラフト）現象をいう．発電所等の煙突は，周囲の環境保全とともにこの浮力効果を利用して送風機の揚程を減少させる．高層建築においても建物内が煙突のような状態になるので，暖かい空気は上階へ上昇する力がはたらき，1階ではドアを開くたびに外気が流入し，上階では暖い空気が外部に漏出する．また，大地を大きな温室でおおい，太陽熱で室内の温度上昇から上昇気流を利用して風車を回す自然エネルギー利用のソーラー・アップドラフト・タワー発電も考えられている．この煙突効果の通風力や内外圧力差について説明する．

解説

1．自然通風力（駆動力）の算出

煙突の自然通風力（駆動力）は，図9.1に示すように，煙突内の温度の高い燃焼ガスと温度の低い外気との間の密度（ρ_g，ρ_a）差に基づく浮力（通風力）によって生じる．送風機の軸動力とこの通風力の和が煙突内を上昇するガス流動によって生じる全圧力損失とバランスして，煙突内のガス速度は決まる．

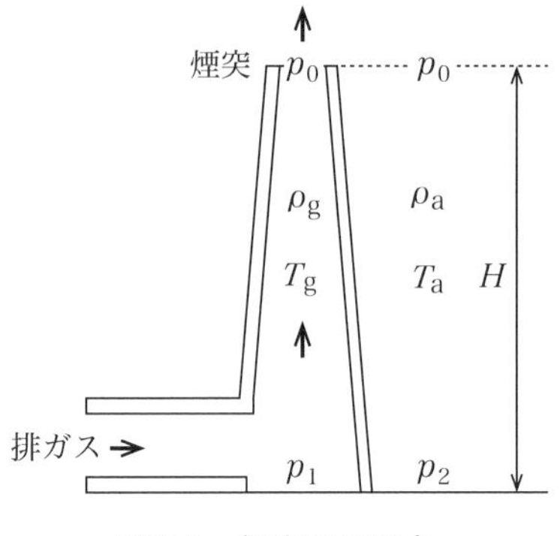

図 9.1　煙突の通風力

煙突内の浮力による理論通風力Z [Pa]は，煙突内外の密度差から，次のように表される．

$$Z = p_a - p_g = \rho_a gH - g\int_0^H \rho_g dh \fallingdotseq (\rho_a - \rho_{gm})gH \quad [\mathrm{Pa}] \tag{9.1}$$

ここで，ρ_g，ρ_a：燃焼ガスおよび大気の密度 [kg/m^3]，g：重力加速度 [m/s^2]，ρ_{gm}：煙突内の燃焼排ガスの平均密度 [kg/m^3]

次の仮定：①各密度ρ_g，ρ_aは，理想気体の状態式$p = \rho RT$に従う，②各圧力p_a，p_gは，大気圧（101.325×10^3 Pa）状態にある，③燃焼ガスおよび大気のガス定数R_g，R_aを287.2 J/(kg・K)一定とすると，

$$\left.\begin{aligned} \rho_a &= \frac{p_a}{RT_a} = 101.325\times\frac{10^3}{287.2\times T_a} = \frac{353.0}{T_a} \\ \rho_g &= \frac{p_g}{RT_g} = 101.325\times\frac{10^3}{287.2\times T_g} = \frac{353.0}{T_g} \end{aligned}\right\} \tag{9.2}$$

通風力Z [Pa] は，式(9.1)，(9,2)から次式で表される．

$$Z \fallingdotseq 3462\times\left(\frac{1}{T_a} - \frac{1}{T_g}\right)H \quad [\mathrm{Pa}] \tag{9.3}$$

<参考>

式(9.3)に基づいて$t_a = 20$ ℃としたときの煙突内ガス温度t_gを20～300 ℃に変化させたときの(通風力Z/煙突高さH) [Pa/m]の変化を図9.2に示す．ガス温度，煙突高さの増大とともに浮力による通風力Zが増加していく．

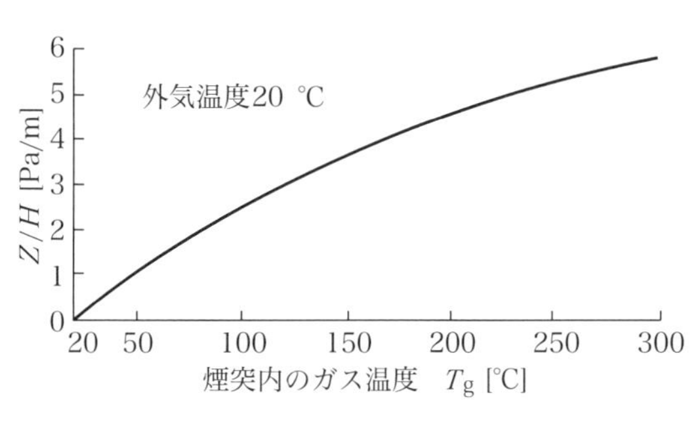

図9.2　煙突内のガス温度と通風力の関係

2．煙突内外の圧力差の算出

煙突内外の圧力差を知ることによって内外部への漏出，漏入がわかる．

大気圧を1気圧＝101.325 kPaとして，図9.3に示すようにある基準点からの高さz [m]の点の内部と外部の絶対圧力p_i，p_0 [Pa]は，

$$p_i = 101325 - \rho_i g z,\quad p_0 = 101325 - \rho_0 g z \tag{9.4}$$

したがって，高さzの内外の圧力差Δpは，式(9.2)を代入して，

$$\Delta p = p_0 - p_i = (\rho_i - \rho_0) g z = 3462 \times \left(\frac{1}{T_i} - \frac{1}{T_0} \right) z \tag{9.5}$$

例えば，図9.3に示すように，煙突や建物全体の高さHの半分の点を$z = 0$にとると，その点では式(9.4)から内外の絶対圧力は，大気圧と等しくなり，圧力差は0(中性帯)になる．$z < 0$では$\Delta p > 0$($p_0 > p_i$)，$z > 0$で$\Delta p < 0$ ($p_0 < p_i$)，すなわち，図中$z = 0$ (中性帯)より下方では外気が内部に漏入し，上部では逆に内部のガスが外部に漏出することになる．

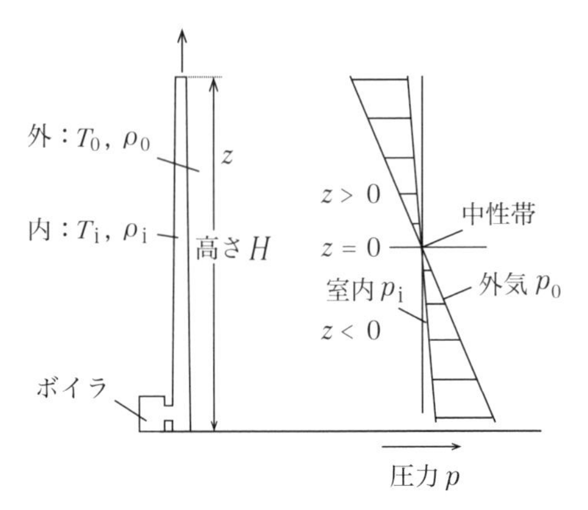

図 9.3　内外の圧力差

試し問題

室内温度20 ℃，外気温度0 ℃のとき，高さ100 mの高層建築物全体の煙突効果および地上10 mの点の内外圧力差および建物全体の煙突効果（通風力）を求めよ．

[解答]

式(9.2)から，20 ℃，0 ℃の空気の密度は，

$$\rho_i = \frac{353.0}{T_i} = \frac{353.0}{20+273.15} = 1.204\ \mathrm{kg/m^3}$$

$$\rho_0 = \frac{353.0}{T_0} = \frac{353.0}{273.15} = 1.292\ \mathrm{kg/m^3}$$

建物全体の煙突効果（煙突通風力）は，式(9.1)から，

$$Z = (1.292 - 1.204) \times 9.807 \times 100 = 86.3\ \mathrm{Pa}$$

次に$z=0$の点を建築高さの半分の位置に取ったとき地上10 mの点の高さは$z=-40$ mとなる．したがって，その位置での内外圧力差Δpは，式(9.5)から，

$$\Delta p = (1.204 - 1.292) \times 9.807 \times (-40) = 34.52\ \mathrm{Pa},$$

すなわち，$\Delta p > 0$から建屋内に空気が流入する．

技10 圧縮機の省エネの基本

キーポイント

圧縮機は，「気体を圧縮して圧力を高め，連続して送り出す装置」であり，用途は動力，搬送，塗装，乾燥から雑エアーのブローまで多岐にわたっている．産業分野では，動力源として圧縮空気が幅広く使用され，一般の製造工場では電力消費の20～25 %が圧縮機の消費電力とされている．我が国の電力消費の約50 %が産業分野なので，圧縮機には我が国電力消費の約10 %を占め，電力の削減は，大きな省エネ効果を上げることになる．

解説

圧縮機の適用範囲は各型式によって異なり，圧縮機の種類と風量，圧力の適用範囲を表10.1に示す．

表10.1　圧縮機の種類と適用範囲

種　類		適用範囲	
		流量 [m^3/min]	圧力 [MPa]
ターボ形	軸流式	400 ～ 10 × 10^4	1 未満
	遠心式	20 ～　2 × 10^3	1.5 以下
容積形	回転式 (スクリュー式，ルーツ式)	300 以下	1.5 以下
	往復式	200 以下	100 以下

省エネの観点からは負荷変動に対して，スクリュー式は全負荷時の効率は良いが，無負荷時には全負荷時の電力の60～70 %と多く消費するので，できるだけ軽負荷運転は避ける．一方，往復式は全負荷時の効率は少し低いが，無負荷のアンロード時には電力は20～30 %と小さい．

したがって，併用の場合，スクリュー式をベースロード用，往復式を負荷変動用として用いると良い．遠心式は，比較的大容量に好適であり，容量制御には吐出側より吸込側を絞るのが省エネとなる．

圧縮機の理論圧縮動力は，次のように表される．

気体の単位質量あたりの圧縮仕事 W_{ad} [J/kg] に対して，理想気体として可逆断熱変化をした場合の理論式は，次式で表される．

$$W_{ad} = \int v \mathrm{d}p = \left(\frac{\kappa}{\kappa - 1}\right) p_1 v_1 \left\{\left(\frac{p_2}{p_1}\right)^{\frac{\kappa-1}{\kappa}} - 1\right\}$$

$$= \left(\frac{\kappa}{\kappa - 1}\right) R T_1 \left\{\left(\frac{p_2}{p_1}\right)^{\frac{\kappa-1}{\kappa}} - 1\right\} \qquad (10.1)$$

ここで，v：気体の比容積 [m^3/kg]，κ：比熱比（空気の場合 $\kappa = 1.4$），添え字1，2は圧縮機の入口，出口を示す．

したがって，圧縮機の駆動力 P [W] は，圧縮段数を m とすると，$G = \dfrac{Q_s}{v_s}$ から，

$$P = G \times \frac{W_{ad}}{\eta_c} = \left(\frac{m\kappa}{\kappa - 1}\right)\left(\frac{p_s Q_s}{\eta_c}\right)\left\{\left(\frac{p_d}{p_s}\right)^{\frac{\kappa-1}{m\kappa}} - 1\right\} \qquad (10.2)$$

理論的に断熱圧縮とすれば，吐出気体の理論温度 T_d は，次式による．

$$T_d = T_s \cdot \left(\frac{p_d}{p_s}\right)^{\frac{\kappa-1}{m\kappa}}$$

ここで，G：質量流量 [kg/s]，η_C：圧縮機の全断熱効率，Q_s：圧縮機入口における容積流量 [m^3/s]，p_s：第一段の吸込み空気圧力 [Pa]，p_d：吐出圧力 [Pa]

式(10.2)より，駆動力削減には，流量 G の減少，入口気体の比容積 v_s や吐出圧力 p_d の減少が省エネにつながる．すなわち，①吐出圧力 p_d の減少，②エアー漏れ量の減少，③吸込み温度を下げる（v_s の減少）等であり，表10.2にまとめる．

表 10.2　圧縮機の省エネ項目

No.	項　目	対　策
1	使用量の削減	・空気漏れの削減 ・低圧の冷却用やパージ用空気はファン，ブロワに交換
2	吐出圧力の低下	・使用側圧力の見直しと適正化 ・高圧個所の局所的昇圧 (増圧弁) ・管路抵抗の削減
3	吸入空気温度の低減	・圧縮機室内の換気
4	吸込み抵抗の減少	・フィルターの清掃
5	適正な流量制御	・台数制御 ・可変流量制御 (インバータ制御) ・負荷変動に対するタンクの設置

試し問題 1

大気圧，25 ℃の空気を 2 m^3/min 吸い込んで，圧力 0.3 MPa(abs) まで一段圧縮して吐出する圧縮機の理論所要動力を求めよ．

[解答]

空気のガス定数 $R = 287.2$ J/(kg・K)，空気の比熱比 $\kappa = 1.4$，$\dfrac{p_2}{p_1} = \dfrac{0.3}{0.1} = 3$ を式(10.1)に代入して，気体の単位質量あたりの圧縮仕事 $W_{\rm ad}$ [J/kg] $= \dfrac{1.4}{1.4-1} \times 287.2 \times (273.15+25) \times \left(3^{\frac{1.4-1}{1.4}} - 1\right) = 110.51 \times 10^3$ J/kg，大気圧，25 ℃の空気の密度 ρ は，空気のガス定数 $R = 287.2$ J/(kg・K) から $\rho = \dfrac{p}{RT} = \dfrac{101.325 \times 10^3}{287.2 \times 298.15}$ $= 1.183$ kg/m^3

空気吐出量 G [kg/s] $= \dfrac{2}{60} \times 1.183 = 0.0394$ kg/s

したがって，

理論所要動力 $P_{\rm ad} = G \times W_{\rm ad} = 0.0394 \times 110.51 \times 10^3$ J/kg $= 4354$ W

試し問題 2

圧縮空気のコスト計算には，空気1 m^3/minあたりの比動力(電力)[kW/(m^3/min)]の値が重要である．ある工場でスクリュー式圧縮機を使用し，その吐出量13.0 m^3/min，モータ出力78 kW，したがって比動力＝78 kW/(13 m^3/min)＝6.0 kW/(m^3/min)の値となる．モータ効率0.9，電力単価15円/kWhとすると，定格運転で年間6000 h稼働の圧縮空気の電力コストを求めよ．

[解答]

比動力が6 kW/(m^3/min)から，電力コストは $\frac{6\times13\times6000}{0.9}\times15$円/kWh＝7800千円/年

<参考>

比動力

1 m^3/minの空気をつくるための圧縮機に必要な動力，単位はkW/(m^3/min)で，値が小さい程省エネとなる．吐出空気量0.5 m^3/minで電気入力値が3.8 kWでは比動力＝3.8/0.5＝7.6 kW/(m^3/min)となる．圧縮機の省エネレベルの把握に重要である．

例えば，油冷式スクリュー式圧縮機を用い，省エネを順次行い，各省エネ項目と比動力を参考に{　　}内に示すと，①全圧縮機単独運転{8.7 kW/(m^3/min)}，②台数制御{6.8 kW/(m^3/min)}，③台数制御＋インバータ{6.6 kW/(m^3/min)}，さらに，④設定圧力を下げる{6 kW/(m^3/min)}，⑤空気漏れを削減{5.9 kW/(m^3/min)}のように省エネを進めるに従い比動力は小さくなっていく．

技11 圧縮機の吐出圧力の減少

キーポイント

圧縮機における定格吐出圧力の選定は，需要側圧力に対して安全を見すぎて大きくなりすぎ，弁を絞って使用している場合が多い．逆に，配管径が流量に対して小さすぎると，圧力損失が増加し，圧力不足となり，所定の流量が得られない事態が生じる．したがって，いずれも適正な吐出圧力と配管径が省エネには必要である．ここでは吐出圧力の差によってどの程度所要動力に影響するかを示す．

解説

所要動力に関係する吐出圧力 (p_2) 項は，式 (10.2) 中 $\left(\frac{p_2}{p_1}\right)^{\frac{\kappa-1}{m\kappa}}-1$ である．例えば，吸入圧力が大気圧一定で吐出圧力がゲージ圧力 0.7 MPaG {または 0.7＋0.1013 MPa(abs)} から 0.1 MPa だけ減少した場合の一段圧縮機 ($m=1$) の駆動力の削減率は，

$$\frac{\left(\frac{0.6+0.1013}{0.1013}\right)^{\frac{0.4}{1.4}}-1}{\left(\frac{0.7+0.1013}{0.1013}\right)^{\frac{0.4}{1.4}}-1}=0.916$$

すなわち，吐出圧力が 0.1 MPa 減少すると，理論上約 8.4 % の動力削減が得られる．

試し問題

単段圧縮機において吐出圧力p_2の減少によって理論上いかほどの省エネ効果が得られるか試算せよ．ただし，初期の圧力比2〜7とする．

[解答]

式(10.2)中の吐出圧力の項：$\left(\frac{p_2}{p_1}\right)^{\frac{\kappa-1}{\kappa}}-1$に着目して添え字0を省エネ前の圧力を示すものとする．縦軸に動力比率$\frac{\left(\frac{p_2}{p_1}\right)^{\frac{\kappa-1}{\kappa}}-1}{\left(\frac{p_{20}}{p_{10}}\right)^{\frac{\kappa-1}{\kappa}}-1}$，横軸に$K=\frac{p_2\,/\,p_1}{p_{20}\,/\,p_{10}}$をとって，パラメータ$\frac{p_{20}}{p_{10}}$＝2〜7に対して計算した結果を図11.1に示す．

例えば$\frac{p_{20}}{p_{10}}$＝5の場合，$K=\frac{p_2\,/\,p_1}{p_{20}\,/\,p_{10}}$＝0.3，0.5，0.8に対して縦軸に示す動力比率は，0.21，0.51，0.83，すなわち動力削減率は79 %，49 %，17 %となることがわかる．これより例えば，圧縮機を減圧弁で絞って使用していたものをブロワ等で吐出圧力を減少させた場合(水洗浄の際の空気による水切り等)や圧縮空気によるシリンダー駆動において過剰な吐出圧力を見直し，減少させることによって大きな省エネが図られることになる．

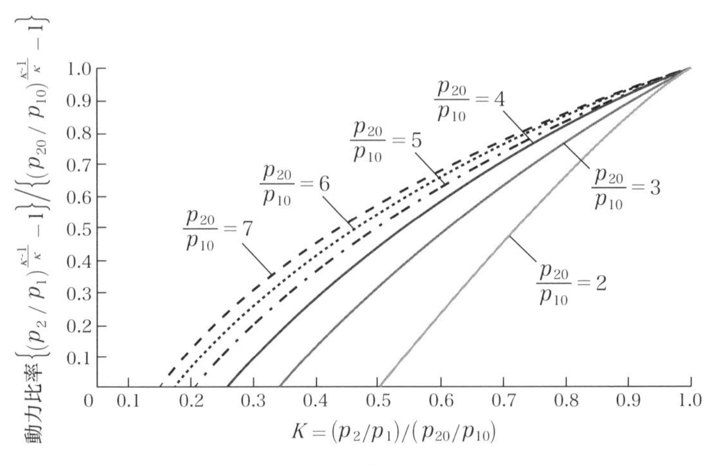

図 11.1　圧縮機の動力比率

技12 圧縮機の吸込み温度の低下

キーポイント

圧縮機の理論断熱動力は，圧縮する質量流量や比容積に比例し，吸込み空気温度の低い程比容積は小さく，質量流量一定に対して容積流量が小さくなるので，所要動力は減少する．したがって，圧縮機の据え付けは，風通しが良く，日のあたらない北側の室内に配置し，屋外の温度の低い空気からの吸気が省エネにつながる．

解説

同一の質量流量G[kg/s]に対して，前式(10.1)，(10.2)から吸込み温度の低下によって軸動力Pは減少する．すなわち，吸入比容積v_1 ($v_1 = \frac{RT_1}{p_1}$)が減少し，$Q = G \cdot v_1$から容積流量Qが減少し，軸動力Pは減少する．

試し問題

吐出，吸込み圧力および流量G，圧縮機の全断熱効率ηが一定で，吸い込み温度が40 ℃から20 ℃に低下した場合の理論断熱動力の削減率を求めよ．

[解答]

式(10.2)から動力Pは，容積流量Qに比例する．すなわち，$P = K \cdot Q$ (ここで，Kは比例定数)

また$Q=G\cdot v$（ここで，Gは質量流量，vは入口比容積），ここで，$v=\dfrac{RT}{p}$を代入して，$P=KGv=KG\left(\dfrac{RT}{p}\right)$．したがって，動力削減率$\dfrac{P_2-P_1}{P_1}=\dfrac{v_2-v_1}{v_1}=\dfrac{T_2-T_1}{T_1}$で表される．

$T_1=273.15+40=313.15$ K，$T_2=273.15+20=293.15$ Kを代入して，

動力削減率 $\dfrac{P_2-P_1}{P_1}=\dfrac{T_2-T_1}{T_1}=\dfrac{293.15-313.15}{313.15}=-0.064\rightarrow-6.4$ %

すなわち，約6.4 %の動力を削減できる．ただ，実際には吸入容積流量が減少し，設計点と異なる運転となるので，圧縮機効率を考慮する必要がある．

<参考>

湿り空気の比体積は，次のようである．

体積V，温度Tの乾き空気と水蒸気に対して理想気体の状態式を適用すると，

$p_aV=m_aR_aT$，$p_wV=m_wR_wT$，さらに$p_w+p_a=p$から

$$pV=(m_aR_a+m_wR_w)T=m_aR_w\left(\frac{R_a}{R_w}+\frac{m_w}{m_a}\right)T$$

ここで，水蒸気と空気のガス定数R_w，R_aはそれぞれ461.7 J/(kg・K)，287.2 J/(kg・K)として，

$$v=\frac{V}{m_a}=\left(\frac{TR_w}{p}\right)\left(\frac{R_a}{R_w}+\frac{m_w}{m_a}\right)=461.7\left(\frac{T}{p}\right)\left(\frac{287.2}{461.7}+x\right)$$

$$=461.7\left(\frac{T}{p}\right)(0.622+x)$$

湿り空気の圧力を大気圧101.325 kPaの場合，

$$v=0.4557\ (0.622+x)\left(\frac{T}{100}\right)\qquad [\mathrm{m^3}/\text{乾き空気}\ 1\ \mathrm{kg}]$$

ここで，xは絶対湿度$\left(\dfrac{m_w}{m_a}\right)$である．

技13 圧縮機空気漏れの低減

キーポイント

空気漏れは，直接電力ロスにつながるので，配管や機器からの漏洩防止は大きな省エネにつながる．一般に，工場において10〜20 %は漏れているといわれ，安全上特に支障がなければ放置されている場合が多い．しかし，所要動力は吐出空気量G(質量流量または容積流量Q)の大きさに比例するので，漏れを減らすことで，吐出空気量，すなわち所要動力は削減できる．

解説

配管の末端弁等を完全に閉鎖後，圧縮機を運転し，操業時圧力を加え，圧力が規定圧力に達したら停止し，圧縮機入口弁を閉じる．図13.1に示すように圧力を加えてから圧縮機入口弁を閉じるまでの圧力の時間変化を測定する．

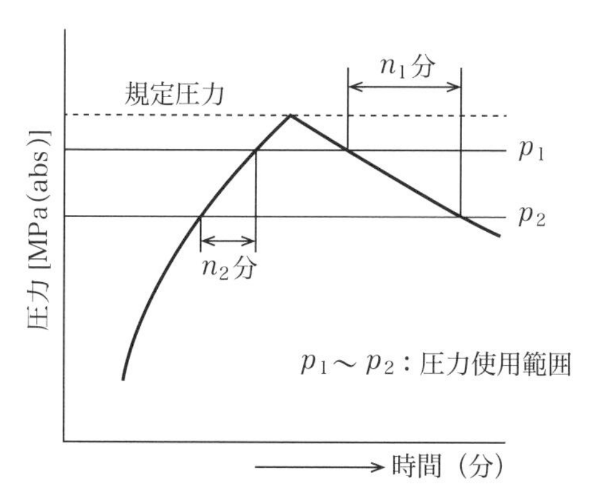

図 13.1　圧縮機の圧力経時変化

(1) 対称物の内容積V_0が既知の場合

弁を閉鎖した全体の密封対象物の内容積V_0 [m^3]が既知のとき，初期圧力p_1 [Pa(abs)]，温度t_1 [℃]の空気質量m_1 [kg]がn_1分間に空気漏れがあり，圧力p_2 [Pa(abs)]，温度t_2 [℃]，空気質量m_2 [kg]になった場合のn_1分間の空気漏れ量(m_1-m_2) [kg]は，Rを空気のガス定数(287.2 J/(kg・K))としてボイル・シャルルの法則から，次のように表される．

$p_1 \times V_0 = m_1 R T_1$，$p_2 \times V_0 = m_2 R T_2$から

$$\Delta m = m_1 - m_2 = \frac{V_0}{R} \times \left(\frac{p_1}{T_1} - \frac{p_2}{T_2} \right) \qquad (13.1a)$$

ここで，温度$T_1 = T_2 = T_0$のとき，

$$\Delta m = m_1 - m_2 = \left(\frac{V_0}{R T_0} \right) (p_1 - p_2) \qquad (13.1b)$$

1分間の空気漏れ量$\Delta m = (m_1 - m_2)$ [kg/n_1]を大気圧p_0(101.325 [kPa])，t_3 [℃]下での容積空気漏れ量$\dfrac{Q}{n_1}$ [m^3/n_1]に換算すると，

$$p_0 \times Q = (m_1 - m_2) R T_3 = \Delta m R T_3 \qquad (13.2)$$

したがって，

$$\text{毎分の容積漏れ量}\ \frac{Q}{n_1} = \left(\frac{V_0}{R} \right) \times \frac{\left\{ \left(\frac{p_1}{T_1} \right) - \left(\frac{p_2}{T_2} \right) \right\} R T_3}{p_0 \cdot n_1}$$

$$= V_0 \cdot \left\{ \left(\frac{p_1}{T_1} \right) - \left(\frac{p_2}{T_2} \right) \right\} \cdot \frac{T_3}{p_0 \cdot n_1} \qquad (13.3a)$$

ここで，$T_1 = T_2 = T_3$のとき，

$$\text{毎分の漏れ量}\ \frac{Q}{n_1} = V_0 \times \frac{p_1 - p_2}{p_0 \cdot n_1} \qquad (13.3b)$$

⑵　容積 V_0 が未知の場合

末端弁閉鎖に対して図13.1に示す圧力上昇中の p_2 から p_1 に達する時間を n_2 分とすると，p_2 から p_1 への n_2 分間において圧縮機が吐出した質量を G_0 [kg]とすると，式(13.1a)と同様に，

$$G_0 - \Delta m\left(\frac{n_2}{n_1}\right) = \left(\frac{V_0}{R}\right)\left(\frac{p_1}{T_1} - \frac{p_2}{T_2}\right) \tag{13.4}$$

毎分の漏れ量を Q/n_2 [m³/min]，圧縮機の毎分の吐出流量を Q_{comp}/n_2 [m³/min]として，大気圧(p_0)下に換算すると，温度一定に対して，

$$\frac{Q_{\mathrm{comp}}}{n_2} - \frac{Q}{n_2} = V_0 \times \frac{p_1 - p_2}{p_0 \cdot n_2} \tag{13.5}$$

式(13.1a)と式(13.4)または，式(13.3b)と式(13.5)を連立させて，容積 V_0 を求め，漏洩量 Δm または Q を知ることができる．

試し問題

対象内容積 $V_0 = 0.5$ m³において初期圧力 $p_1 = 7$ MPa(abs)において2分経過後圧力 $p_2 = 6.5$ MPa(abs)に低下した．温度は $t_1 = t_2 = 30$ ℃一定で換算圧力，温度を大気圧，$t_3 = 25$ ℃の状態における漏れ量(容積)を求めよ．

[解答]

式(13.3a)に代入して，

$$\text{毎分の漏れ量}\ \frac{Q}{n_1} = 0.5 \times \left(\frac{7 \times 10^6}{303.15} - \frac{6.5 \times 10^6}{303.15}\right) \times \frac{298.15}{101.325 \times 10^3 \times 2}$$

$$= 1.213\ \mathrm{m^3/分}$$

技14 圧縮機の台数制御

キーポイント

空気圧縮機を低負荷で運転すると，効率が悪化する．圧縮機の台数が多く，空気使用量の変動が大きい工場では空気使用量の変動に応じて，圧縮機を起動・停止し，常に必要最小限の圧縮機を効率良く全負荷で運転し，空回し運転を避ける．すなわち，工場の必要空気量に対して必要最小限の台数で運転する台数制御方式の採用は，高負荷率運転となり，無駄な無負荷動力(定格の10～40 %の消費動力)を削減できるので，大きな省エネが図れる．

解説

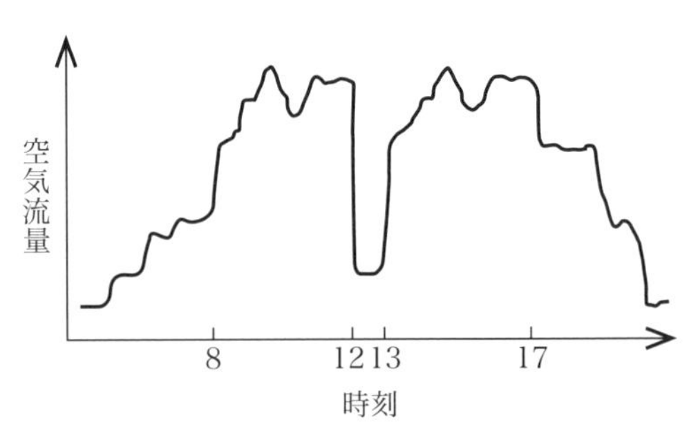

図14.1　空気消費量の一日の変動

図14.1に示すような一日の空気消費量の負荷変動に対して，自動的に圧縮機吐出量を調整する容量調整方法には，①吸込み絞り方式(圧縮機の吸気側に取り付けた弁を稼働させることで吸い込む量を調整する)，②スライド弁方式(スクリュー圧縮機のスクリューロータと同方向に移動できるスライド弁を設け，吸入空気の一部を吸入側に戻し，吐出量を

調整，容量調整範囲：100～25 %程度)，③スライド弁・吐出開放方式(低負荷時スライド弁方式に加え，吸込み弁を全閉にし，吐出側の圧縮空気を大気に開放する)，④インバータ方式(回転数を変えて，吐出量を変化させる)等がある．風量比と動力比の関係は，図14.2のようであり，インバータを用いてモータの回転数を調整する回転数制御が最も省エネ特性に勝れている．

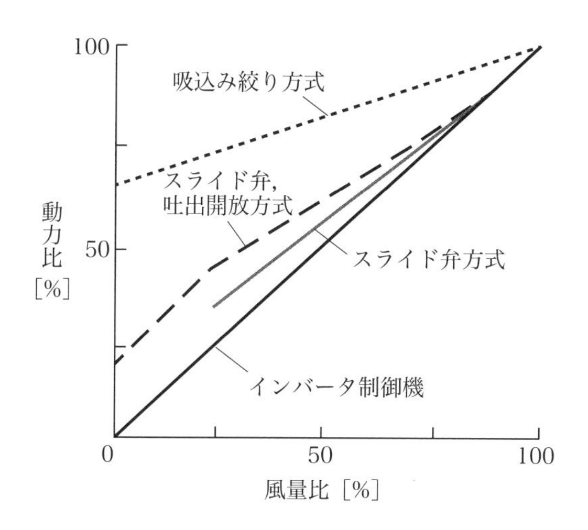

図 14.2　風量調整方式

このように圧縮機では，圧縮しているときのロード電力と基準圧力に達し空運転しているときのアンロード電力に分かれるが，働いていないアンロード電力のときも圧縮機は作動しており，無駄な電力を消費している．そのために複数台の圧縮機を運用する場合，負荷側の空気量の変動に応じて図14.3に示す台数制御の方法が大きな省エネにつながる．

図14.3には5台の圧縮機の例を示す．図中，全負荷固定機とは常に負荷率100%で運転するベースロード用で，容量制御機とは工場の使用空気量の変動に応じて，吐出空気量を調整するもので，図中各空気量における1台が当てはまる．この負荷変動分を賄う容量制御機にはインバータ式圧縮機が望まれる．単独運転とは，5台分を大型機1台で運転，

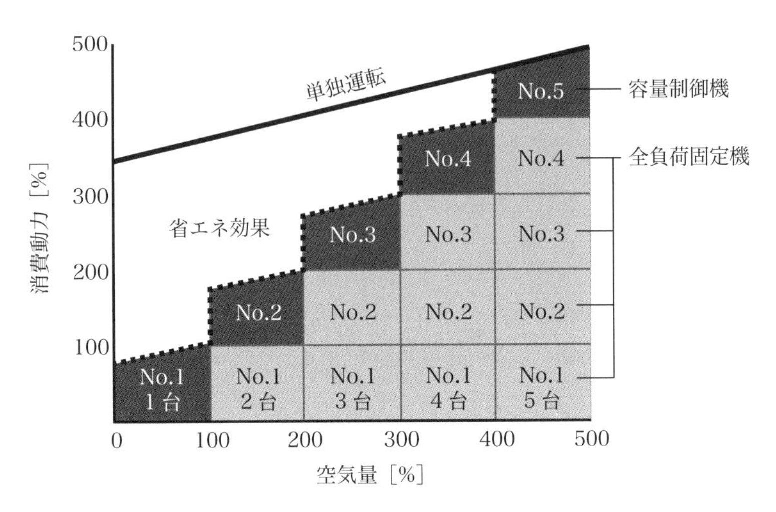

図 14.3　台数制御のよる消費動力削減

または5台を同じ設定圧力で単独に運転した場合に相当し，台数制御運転によって負荷に応じて図中の省エネ効果分のメリットが得られ，特に低負荷時に大きな省エネ効果が図れる．

試し問題

圧縮機55 kW × 4台，37 kW × 1台が設置され，負荷に関係なく5台とも稼働している．表14.1に示すように現状は55 kW × 3台の負荷はいずれも80 %，55 kW × 1台は75 %，37 kW × 1台は40 %の負荷率である．ここで，55 kW × 4台，37 kW × 1台の台数制御方式を導入し，55 kW × 3台を100 %負荷運転し，変動分は37 kW × 1台の圧縮機で賄うことにする．年間の削減電力量，削減全額，削減原油換算量およびCO_2削減量を求めよ．計算の前提条件：①年間稼働時間8000 h/年，②電気料金単価15円/kWh，③現状運転状況は表14.1のようである．

表 14.1　現状の圧縮機運転状況

	軸動力	最大吐出空気量	吐出量率	吐出量	軸動力比*	消費動力
	kW	m^3/min	%	m^3/min	%	kW
1	55	11	80	8.8	94	51.7
2	55	11	80	8.8	94	51.7
3	55	11	80	8.8	94	51.7
4	55	11	75	8.25	92	50.6
5	37	7	40	2,8	83	30.7
計	257	51	—	37.45	-	236.4

＊上表および表14.2中の＊印は，風量と軸動力の関係を示す図14.2の吸込み絞り方式（図中の破線）から決定.

［解答］

圧縮機の台数制御方式を導入し，55 kW × 3台を100 %負荷運転し，変動分は37 kW × 1台の圧縮機で賄う．結果，次表のようになる.

表 14.2　台数制御後の圧縮機運転

	軸動力	最大吐出空気量	吐出量率	吐出量	軸動力比*	消費動力
	kW	m^3/min	%	m^3/min	%	kW
1	55	11	100	11	100	55
2	55	11	100	11	100	55
3	55	11	100	11	100	55
4	55	11	0	0	0	0
5	37	7	63.6	4.45	89	32.9
計	257	51	—	37.45	—	197.9

したがって，削減電力：236.4 − 197.9 = 38.5 kW

① 年間削減電力量：38.5 kW × 8000 h/年 = 308千kWh/年

② 年間削減金額：308千kWh/年 × 15円/kWh = 4620千円/年，ここで，電気料金単価（15円/kWh）は契約条件等によって異なるので，契約電力会社の値を採用する．以下の試し問題においても同様である.

③ 年間削減原油換算量：308千kWh/年 × 9.97 GJ/千kWh × 0.0258 kL/GJ = 79.2 kL/年

④ 年間CO_2削減量：308千kWh/年 × 0.418 t-CO_2/千kWh = 128.7 t-CO_2/年

技15 圧縮機のインバータ制御

キーポイント

設置した圧縮機による使用空気量が減少した場合，インバータを付加し，回転数を減少させて，連続負荷運転を心がけてアンロード運転時間を短縮し，省エネを図る．例えば絞り弁方式の圧縮機では負荷がかかっていない（アンロード）時でも70％程度の動力が必要なので，このアンロード時間短縮を行うために，回転数を下げて風量を減らしてできるだけ連続運転を行って省エネを図る．

解説

圧縮機では，レシーバタンクの圧力が一定なので，軸動力は風量のみに依存し，動力は回転数の3乗でなく，図14.2に示すように風量の1乗に比例する．すなわち，圧縮機のインバータ制御方式ではポンプや送風機の場合と異なり，風量比50％に対して軸動力比は50％となる．

$$\text{風量：}Q \propto N \qquad \text{軸動力：}P \propto N \tag{15.1}$$

すなわち，$P \propto Q$なので，使用空気量を供給するのに必要な動力は，供給時間の違いはあっても同じであるので，連続運転時間を増加させ，いかにアンロード時間を減らせるかに依存する．ただし，レシーバタンクの圧力を一定範囲になるように圧縮機回転数を調整する制御が必要である．

試し問題

圧縮機の定格55 kW × 風量10 m³/minに対して，現在の圧縮空気使用量は，半分の5 m³/minであり，100 %負荷が50 %，残りは動力70 %のアンロード運転である．現状の吸込み絞り弁制御方式をインバータ制御方式に変更して省エネを図りたい．年間の削減電力量と削減金額を求めよ．ただし，運転時間は，10 h/日 × 320 日/年 = 3200 h/年，インバータとモータを含めた総合効率を90 %とする．

[解答]

現状：100 %負荷が50 %，残り50 %は動力70 %のアンロード運転から，

$$動力 = 55 \times 0.5 + 55 \times 0.5 \times 0.7 = 46.75\ \mathrm{kW}(平均)$$

インバータ設置後：風量比は50 %で，

$$動力 = 55 \times \frac{0.5}{0.90} = 30.56\ \mathrm{kW}$$

削減電力量，削減金額：

$$46.75 - 30.56 = 16.19\ \mathrm{kW}$$

$$16.19\ \mathrm{kW} \times 3200\ \mathrm{h}/年 = 51808\ \mathrm{kWh}/年$$

$$51808\ \mathrm{kWh}/年 \times 15\ 円/\mathrm{kWh} = 777\ 千円/年$$

ここで，電気料金単価(15円/kWh)は契約条件等によって異なるので，契約電力会社の値を採用する．以下の試し問題においても同様である．

＜参考＞

インバータ以外にモータ回転数を変化させるには，①モータの極数を変える(技21を参照)，②モータとファン，ポンプを直結せず，プーリーを取り付けてVベルトでつなぐ，がある。

技16 圧縮機の運転時間の短縮

キーポイント

圧縮機は，基準圧力に達してアンロード状態で運転しているときは，圧縮空気をつくっていない．このアンロード時の電力は，圧縮しているときのロード電力と比べても10％～半分以上の電力を消費している．したがって，休息時間帯やライン稼働状況に大きな変化があるとき等アンロード時間が長く続くとき，圧縮機を自動的に停止して，電力消費の削減につなげる．また，工程ごとに必要空気圧力を調べ，空気圧力に余裕のある場合には圧縮機のアンローダの設定圧力を見直し，省エネにつなげる．

解説

改善作業として，①休息時間帯等のときは，圧縮機をタイマーで停止させ，不要運転時間の電力削減を図る．ただし，短時間では起動に電力を多く消費するので避ける．②圧縮機の運転状態を監視し，例えば，基準圧力に達して働いていないアンロード運転時間が長時間にわたる場合には，自動的に停止させる，③必要空気圧力を調査し，圧縮機のアンロードの設定圧力を変更する．

一般に圧縮機のアンロード特性は，図14.2に示したように①吸込み絞り方式，②スライド弁方式，③スライド弁・吐出し開放方式，④インバータ制御がある．風量調整に対する動力比は，①が最も悪く，④は吐出流量∝回転数でアンロード特性は最も優れ，圧力を一定に保ちながら回転数を制御する定圧運転方式も採用されている．

試し問題

スクリュー式圧縮機：定格電力22 kW×1台，45 kW×1台を運転しているが，長時間のアンロード時間帯は自動停止するようにした．年間の電力削減量および電力代の削減額を求めよ．ただし，アンロード時の電力は，ロード電力の約半分とし，1ヶ月の延べアンロード時間は，22 kW：80 h，45 kW：140 hとする．電力単価は15円/kWhとする．

[解答]

・定格22 kWの年間のアンロード電力：22 kW×0.5×80 h×12ヶ月
　＝10560 kWh/年

・定格45 kWの年間のアンロード電力：45 kW×0.5×140 h×12ヶ月
　＝37800 kWh/年

合計：10560＋37800＝48360 kWh/年

削減電力代：48360 kWh×15円/kWh＝725.4千円/年

＜参考＞

レシーバタンクの設置

①瞬時のエアー消費量が圧縮機の全吐出量を超える，②複数の圧縮機の使用に対して負荷の平準化を図る，③自動発停等による圧力変動を少なくしたい場合等に設置される．タンク内圧力をある範囲内に抑えるために必要なタンク容量は，次式で求められる(式(13.5)参照)．

$$V=\frac{p_0\cdot(Q_2-Q_{\mathrm{comp}})\cdot t}{p_{\mathrm{H}}-p_{\mathrm{L}}} \tag{16.1}$$

ここで，V：レシーバタンクの容量 [m^3]，p_0：大気圧 [＝0.101325 MPa]，Q_2：消費空気量 [$\mathrm{m^3_N}$/min]，Q_{comp}：圧縮機の供給空気量[$\mathrm{m^3_N}$/min]，p_{H}：最大圧力 [MPa]，p_{L}：許容最低圧力 [MPa]，t：$p_{\mathrm{H}}\rightarrow p_{\mathrm{L}}$となるまでの時間 [min]

技17 圧縮機空気配管の圧力損失の低減および圧縮機の分散化

キーポイント

広い工場内において空気源である圧縮機と空気を消費する需要サイドが遠く離れていると，配管や弁等で生じる圧力損失が増大するので圧縮機の吐出圧力の増加，あるいは空気流量が不足する事態が生じる．そのために広い工場内で消費サイトが広く分散している場合にはできるだけ消費地近くに圧縮機を分散配置し，吐出圧力を低下させることが省エネに有効である．

一般に設備容量として最大負荷に余裕を見込んで設備が選定され，実際の負荷は設計負荷の1/10～1/20で運転されている時間帯も多く，35 %以下が全体のほぼ大半を占めている．多量の空気を消費する工場では，大きな能力の設備1台でなく小さい能力の設備を複数台設置して稼働台数を調整する方法が省エネにつながる．ここでは空気配管の圧力損失の計算方法について説明する．

解説

配管が長く，また管径が細過ぎる場合，配管の圧力損失が増大し，需要サイトでの圧力や空気量の不足が生じる．このような事態にならないように配管径や長さの設計は重要である．

一般に圧力損失Δp [Pa]は，ダルシー・ワイスバッハの式を用いて，次のように表される．

$$\Delta p = \lambda \times \frac{\rho u^2}{2} \times \frac{L}{D} \tag{17.1}$$

ここで，ρ：液体の密度 [kg/m³]，u：管内流速 [m/s]，L：配管長 [m]，D：管内径 [m]，λ：管摩擦係数で，流れが層流か乱流かで次の値をとる．

層流 $Re<2300$ に対して $\lambda=\dfrac{64}{Re}$，乱流 $Re>2300$ に対して $\lambda=\dfrac{0.3164}{Re^{0.25}}$，

ここで，$Re=\dfrac{uD}{\nu}=\dfrac{\rho uD}{\mu}$（$\nu$：動粘性係数，$\mu$：粘性係数，$\nu=\dfrac{\mu}{\rho}$）

式(17.1)から，

$$\left.\begin{aligned}&\text{層流域：}\Delta p=32\times\mu\times u\times\frac{L}{D^2}\\&\text{乱流域：}\Delta p=0.1582\times\mu^{0.25}\times\rho^{0.75}\times u^{1.75}\times\frac{L}{D^{1.25}}\end{aligned}\right\}\quad(17.2)$$

ここで，気体の密度 ρ [kg/m³] は，次式から求められる．

$$p\,[\mathrm{Pa}]=\rho\,[\mathrm{kg/m^3}]\times R\,[\mathrm{J/(kg\cdot K)}]\times(t+273.15)\,[\mathrm{K}]\quad(17.3)$$

空気の場合，空気のガス定数 $R=287.2$ J/(kg・K) を代入して，

$$\rho\,[\mathrm{kg/m^3}]=\frac{p\,[\mathrm{Pa}]}{287.2\times(t+273.15)}\quad(17.4)$$

また，継手や弁等がある場合，圧損は増大し，例えば，表 17.1 に示すように相当長さ L_e を配管長に加算して圧力損失を計算する．ただし，流れが層流の場合には無視してよい．

表 17.1　弁・継手類の相当長さ（管径 D の倍数）

継　手	L_e/D	弁	L_e/D
45 度エルボ	15	仕切弁全開	7
90 度エルボ	32	仕切弁 3/4 開	40
90 度直角エルボ	60	仕切弁 1/2 開	200
90 度ベンド	10	仕切弁 1/4 開	800
180 度ベンド	75	球形弁全開	300
ティーズ	60 ～ 90	アングル弁全開	170

試し問題 1

温度20 ℃の空気に対して圧力0.6 MPa(abs)および大気圧の2つの場合に対する圧力損失を式(17.2)の形で表示せよ.

[解答]

絶対圧力0.6 MPa(abs)から

$\rho = \dfrac{0.6\times10^{6}}{287.2\times293.15} = 7.13$ kg/m^3，粘性係数$\mu = 1.829\times10^{-5}$ [Pa・sまたはkg/(m・s)]を式(17.2)に代入して,

$$\left.\begin{aligned} &\text{層流域：}\frac{\Delta p}{L} = 5.853\times10^{-4}\times\frac{u}{D^2}\quad[\text{Pa/1m}] \\ &\text{乱流域：}\frac{\Delta p}{L} = 0.04514\times\frac{u^{1.75}}{D^{1.25}}\quad[\text{Pa/1m}] \end{aligned}\right\} \tag{17.5}$$

ここで，u：流速 [m/s]，D：管内径 [m]

一方，大気圧，20 ℃の場合，$\rho = \dfrac{0.101325\times10^{6}}{287.2\times293.15} = 1.20$ kg/m^3，$\mu = 1.827\times10^{-5}$ [Pa・sまたはkg/(m・s)]から

$$\left.\begin{aligned} &\text{層流域：}\Delta p = 5.846\times10^{-4}\times\frac{u}{D^2}\quad[\text{Pa}] \\ &\text{乱流域：}\Delta p = 0.0119\times\frac{u^{1.75}}{D^{1.25}}\quad[\text{Pa}] \end{aligned}\right\} \tag{17.6}$$

試し問題 2

圧力0.6 MPa(abs)，温度20 ℃の乱流域において管内の流速u [m/s] ＝2，4，6，8，10 m/sに対する圧力損失を配管径(10～100 mm)に対してグラフ化せよ.

[解答]

式(17.5)を用いて計算した結果を図17.1に示す．横軸は配管径D [mm]，縦軸は1 mあたりの圧力損失 [Pa/1m]であり，パラメータに管内の流速u [m/s] ＝2，4，6，8，10 m/sをとって示す．乱流域の圧力損失は式(17.2)からわかるように密度ρの影響が大きい．配管中の空気の標準最大速度は一般に15 m/sまでであるが，式(17.5)，(17.6)からわかるように流速$u^{1.75}$に比例して増大する.

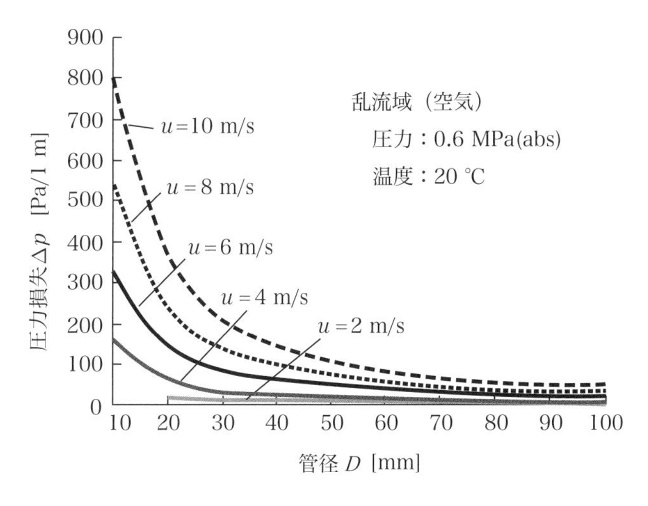

図 17.1　配管中の圧力損失（0.6 MPa(abs)，20 ℃，空気）

試し問題 3

圧力0.6 MPa(abs)，温度30 ℃の空気が長さ50 m，内径30 mmの滑らかな配管中を流速7 m/sで流れている．圧力損失を求めよ．ただし，配管中には全開の玉型弁が3個設けられている．

[解答]

30 ℃の空気の密度ρ [kg/m^3]は，式(17.5)から$\rho=\dfrac{0.6\times10^6}{287.2\times303.15}=6.891$ kg/m^3，粘性係数$\mu=1.86\times10^{-5}$ Pa・sを用いる．ここで，表17.1から玉形弁(全開)の相当管長$L_e/D=300$から，$L=50+3\times300\times(30\times10^{-3})=50+27=77$ m，

$Re=\dfrac{\rho uD}{\mu}=\dfrac{6.891\times7\times30\times10^{-3}}{1.86\times10^{-5}}=77801.6>2300$から流れは乱流域である．

したがって，圧力損失Δpは式(17.2)から，

$$\begin{aligned}\Delta p &= 0.1582\times\left(1.86\times10^{-5}\right)^{0.25}\times6.891^{0.75}\times7^{1.75}\times\frac{77}{\left(30\times10^{-3}\right)^{1.25}}\\&=0.1582\times0.0657\times4.2532\times30.125\times\frac{77}{0.01249}\\&=8210\ \text{Pa}\fallingdotseq8.21\ \text{kPa}\end{aligned}$$

＜参考＞

圧縮機の分散設置と集中設置

空気圧縮機の設置には分散と集中型があり，分散には配管方法によって分散配管連結設置(ループ配管，圧縮機を分散)と分散単独設置に分けられる．分散設置は空気圧縮機を設備に近い所に置けるので，圧力損失を低く抑えることができ設定圧力を下げられるので省電力が図れる．一方，集中設置のメリットは日常メンテや台数制御など集中管理が容易で，レシーバタンクやドライヤなどの補機も少なくてすみ，配管・電気工事などのイニシャルコストが安く，合計設置面積も少ない．

技18 圧縮機空気の臨界流量

キーポイント

圧縮空気配管において端末にノズルや絞り等，径の細い管を使用したとき，ある条件下で所定の流量が得られず，径を大きくする等の対策を必要とする場合がある．この場合，配管の最小断面積の個所で流速が音速に等しく（チョークという）なり，最大の流量を示し，下流の圧力を下げても流量は変化なく一定で増加しない．その臨界流量について説明する．これは配管の小孔からの漏れ流量の推定にも適用できる．

解説

ノズルを流れる臨界流量について示す．

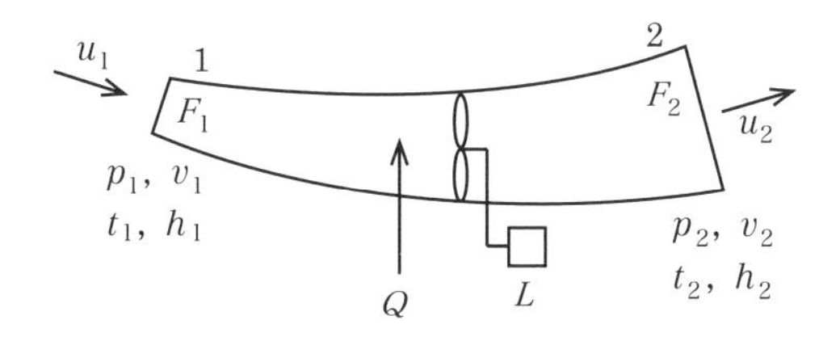

図 18.1　管内のエネルギーバランス

配管系のノズル，絞り等において，図18.1に示す1-2断面間のエネルギーのバランス式は，仕事をせず外部との熱授受もない$L=Q=0$および位置ヘッドを無視すると，次のように表される．

$$h_1+\frac{{u_1}^2}{2}=h_2+\frac{{u_2}^2}{2} \tag{18.1}$$

ここで，h：比エンタルピー[J/kg]，u：流速[m/s]

$$u_2 = \sqrt{{u_1}^2 + 2(h_1 - h_2)} \fallingdotseq \sqrt{2(h_1 - h_2)} \tag{18.2}$$

理想気体$h = c_p T$および可逆断熱変化（$pv^{\kappa} =$一定）および$c_p = \dfrac{\kappa R}{\kappa - 1}$を用いて，上式を変形して

$$u_2 = \sqrt{2 \times \frac{\kappa}{\kappa - 1} p_1 v_1 \left\{ 1 - \left(\frac{p_2}{p_1} \right)^{\frac{\kappa-1}{\kappa}} \right\}} \tag{18.3}$$

流量G，ノズル出口断面積をF_2とすれば

$$G = \frac{u_2 F_2}{v_2} \tag{18.4}$$

式(18.3)および$p_1 {v_1}^{\kappa} = p_2 {v_2}^{\kappa}$を代入して，

$$G = \frac{u_2 F_2}{v_1} \left(\frac{p_2}{p_1} \right)^{\frac{1}{\kappa}} = F_2 \sqrt{2 \times \frac{\kappa}{\kappa - 1} \frac{p_1}{v_1} \left\{ \left(\frac{p_2}{p_1} \right)^{\frac{2}{\kappa}} - \left(\frac{p_2}{p_1} \right)^{\frac{\kappa+1}{\kappa}} \right\}} \tag{18.5}$$

ここで，単位は，圧力p [Pa，絶対圧]，比容積v [m^3/kg]，流量G [kg/s]，流速u [m/s]，面積F [m^2]である．

断面積が最小となる点は，条件 $\dfrac{\mathrm{d}F_2}{\mathrm{d}(p_1 / p_2)} = 0$ からその点の臨界圧力をp_Cとすれば，

$$\left. \begin{aligned} \frac{p_C}{p_1} &= \left(\frac{2}{\kappa + 1} \right)^{\frac{\kappa}{\kappa-1}} \\ u_{max} &= \sqrt{2 \times \left(\frac{\kappa}{\kappa + 1} \right) p_1 v_1} = \sqrt{2 \times \left(\frac{\kappa}{\kappa + 1} \right) R T_1} \\ &= \sqrt{\kappa p_C v_C} \equiv \text{音速}\ a \end{aligned} \right\} \tag{18.6}$$

臨界流量に達した時の臨界流量G_Cは，式(18.6)を式(18.5)に代入して，

$$G_C = F_C\sqrt{2\times\frac{\kappa}{\kappa-1}\frac{p_1}{v_1}\left\{\left(\frac{2}{\kappa+1}\right)^{\frac{2}{\kappa-1}}-\left(\frac{2}{\kappa+1}\right)^{\frac{\kappa+1}{\kappa-1}}\right\}}$$

$$= F_C\sqrt{2\times\frac{\kappa}{\kappa-1}\frac{p_1}{v_1}\times\left(\frac{2}{\kappa+1}\right)^{\frac{2}{\kappa-1}}\left\{1-\left(\frac{2}{\kappa+1}\right)^{\frac{\kappa+1}{\kappa-1}-\frac{2}{\kappa-1}}\right\}}$$

$$= F_C\sqrt{2\times\frac{\kappa}{\kappa-1}\frac{p_1}{v_1}\left(\frac{2}{\kappa+1}\right)^{\frac{2}{\kappa-1}}\left(\frac{\kappa-1}{\kappa+1}\right)}$$

$$= F_C\left(\frac{2}{\kappa+1}\right)^{\frac{1}{\kappa-1}}\sqrt{\frac{\kappa}{\kappa+1}}\sqrt{2\times\frac{p_1}{v_1}} \tag{18.7}$$

$$G_C = F_C\tau_{\max}\sqrt{2\times\frac{p_1}{v_1}} \tag{18.8}$$

ここで

$$\tau_{\max} = \left(\frac{2}{\kappa+1}\right)^{\frac{1}{\kappa-1}}\sqrt{\frac{\kappa}{\kappa+1}}$$

とおき，$\tau_{\max}$を臨界流量係数と呼ぶ.

一般に空気の比熱比$\kappa=1.4$を式(18.6)，(18.8)に代入すると，

$$\left.\begin{aligned}&\frac{p_C}{v_1}=0.528\\&u_{\max}=1.08\times\sqrt{RT_1}\\&\tau_{\max}=0.484\end{aligned}\right\} \tag{18.9}$$

すなわち，臨界圧力p_Cは，初圧p_1と気体の種類に関係し，背圧p_2には関係しない．式(18.6)から比熱比κの値に対する臨界圧力比(p_C/p_1)の値を表18.1に示す.

表 18.1　臨界圧力比 (p_C/p_1)

κ	1.2	1.33	1.4	1.66
$\dfrac{p_C}{p_1}$	0.564	0.540	0.528	0.487

したがって，入口圧力$p_1 > p_C$のときは，最小断面積部の喉部でチョークし，音速となり，最大流速を示し，背圧p_2に依存しない．

すなわち，臨界ノズルに対して出口圧力p_2を変化させた場合の流量変化を図18.2に示す．ここでは$p_1 = 2$ MPa(abs)，$t_1 = 400$ ℃（過熱蒸気，$\kappa \fallingdotseq 1.3$），$F_2 = 10$ cm^{2}の条件である．これより流量は，$p_2 > p_C$のとき曲線ABとなり，臨界圧力p_Cで最大値をとり，p_2をさらに減少させると，式(18.5)では破線BCの変化をするが，実際はB点よりBDと流量一定の変化をする．喉部の圧力が臨界圧力になると，流量が最大（臨界流量）になり，出口圧力をこれ以上下げても流量は増加しない．

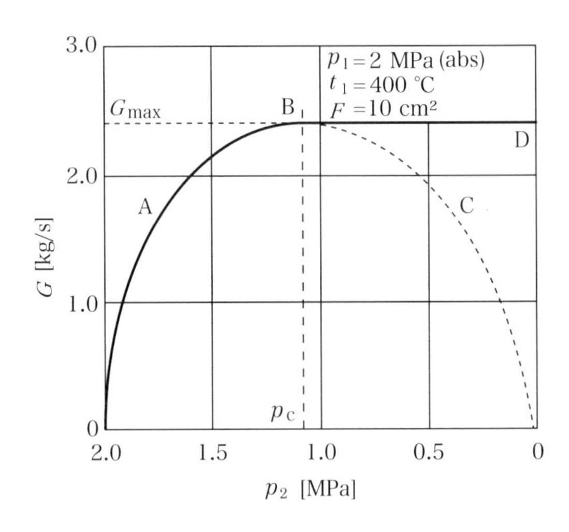

図 18.2　臨界流量

試し問題

ノズルの出口端面積が最小の理想的な先細ノズル内を入口圧力 $p_1 = 0.5$ MPa(abs)，30 ℃の空気が大気圧(p_0)室内に流れている．最小断面積が0.5 cm^{2}であるときの流出流量（臨界流量）はいくらか．

[解答]

出口圧力をp_0＝大気圧とすると，

$$\frac{p_0}{p_1} = \frac{0.101}{0.5} = 0.202 < 0.528 \text{（表18.1の}\kappa = 1.4\text{の値）}$$

したがって臨界流である．空気のガス定数$R = 287.2$ J/(kg・K)と気体の状態式$pv = RT$から，

$$\text{入口状態の } v_1 = \frac{RT_1}{p_1} = 287.2 \times \frac{(273.15 + 30)}{0.5 \times 10^6} = 0.174 \ \text{m}^3/\text{kg}$$

式(18.7)に代入して，

$$\text{臨界流量 } G_C = 0.5 \times 10^{-4} \times \left(\frac{2}{1.4 + 1}\right)^{\frac{1}{1.4-1}} \sqrt{\frac{1.4}{1.4 + 1}} \times \sqrt{\frac{2 \times 0.5 \times 10^6}{0.174}}$$

$$= 0.0580 \ \text{kg/s} \to 3.48 \ \text{kg/min}$$

あるいは式(18.8)の臨界流量係数$\tau_{max} = 0.484$を用いて，

$$G_C = 0.5 \times 10^{-4} \times 0.484 \times \sqrt{\frac{2 \times 0.5 \times 10^6}{0.174}}$$

$$= 0.0580 \ \text{kg/s} \to 3.48 \ \text{kg/min}$$

技19 小孔からの漏洩量（空気，蒸気）

キーポイント

空気や蒸気配管中のバルブ，フランジ，さらに空気配管中のレギュレータ，エアーガン，エアーホース等からの気体の漏洩は，蒸気の熱損失や圧送動力の損失を伴う．配管系統は可能な範囲で距離や管径を選び，圧力損失を小さく，熱の損失も小さくすることが省エネにつながる．配管からの空気や蒸気の漏洩は，圧縮動力や加熱燃料の増大を伴い，エネルギーの損失を伴う．ここでは漏洩によるエネルギー損失を把握するために，小孔からの漏洩量の計算方法について説明する．

解説

小孔からの漏洩量は，流れが臨界となっているかどうかによって大きく異なる．すなわち，小孔入口の圧力をp_1，出口圧力をp_2とすると小孔の臨界流（チョーク流れ）を決める臨界圧力比p_C/p_1は，流体の比熱比κによって次のように表される（式(18.6)参照）．

$$\frac{p_C}{p_1}=\left(\frac{2}{\kappa+1}\right)^{\frac{\kappa}{\kappa-1}} \tag{19.1}$$

1．臨界流の場合

(1)　空気

空気の比熱比$\kappa=1.4$を上式に代入すると，$\dfrac{p_C}{p_1}=0.528$，したがって，出口圧力$p_2 < p_C = 0.528 \times p_1$，すなわち$\dfrac{p_2}{p_1} < 0.528$なら喉部で臨界となり，流量は，ノズル前の圧力$p_1$で決まり，出口圧力$p_2$に関係せずmax.一定となる.

臨界流量G [kg/s]は，F_Cを小孔の断面積とすると，式(18.8)から式(19.2)，(19.3)で表される.

$$G = F_C \tau_{\max} \sqrt{\frac{2p_1}{v_1}} = F_C \tau_{\max} \sqrt{2} \times \frac{p_1}{\sqrt{RT_1}} \tag{19.2}$$

$$\tau_{\max} = \left(\frac{2}{\kappa+1}\right)^{\frac{1}{\kappa-1}} \times \sqrt{\frac{\kappa}{\kappa+1}} = 0.484 \tag{19.3}$$

実際はノズルの形状によって決まる流量係数C $(0 \leqq C \leqq 1)$を乗じて

$$G = F_C \times C \times 0.6845 \times \sqrt{\frac{p_1}{v_1}} = F_C \times C \times 0.6845 \times \frac{p_1}{\sqrt{RT_1}} \tag{19.4}$$

体積流量Qに換算する場合，$Q = G \times v$を用いる.

⑵　蒸気

比熱比κを，一般に次で近似すると，

$$\left.\begin{array}{l} \text{過熱蒸気では}\ \kappa = 1.3 \\ \text{湿り蒸気に対しては}\ \kappa = 1.035 + 0.1x \end{array}\right\} \tag{19.5}$$

ここで，xは蒸気の最初の状態の乾き度である.

蒸気の比熱比$\kappa = 1.3$(過熱蒸気)，1.135(飽和蒸気)を式(19.1)に代入すると，それぞれ$\dfrac{p_C}{p_1} = 0.546$(過熱蒸気)，0.577(飽和蒸気)である.

したがって，過熱蒸気では出口圧力$p_2 < p_C = 0.546 \times p_1$，すなわち，$p_2/p_1 < 0.546$で，また飽和蒸気では出口圧力$p_2 < p_C = 0.577 \times p_1$，すなわち，$p_2/p_1 < 0{,}577$で喉部で臨界となり，流量は，ノズル前の圧力$p_1$で決まり，出口圧力$p_2$に関係なくmax.一定となる．

$$\left.\begin{aligned} G &= F_C \tau_{max} \sqrt{\frac{2p_1}{v_1}} \\ \tau_{max} &= \left(\frac{2}{\kappa+1}\right)^{\frac{1}{\kappa-1}} \times \sqrt{\frac{\kappa}{\kappa+1}} = 0.472\ (\text{過熱蒸気}) \\ &= 0.449\ (\text{飽和蒸気}) \end{aligned}\right\} \quad (19.6)$$

実際は小孔の形状によって決まる流量係数C $(0 \leqq C \leqq 1)$を乗じて

$$\left.\begin{aligned} &\text{過熱蒸気に対して}\quad G = F_C \times C \times 0.6673 \times \sqrt{\frac{p_1}{v_1}} \\ &\text{飽和蒸気に対して}\quad G = F_C \times C \times 0.6356 \times \sqrt{\frac{p_1}{v_1}} \end{aligned}\right\} \quad (19.7)$$

2．臨界に達していない場合

(1)　空気

上記より，$p_2 \geqq p_C = 0.528 \times p_1$，すなわち$\dfrac{p_2}{p_1} \geqq 0.528$のときには臨界に達していない．したがって，

ベルヌーイの定理$\dfrac{\rho_1 {u_1}^2}{2} + p_1 = \dfrac{\rho_2 {u_2}^2}{2} + p_2$において$u_1 \ll u_2$から

$$\text{小孔の噴出速度}\ u_2 = \sqrt{\frac{2(p_1 - p_2)}{\rho_2}}$$

$$G\,[\text{kg/s}] = F_C C u_2 \rho_2 = F_C C \sqrt{2\rho_2 (p_1 - p_2)} \quad (19.8)$$

ここで，Cは流量係数$(0<C<1)$で，各単位はG [kg/s]，F_C [m^2]，u [m/s]，ρ_2 [kg/m^3]，p [Pa]である．

⑵　蒸気

過熱蒸気の場合，$p_2 \geqq p_C = 0.546 \times p_1$，すなわち$\dfrac{p_2}{p_1} \geqq 0.546$のとき，飽和蒸気では$p_2 \geqq p_C = 0.577 \times p_1$，すなわち$\dfrac{p_2}{p_1} \geqq 0.577$のとき臨界に達していない．

ベルヌーイの定理$\dfrac{\rho_1 u_1{}^2}{2} + p_1 = \dfrac{\rho_2 u_2{}^2}{2} + p_2$において$u_1 \ll u_2$から

小孔の噴出速度 $u_2 = \sqrt{\dfrac{2(p_1 - p_2)}{\rho_2}}$

よって，

$$\text{漏れ量 } G\,[\text{kg/s}] = F_C C u_2 \rho_2 = F_C C \sqrt{2\rho_2 (p_1 - p_2)} \quad (19.9)$$

ここで，Cは流量係数$(0<C<1)$で，各単位はG [kg/s]，F_C [m^2]，u [m/s]，ρ_2 [kg/m^3]，p [Pa]である．

試し問題 1

圧縮機で送気される圧力0.6 MPa(abs)，温度30 ℃の空気配管に直径3 mmの孔が開いた．1分間および年間稼働時間3000 hでの噴出空気量は，それぞれいくらか．ただし，流量係数$C=1$とする．また，空気圧縮機の年間3000 hでの平均比動力を6.5 kW/(m^3/min)，電力単価を15円/kWhとした場合の漏れ量による圧縮機の年間電力費の増加額を求めよ．

[解答]

$p_1=0.6\times10^6$ Pa，$T_1=30+273.15=303.15$ K，孔断面積$F_C=\pi\times\frac{(3\times10^{-3})^2}{4}$ $=7.069\times10^{-6}$ m^{2}を式(19.4)に代入して，

$$G=7.069\times10^{-6}\times1\times0.6845\times\frac{0.6\times10^6}{\sqrt{287.2\times303.15}}=9.84\times10^{-3}\ \text{kg/s}$$

→ 0.590 kg/min → 35.42 kg/h，年間3000 hでは35.42×3000＝106260 kg/年間 →106.3 t/年間

体積流量に換算すると，$v=\frac{RT}{p}$からノズル前の配管中の状態では，$v_1=287.2\times\frac{303.15}{0.6\times10^6}=0.145$ m^3/kg，したがって$Q_1=0.590\times0.145=0.0856$ m^3/min ＝85.6 L/minである．参考にノズル出口で大気圧，20 ℃の状態では，$v_2=287.2\times\frac{293.15}{101.325\times10^3}=0.831$ m^3/kg，したがって$Q_2=0.590\times0.831=0.490$ m^3/min ＝490 L/minである．比動力は吐出空気量に対する電気入力値であるので，漏れに相当する電力は，比動力6.5 kW/(m^3/min)×0.0856 m^3/min＝ 0.556 kW，漏れによる圧縮機の電力費の年間上昇分は，電力単価15円/kWhとして，0.556 kW×3000 h×15 円/kWh＝25020円/年→25千円/年

試し問題 2

圧力0.5 MPa(abs)，温度300 ℃(比エンタルピー3064.6 kJ/kg，比容積$v=0.5226$ m^3/kg)の蒸気配管に2 mmの小孔がある．それから漏れる蒸気量を求めよ．ただし，流量係数を0.8，年間操業時間を3000 hとする．ここで，供給ボイラの燃料は都市ガス13 A(低発熱量40.6 MJ/m^3)で，ボイラ効率92 %，給水温度80 ℃とし，燃料の価格を60円/m^{3}とする．この場合の漏れによるボイラの燃料費の年間増加額を計算せよ．

[解答]

出口は大気圧力なので，過熱蒸気の $\dfrac{p_C}{p_1}=0.546$ から，$p_C=0.546\times0.5$ MPa $=0.273$ MPa $> p_2$（大気圧，0.1013 MPa）で臨界流である．
式(19.7)に代入して，

$$G=F_C\times C\times0.6673\times\sqrt{\frac{p_1}{v_1}}$$
$$=\frac{\pi}{4}\times(2\times10^{-3})^2\times0.8\times0.6673\times\sqrt{\frac{0.5\times10^6}{0.5226}}$$
$$=1.640\times10^{-3}\ \text{kg/s}\ \rightarrow\ 5.91\ \text{kg/h}$$

年間3000 hの漏洩量$\Delta G=1.640\times10^{-3}\times3600\times3000=17712$ kg/年→17.7 t/年
ボイラ効率の定義式(1.1)から，

$$\text{燃料消費量の増分}\ \Delta B\ [\text{m}^3]=\frac{\Delta G\times(3064.6-4.1868\times80)}{\eta_B\times H_\ell}=\frac{17712\times2729.7}{0.92\times40.6\times10^3}$$
$$=1294.4\ \text{m}^3/\text{年}$$

都市ガスの単位料金60円/m^{3}から燃料費の年間増加分＝1294.4 m$^3\times$60円/m^3 ＝77.7千円/年

＜参考＞

蒸気単価

わが国では，一般に蒸気単価は，4000～5000 円/1 tで計算されている．ただし，この値は，燃料の種類，ボイラ効率，蒸気圧，給水温度さらに環境保全費やメンテナンス費用等によって異なる．例えば，上記試し問題2に適用すると，蒸気量17.7 t/年に対して，17.7 t/年×蒸気単価(4000～5000)円/t＝(70.8～88.5)千円/年となる．

技20 送風機の省エネの基本

キーポイント

送風機や圧縮機の空気圧送装置は，気体の圧力を高めて送り出す装置である．送風機と圧縮機は，吐出側の気体の圧力の大きさによって，送風機はファンとブロワに分類され表20.1に示す．

表 20.1　送風機と圧縮機

名　称		吐出圧力 p (ゲージ圧力 G)
送風機	ファン	p < 10 kPaG
	ブロワ	100 kPaG > p ≧ 10 kPaG
圧縮機		p ≧ 100 kPaG

吐出圧 < 100 kPaG [1 kg/cm^{2}ゲージ圧力(G)]のものを送風機，吐出圧 ≧ 100 kPaG [1 kg/cm^{2}G]のものを圧縮機と呼ぶ．送風機はさらにブロワとファンに分類され，100 kPaG > 吐出圧 ≧ 10 kPaGをブロワ，吐出圧 < 10 kPaGのものをファンと呼ぶ．ここでは負荷変動に対して風量を効率よく供給する制御方法について説明する．

解説

1．送風機の軸動力L[W]

吸込み風量Q [m^3/s]，風圧をp [Pa]，ηを送風機効率とすると，実際の軸動力L [W]は，次式で表される．

$$L = Q \times \frac{p}{\eta} \tag{20.1}$$

標準空気または参照標準大気とは温度20 ℃，絶対圧力101.325 kPa(大気圧)，相対湿度65 %の状態をいい，比容積は1.2 kg/m^{3}とする．基準空気量(一般にノルマル，$m^3{}_N$等)とする場合は101.325 kPa(大気圧)，温度0 ℃，相対湿度0 %の乾燥空気の状態を表す．両者の間には次の関係式(20.2)が成立するので，吸込み状態空気量の状態値：$T_s = 293.15$ K，$p_s = 760$ mmHg，相対湿度$\phi = 0.65$，$p_v = 17.5$ mmHg(20 ℃の飽和水蒸気圧力)を代入して，式(20.3)の関係が得られる．

$$\text{吸込み状態の標準空気量}\,Q_s = Q_n \times \frac{T_s}{273.15} \times \frac{760}{p_s - \phi \cdot p_v} \qquad (20.2)$$

ここで，Q_n：基準空気量(ノルマル値) [$m^3{}_N$/s]，T_s：吸込み温度 [K]，p_s：吸込み圧力 [mmHg]，ϕ：相対湿度，p_v：吸込み温度T_sにおける水蒸気飽和圧力 [mmHg]

$$\text{吸込み状態の標準空気量}\,Q_s\,[m^3/s] = 1.09 \times \text{基準空気量}\,Q_n\,[m^3{}_N/s] \qquad (20.3)$$

送風機の全圧とは，吐出口と吸込み口における各全圧(＝静圧＋動圧)の差(風圧)をいう．

一方，空気を完全ガスとして理論的に求めた仕事Wは，前式(10.2)から圧縮段数$m = 1$に対して次のように表される．

$$W = \left(\frac{\kappa}{\kappa - 1}\right)\left(\frac{p_1 Q_1}{\eta_c}\right)\left\{\left(\frac{p_2}{p_1}\right)^{\frac{\kappa-1}{\kappa}} - 1\right\} \qquad (20.4)$$

ここで，κ：気体の比熱比，Q_1：送風機入口における容積流量[m^3/s]，p_1，p_2：吸込み，吐出側の絶対圧力，η_c：送風機の断熱効率

2．送風機回転数と性能の関係

一般に同一の送風機を異なる回転数で運転すると，性能は次のように変化する．

$$\left.\begin{aligned} &① \text{ 風量} \quad Q_2 = Q_1 \times \left(\frac{N_2}{N_1}\right) \\ &② \text{ 静圧} \quad p_2 = p_1 \times \left(\frac{N_2}{N_1}\right)^2 \\ &③ \text{ 軸動力} \quad L_2 = L_1 \times \left(\frac{N_2}{N_1}\right)^3 \end{aligned}\right\} \qquad (20.5)$$

これから吐出し風量Qと動力の関係は,

$$\frac{L_2}{L_1} = \left(\frac{N_2}{N_1}\right)^3 = \left(\frac{Q_2}{Q_1}\right)^3$$

すなわち,

$$L = a \times Q^3 \qquad (20.6)$$

ここで, a：定数$\left(= \dfrac{L_0}{{Q_0}^3}\right)$

したがって，軸動力の増減割合は，風量の増減割合の3乗に比例して変化する.

3. 送風機の風量制御

一定の送風量の場合，送風機の能力を過剰に選定するのでなく適正に選ぶことが省エネの基本となる．一方，運転中に送風量が変動する場合には，適切な風量制御を行うことが省エネに必要となるが，運転可能範囲，運転効率，装置側の抵抗状態に応じて最適範囲が異なるので，各プロセスに応じた方法を選ぶ必要がある．送風機の風量制御方式について以下説明する.

⑴ 吐出ダンパ制御

吐出側に設けたダンパにより抵抗を与えて，風量を調整する方法である．図20.1に示すように吐出ダンパを操作し抵抗を増やすと，配管の抵抗曲線がR_1からR_2に変化し，H-Q曲線との交点は$A_1 \rightarrow A_2$

に移動し，風量をQ_1からQ_2に絞ることができる．ダンパの絞りは図20.1中に示すように抵抗損失を増すが，風量を変えることができる，ただし，軸動力の増減の状態は送風機の性能によって異なる．

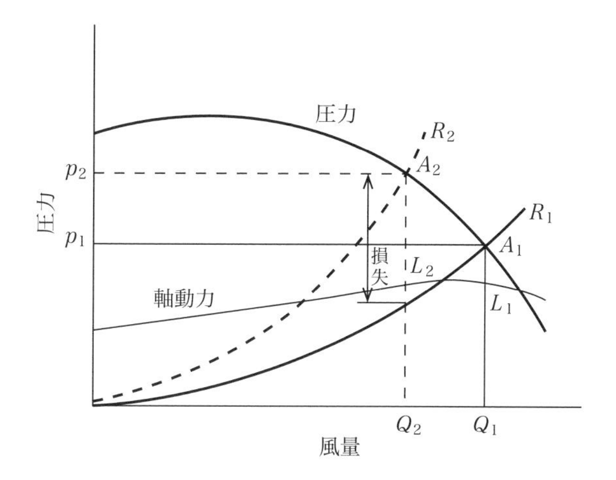

図 20.1　吐出ダンパ制御

⑵　吸込みダンパ制御

吸込口に設けたダンパによって抵抗を与えて，風量を調整する．吸込みダンパを全開から順次絞っていくと，図20.2に示すようにp_0，p_1，p_2の圧力曲線が得られ，抵抗曲線Rとの交点で風量がQ_0からQ_1，Q_2と調製されていく．この場合，吸込口で負圧になり，ガス密度が小さくなった分だけ動力は小さくなり，吐出ダンパ制御より有利である．また，吸込み絞りを大きくするほど圧力曲線は右下がりになり，頂点が左に移動するので，サージング領域が狭まりサージング防止にも有利となる点に特徴がある．

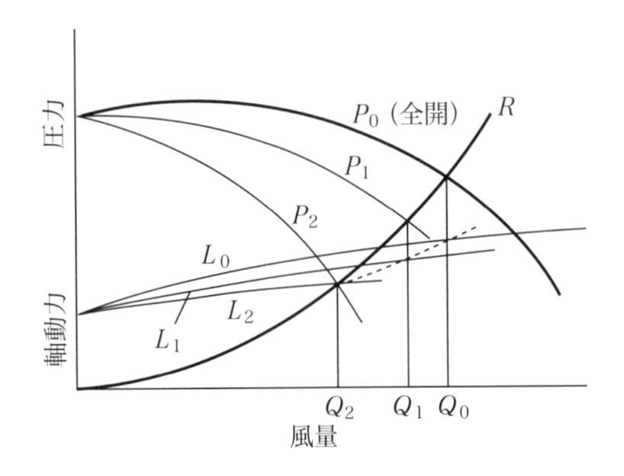

図 20.2　吸込みダンパ制御

(3)　吸込みベーン制御

羽根車に流入する気流方向を変化させることで，風量，風圧を制御する．図20.3に示すように，圧力曲線はp_1からp_2，p_3へと移動し，曲線の山が小さくなり，風量はQ_1からQ_2，Q_3へと制御される．吐出ダンパ制御に比べ，抵抗損失が減少し，軸動力にも有利である．

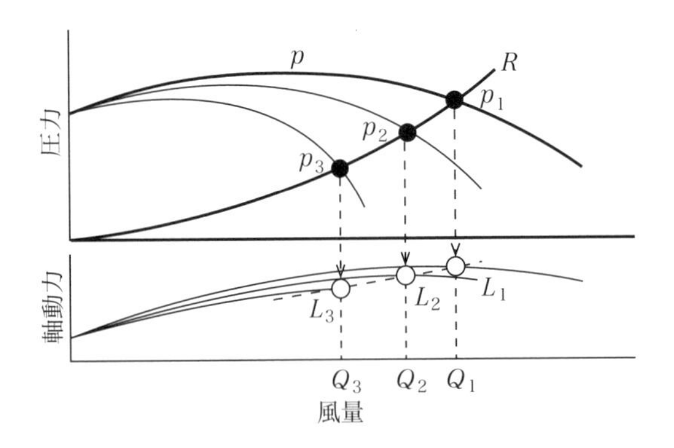

図 20.3　吸込みベーン制御

(4)　回転数制御

必要な風量に応じて回転数を設定することで，図20.4に示すように風量を調節する．式(20.5)からわかるように回転数比の3乗に比例して軸動力が削減でき，省エネ性に最も優れている．実際には回転数を無段に調整できるインバータ駆動となるが，一定回転数に低減するときはプーリー変換や極数の多い電動機(ここで，回転数 $N=120\times f/p$，f：周波数Hz，p：極数)を用いて対応できる．ただし，インバータやプーリ機器の損失分は別途考慮する必要がある．風量変化に対する省エネ効果は最も優れているが，定格風量での運転時間が長い場合には，インバータの電気的損失が加算されるので，その分効果は小さくなる．

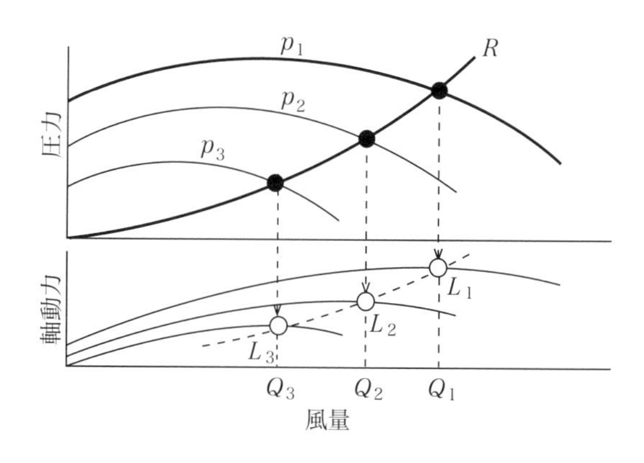

図 20.4　回転数制御

⑸　台数制御

所要風量を送風機1台で賄っていた送風機を容量の小さい複数台に分割し，並列運転を行い，一部を停止または始動させることで全体の風量を調整する方法である．例えば，冷却塔(クーリングタワー)の出口水温を検出して冷却塔ファンの運転台数を変更する等がある．

ここで，上記⑴～⑸の各種風量制御方式によって送風機の部分風量が軸動力に及ぼす影響の例を図20.5に示す．各風量に対して回転数制御の有利なことがわかる．

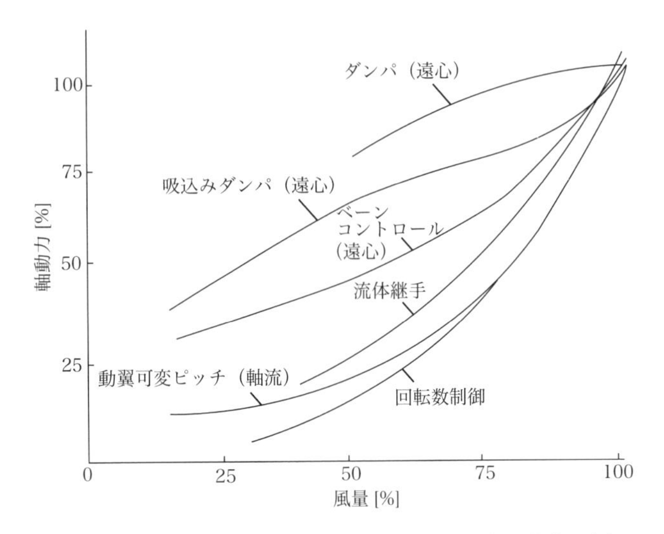

図 20.5　送風機の風量制御方式による軸動力の変化の例

すなわち，送風機の省エネの方法は，次のようである．

① 運転管理の改善（運転時間や風量，圧力の低減，漏洩防止等）

② 高効率機種の採用

③ 台数制御や回転数制御の採用

試し問題 1

全圧 100 mmAq，風量 100 m^3/min を送風するために必要な軸動力を求めよ．ただし，送風機効率は 60 %とする．

[解答]

1 mmAq $= H \cdot \rho \cdot g = 10^{-3}$m $\times$ 1000 kg/m$^3 \times 9.807$ m/s$^2 = 9.807$ Pa

したがって，軸動力 $L = Q \times \dfrac{p}{\eta} = \dfrac{100}{60} \times 9.807 \times \dfrac{100}{0.6} = 2724$ W → 2.72 kW

試し問題 2

規定回転速度1000 rpmの送風機を800 rpmで運転し，風量50m^3/min，静圧300 Pa，軸動力0.5 kWの結果を得た．規定回転速度に換算すると，それぞれいくらの値になるか．

[解答]

式(20.5)より，

$$\text{風量}\quad Q_2 = Q_1 \times \frac{N_2}{N_1} = 50 \times \frac{1000}{800} = 62.5\ \mathrm{m^3/min}$$

$$\text{静圧}\quad p_2 = p_1 \times \left(\frac{N_2}{N_1}\right)^2 = 300 \times \left(\frac{1000}{800}\right)^2 = 468.75\ \mathrm{Pa}$$

$$\text{軸動力}\quad L_2 = L_1 \times \left(\frac{N_2}{N_1}\right) = 0.5 \times \left(\frac{1000}{800}\right)^3 = 0.977\ \mathrm{kW}$$

試し問題 3

ある金属加工工場で排風機が5台（電動機出力2.2 kW/台）設置され，年間260日昼夜運転され，稼働率が低下する夜間でも一定風量（負荷率100 %）で運転されている．そこで夜間の12時間は，インバータを用いて電動機の回転数を定格回転数の70 %に下げ，省エネ改善を図った．改善前後での年間電力量，省電力効果およびCO_2削減量を求めよ．

[解答]

回転数が70 %で，インバータ効率とモータ効率を合わせた総合効率を80 %とすると，所要電力は$\dfrac{0.7^3}{0.8} = 0.429 \rightarrow 42.9\ \%$に減少する．

① 改善前の年間電力量：2.2 kW × 5台 × 24 h × 260日/年 = 68640 kWh/年

改善後の年間電力量：2.2 kW × 5台 × 12 h × 260日/年 = 34320 kWh(昼間)

2.2 kW × 5台 × 12 h × 260日/年 × 0.429 = 14723 kWh(夜間)

合計：34320 kWh(昼間) + 14723 kWh(夜間) = 49043 kWh/年

② 省電力効果　：削減電力量 = 68640 − 49043 = 19597 kWh/年

削減電気料金：電力代を15円/kWhとすると，

19597 kWh × 15円/kWh = 294千円/年

③ 年間CO_2削減量：所轄電力会社のCO_2排出係数を0.000352 t-CO_2/kWhとすると，CO_2削減量 = 19597 kWh/年 × 0.000352 t-CO_2/kWh = 6.90 t-CO_2/年

＜参考＞

吐出ダンパ制御と回転数制御による省エネの差

送風機の風量-風圧特性において，図20.6に示すように流量Q_1をQ_2に調整するために，①ダンパ制御では，絞ることによって抵抗曲線$R_1 \rightarrow R_2$と性能曲線との交点$A_1 \rightarrow A_2$に移動し，駆動力は図中の面積$< 0\text{-}Q_1\text{-}A_1\text{-}p_1\text{-}0 >$ → 面積$< 0\text{-}Q_2\text{-}A_2\text{-}p_2\text{-}0 >$で表される．一方，回転数制御では面積$< 0\text{-}Q_2\text{-}A_3\text{-}p_3\text{-}0 >$となり，両者の省エネの差は，図中黒い部分(面積$< p_3\text{-}A_3\text{-}A_2\text{-}p_2\text{-}p_3 >$)で表される．

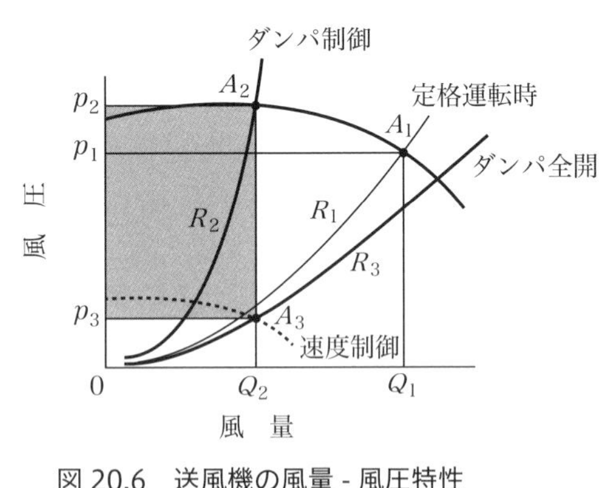

図 20.6　送風機の風量 - 風圧特性

技21 送風機のインバータによる省エネ

キーポイント

通常モータは定速回転するためファンやポンプの流量は，ダンパやバルブを絞って調整している．これでは流量変化に対してダンパやバルブにおける抵抗損失が発生し，揚程が増加し，軸動力の低減を大きく図れない．一般に自宅等のコンセントの電気は交流電力で，そのままでは電圧と周波数を変えられず制御するには電気をオン・オフするしかない．モータの電圧と周波数を変えるために電気を交流→直流→交流に変換する装置（インバータという）を用いてファンやポンプのモータ回転速度を細かく変えて流量を調節し，軸動力の低減を図り，省エネにつなげる．

解説

交流電力は地域により周波数が決まっており，富士川を境にして東日本は50 Hz，西日本は60 Hzの周波数を有する．また工場には照明，コンセント等100 V，200 Vの単相交流電力もあるが，インバータ使用の工場等では200 V，400 Vの低圧三相交流電力が一般的である．ファンやポンプの流量は回転速度に比例し，軸動力は回転数の三乗に比例して減少するために大きな省エネに結びつく．

一般に三相交流電動機の回転速度は，モータに供給される電力の周波数に正比例し，極数に反比例して一定回転する（表21.1参照）．

$$n_{\mathrm{s}} = 120 \times \frac{f}{p} \tag{21.1}$$

ここで，n_s：同期速度 [rpm]，f：周波数 [Hz]，p：極数

つまり，西日本では4極の三相交流モータは，容量や型式が変わってもすべて毎分1800回転する．そのために電力会社から供給される電力とモータをつなぐ電線の間にインバータを入れて周波数や電圧を制御して，モータの回転数を連続的かつ自在に変え，流量を制御する．

表 21.1　極数と同期速度

極　数	2	4	6	8	10	12	16
50 Hz	3000	1500	1000	750	600	500	375
60 Hz	3600	1800	1200	900	720	600	450

一般にターボ形のファンやポンプには次の特性がある．

$$\text{モータ軸動力}\ P = \text{流(風)量}\ Q \times \text{揚程(圧力)}\ H \tag{21.2}$$

ここで，

$$\left.\begin{array}{lll} \text{流(風)量}\ Q & \propto & \text{回転速度}\ N \\ \text{揚程(圧力)}\ H & \propto & (\text{回転速度}\ N)^2 \\ \text{軸動力}\ P & \propto & (\text{回転速度}\ N)^3 \end{array}\right\} \tag{21.3}$$

したがって，ポンプやファンの流量調整をバルブやダンパ等を使用せず，インバータで回転数を調整することで消費電力を削減する．ただし，インバータの効率は，一般に95 %位である．ただし，小容量の0.75 kWクラスでは90 %位で，10 %の75 Wが熱となって放出される．またモータの効率も変わり，(インバータ効率)×(モータ効率)を総合効率といい，50 Hz時に80 %台の総合効率が40 Hzでは70 %位に低下する．ただし，圧縮機ではレシーバタンクの圧力は一定なので，動力は風量のみに依存し，軸動力は回転数の3乗でなく，1乗に比例する．

試し問題 1

関西地域(60 Hz)において，送風機の回転数をインバータ制御する．周波数を10 %減少させて54 Hzに変更したとき，流量，圧力，軸動力は，何%削減できるか．

[解答]

式(21.3)から流(風)量$Q=Q_0\times\dfrac{54}{60}=0.9\times Q_0$，圧力$H=H_0\times\left(\dfrac{54}{60}\right)^2=0.81\times H_0$，軸動力$P=P_0\times\left(\dfrac{54}{60}\right)^3=0.729\times P_0$

回転数を10 %下げると，風量は10 %減少，揚程は約20 %(81 %)減少し，軸動力は約30 %(73 %)削減できる．ただし，インバータ効率(0.9～0.95)やモータ効率を一定とする．

試し問題 2

ある工場事務所での空調設備において次のインバータ制御をして風量を下げたときの省エネ効果を求めよ．条件：モータ出力：15 kW × 1台，風量85 % × 2000時間 + 風量60 % × 2000時間の合計4000時間/年の運転，インバータ効率とモータ効率を併せた総合効率：風量85 %で0.93，風量60 %で0.86とする．

[解答]

インバータのない制御前の15 kW一定とした場合の所要電力量

$=15\times4000=60000$ kWh/年

インバータ制御時の所要電力量$=15\times\dfrac{0.85^3}{0.93}\times2000+15\times\dfrac{0.6^3}{0.86}\times2000$

$=19810+7535=27345$ kWh/年

インバータ設置前後の年間の所要電力量の差(省エネ効果)＝60000－27345＝32655 kWh/年

電力料金を15円/kWhとしたときの年間削減料金＝32655×15＝489825円≒490千円/年

インバータ設置料金を500千円とすると，償却年限は $\frac{500}{490}$ ＝1.02年である．年間のCO_2排出削減量は，排出係数を0.500 kg-CO_2/kWhとすると，

32655 kWh/年×0.500 kg-CO_2/kWh＝16328 kg-CO_2/年→16.3 t-CO_2/年

試し問題 3

工場の送風機を常時定格で運転していたが，最近生産量の減少から送風量が従来の80 %で足りる状況になった．モータにインバータを設置して送風機の回転数を落として省エネを図りたい．削減電力量および電力費を15円/kWhとした削減金額を求めよ．ただし，ファンのモータの定格容量55 kW，稼働時間：300日/年×24 h/日＝7200 h/年，インバータの総合効率：90 %とする．

[解答]

現状の電力量＝55 kW×7200 h/年＝396000 kWh/年，送風量を80 %とするには，式(21.3)から回転数を80 %にすればよいから，

インバータ設置後の電力量 $=55\ \text{kW}\times\frac{0.8^3}{0.90}\times7200=225280\ \text{kWh/年}$

年間削減電力量 ＝396000－225280＝170720 kWh/年

年間削減金額 ＝170720 kWh/年 ×15円/kWh＝2561千円/年

年間のCO_2排出削減量は，排出係数を0.500 kg-CO_2/kWh

とすると，170720×0.500 kg-CO_2/kWh＝85360 kg-CO_2/年→85.4 t-CO_2/年

技22 工場換気の省エネ

キーポイント

工場換気とは工場内の空気の入れ替えを行うことであるが，工場内で温度が上昇すると，暖められた空気は，天井の下に集まる．天井付近の熱気をルーフファン（屋上換気扇）で排気するとともに，ユニットファンで外気を取り入れる．一般にルーフファンは外気温度の5 ℃以上で作動させる場合が多いが，温度の低い冬季に作動させるとエネルギー損失になるので，室内の設定温度を例えば26 ℃と定めてオン・オフ制御を行う．また，作業現場で発生する粉塵やガス等の有害物質を局所排気フードで吸引し，ダクトによって搬送し，排気ファンによって工場外へ排棄するが，適切な排気量を選ぶことが省エネにつながる．

解説

夏季の換気では，通水した特殊水膜コーティングの冷却エレメントに外気を通し，水の気化現象によって外界空気の温度を下げ，涼風を供給するクールルーフファンがある（図22.1参照）．例えば，外気の温度34 ℃，相対湿度55 %に対してクールルーフファンを導入し，吹出口で温度27 ℃，相対湿度90 %の涼風によって，作業域で外気温より約2 ℃下げれるとともに，風速による気流効果によって涼感が得られ，空調の省エネにつながる．

内部の温度管理以外にも，食品工場等で発生した水蒸気を排気したり，金属工場や化学工場等で発生するガスや塵埃等の健康や作業効率に悪影響を及ぼす有害物質，または臭いを排気するための換気装置を設置する．すなわち，排気フードで吸引し，ダクトで搬送，排気ファン，

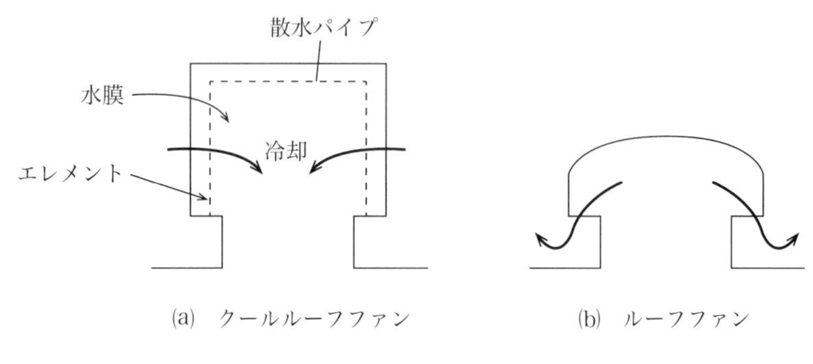

図 22.1　クールルーフファンとルーフファン

空気清浄機を介して工場外へ排気する．これらの場合の省エネ対策としては，季節や時間に応じた稼働時間の短縮や排気ファン等のインバータ制御が有効である．ここで，水蒸気やガス，塵埃等の有害物質の必要換気量の算出式を表22.1に示す．

表 22.1　必要換気量 Q [m³/h] の算出

	項　目	計算式
①	水蒸気	$Q=\dfrac{W}{1.2\,(X_i-X_0)}$
②	ガス	$Q=\dfrac{100\,M_K}{K-K_0}$
③	塵埃	$Q=\dfrac{M_C}{C-C_0}$

ここで，①W：水蒸気の発生量 [kg/h]，X_i：許容室内絶対湿度 [kg/kg′] (kg′は乾き空気1 kgを示す)，X_0：導入外気絶対湿度 [kg/kg′]，1.2：空気の密度 [kg/m³]，②M_K：ガス発生量 [m³/h]，K：許容室内ガス濃度 [vol%]，K_0：導入外気ガス濃度 [vol%]，③M_C：塵埃発生量 [mg/h]，C：許容室内塵埃濃度 [mg/m³]，C_0：導入外気塵埃濃度 [mg/m³]，煙草の煙の場合，$C=0.15$ mg/m³とする．

試し問題 1

ある工場で炊飯器，食器洗浄機等から発生する水蒸気を除去し，結露等の被害を最小限にするために，次の条件の換気量を求めよ．

（条件）水蒸気発生量：1000 kg/h，室内空気の絶対湿度：0.0150 kg/kg′，外気の絶対湿度：0.0062 kg/kg′とする．

［解答］

換気量Qは，表22.1中の項目①の式から，

$$Q=\frac{W}{1.2(X_{\mathrm{i}}-X_0)}=\frac{1000}{1.2(0.0150-0.0062)}=94697\ \mathrm{m^3/h}$$

$$=1578\ \mathrm{m^3/min}$$

試し問題 2

CO_2，CO，NO_2，SO_2等有毒ガスのなかで最も多く排出されるCO_2を対象に，次の条件の場合の換気量を計算せよ．

（条件）有毒ガス総排出量：300 m³/min，CO_2濃度：20000 ppm，CO_2許容濃度：1500 ppm

［解答］

換気量Qは，表22.1中の項目②の式から，

有毒ガスCO_2発生量M_{K} [m³/h] $=300\ \mathrm{m^3/min}\times 60\ \mathrm{min/h}\times 20000\ \mathrm{ppm}$

$$\times\frac{1/10^4\ \mathrm{vol\%/ppm}}{100}=360\ \mathrm{m^3/h}$$

大気中のCO_2濃度$K_0=300$ ppmとすると，

$$Q=\frac{100M_{\mathrm{K}}}{K-K_0}=100\times 360\times\frac{10^4}{1500-300}=300000\ \mathrm{m^3/h}$$

ここで，$1\ \mathrm{ppm}=\dfrac{1}{10^6}\rightarrow\dfrac{1}{10^4}\ \mathrm{vol\%}$

試し問題 3

現状，工場の排気ファン（定格：55 kW）を常時ダンパで定格風量の75 %に絞って運転している．省エネを図るために，インバータを導入して，モータの回転数を変えて風量制御した．

（条件）

・稼働時間：300日/年 × 24 h/日 = 7200 h/年

・インバータ効率（モータ効率含む）：92 %

・電気料金単価：15円/kWh

・現状およびインバータ設置後の軸動力比は，現状で94 %，インバータ設置後は44 %に低減できる．

年間の電力削減量，原油換算削減量，削減額，CO_2削減量を求めよ．

[解答]

現状の電力量 = 55 kW × 0.94 × 7200 h/年 = 372240 kWh/年，

インバータによる電力量 = 55 kW × 0.44 × 7200 h/年/0.92 = 189391 kWh/年，

したがって，

削減電力量 = 372240 kWh/年 − 189391 kWh/年 = 182849 kWh/年

削減金額 = 182849 kWh/年 × 15円/kWh = 2743千円/年

原油換算量：一次エネルギー換算使用量は，基本技表5から，24 hのうち，昼間14 hが9.97 GJ/千kWh，夜間10 hが9.28 GJ/千kWhであるから，

$$\left(\frac{189391}{1000} \times \frac{14}{24} \times 9.97 + \frac{189391}{1000} \times \frac{10}{24} \times 9.28\right) \times 0.0258\ \text{kL/GJ} = 47.3\ \text{kL/年}$$

CO_2削減量：基本技表10の電気事業者の排出係数（平成30年度実績）の関西電力株式会社による値0.352 t-CO_2/千kWhを用いると，$\frac{189391}{1000} \times 0.352$ t-CO_2/千kWh = 66.7 t-CO_2/年

技23 屋内駐車場，電気室，機械室の換気制御

キーポイント

駐車場の換気は，建築安全条例や駐車場法施行例等多くの法規制を受けるが．目的は車が排出する有害物質，その中でも一番リスクの高いCOの規制である．電気室や機械室は，主に熱の除去が目的である．いずれも上限設定値管理や季節ごとのタイムスケジュール管理で省エネが期待できる．

解説

① 屋内駐車場

従来，駐車場法施行令には，「建築物である路外駐車場に設置する換気設備は，駐車の用に供する部分の床面積が500 m^2以上で，駐車場の階の床面積の1/10以上の有効換気面積（窓その他の開口部を有する階でその開口部の換気に有効な換気面積のこと）を有しない場合については，その内部の空気を床面積1 m^2につき14 m^3/h以上直接外気と交換する能力を有する換気装置を設けなければならない」とある．ただし，換気装置の稼働方法に関しては特に規定されていない．

また，建築衛生法の室内環境基準：「建築物における衛生的環境の確保に関する法律」（通称：ビル管理法）には，次表のような室内環境基準がある．

表 23.1　建築衛生法の室内環境基準

	項　目	基　準		項　目	基　準
①	温度	17 ～ 28 ℃	⑤	CO_2 含有率	1000 ppm 以下
②	相対湿度	40 ～ 70 %	⑥	浮遊粉塵量	0.15 mg/m^3 以下
③	気流速	0.5 m/s 以下	⑦	ホルムアルデヒド量	0.10 mg/m^3 以下
④	CO 含有率	10 ppm 以下			

駐車場内の換気は，車が排出する有害物質を速やかに除去することにある.「駐車場の技術的基準」によると，現行では指標物質を一番リスクの高い一酸化炭素(CO)とし，指定濃度を恕限値(じょげんち，人体に害を与えるような条件の限度．保険上許されている有害物質等の限度)の100 ppmとしている．しかし，一般に駐車台数や車の出入りの頻度等によって過度な換気がなされている場合が多く，空気の汚染状態に問題がない程度に季節・時間ごとのタイムスケジュール運転，さらにCOセンサーによってファンをインバータ制御する等によって大幅な省エネが図れる.

一方，大気の環境基準においては，COの一日平均値が10 ppm以下，8時間平均値が20 ppm以下の基準とされ，居室において空気調和設備や機械換気設備が設置されている場合，10 ppm以下と規定されている.

② 電気室

変圧器等の発生熱による温度上昇を室内温度30～40 ℃に抑えるために換気またはエアコンで冷却する．外気温が低く，乾燥しているときは，換気扇で対応し，外気温が上昇した場合には換気扇を止め，シャッターを閉め，エアコンに切り替える.

変圧器等発熱体のある場合，必要な換気量は，Hを発熱量，t_1を目標室温とすると，必要換気量Qは，次式による.

$$Q = \frac{H}{\rho c_p (t_{\mathrm{i}} - t_0)} \tag{23.1}$$

ここで，Q：必要換気量 [m^3/s]，H：発熱量 [kW]，ρ：空気密度（≒ 1.2 kg/m^3），c_p：空気定圧比熱（≒ 1.0 kJ/(kg・K)），t_{i}：目標室温 [℃]，t_0：外気温 [℃]

③　エレベータ等の機械室

エレベータ機械室では，「巻上機」，「制御盤」，「調速機」等の機械が設置されており，熱が発生するので，許容温度40 ℃以下にする必要がある．上記の式(23.1)と同様に求められる．

発熱量は，

$$\text{エレベータ発熱量 [W]} = (\text{積載量 } W\,[\text{N}]) \times (\text{速度 } V\,[\text{m/s}]) \times (\text{使用頻度による定数 } F) \tag{23.2}$$

ここで，使用頻度による定数Fは，交流帰還制御：$\dfrac{1}{20}$，直流可変電圧制御：$\dfrac{1}{30}$，VVVF制御：$\dfrac{1}{40}$をとる．

省エネ方法としては，複数のエレベータがある場合，だんご運転や無駄運転を減少させたりする群管理運転を実施する．また，需要量に応じて一部休止させたり，タイマー制御を行って稼働時間を減少させる運転管理を行う．

試し問題 1

床面積2000 m^{2}の地下駐車場において朝10時～夜8時の間，CO濃度管理によって給排気ファンを下記の条件に示す稼働時間に減少させる間欠運転を行った．年間の削減電力量と電力代15円/kWhとしたときの削減電力費を求めよ．

（条件）

・設備：ファンのトータル電力60 kW(給気2台，排気2台)

・稼働日数，時間：290日，1日10時間

・稼働時間：1時間のうち平均して20分運転，40分停止

[解答]

年間削減電力量：$290 \times 10 \times 60 \times \frac{4}{6} = 116000$ kWh/年

年間削減電力費：$116000 \times 15 = 1740$ 千円/年

試し問題 2

次の3種類，①常時運転，②1時間中15分運転のタイムスケジュール運転および③総運転時間が常時運転時間の$\frac{1}{8}$運転のCO制御運転した場合の省エネ性を比較・検討せよ．ここで，駐車場の大きさを面積5000 m^2，高さ4 m(駐車場の容積：20000 m^3)とする．ただし，電力料金を15円/kWhとする．

[解答]

駐車場の容積：20000 m^3，換気回数を10 回/hとすると，換気風量：20000 m^3 ×10 回/h＝200000 m^3/h，ファン容量は，各5台とすると，200000÷5 ＝40000 m^3/hから，40000 m^3/h×30 mmAqとして，ファンモータ＝$\frac{40000}{3600} \times 30 \times \frac{9.807}{\eta} = \frac{3269}{\eta} = \frac{3269}{0.6} = 5448$ W＝5.5 kW(ファン効率$\eta = 0.6$とする．ここで，1 mmAq＝9.807 Pa)，したがって，ファンとして5.5 kW×10台(吸気用5台，排気用5台)を設置する．

① 常時運転時の消費電力：5.5 kW × 10 台 × 24 h × 365 日 = 481800 kWh/ 年

② タイムスケジュール運転時（1時間中15分運転，45分停止）：

$$481800\ \text{kWh/年} \times \frac{1}{4} = 120450\ \text{kWh/年}$$

削減電力量 = 481800 − 120450 = 361350 kWh/ 年

削減電力代：361350 kWh/ 年 × 15 円 /kWh = 5420 千円 / 年

③ CO制御運転の場合（総運転時間が常時運転の$\frac{1}{8}$とした場合）：

$$481800\ \text{kWh/年} \times \frac{1}{8} = 60225\ \text{kWh/年}$$

常時運転からの削減量 = 481800 − 60225 = 421575 kWh/ 年

削減電力代：421575 kWh/ 年 × 15 円 /kWh = 6324 千円 / 年

試し問題 3

600 kVAの容量を有する200 m^{3}の電気室がある．換気風量，換気回数を求めよ．ただし，許容室内温度40 ℃，外気温度33 ℃とする．

[解答]

一般に変圧器効率は，負荷率100 %で97～98 %なので，発熱を3 %とする．発熱量は，変圧器の容量600 kVA，力率0.95とすると，600 kW × 0.95 × 0.03 = 17.1 kW，換気風量は排熱する発熱量なので，式(23.1)から

換気風量 Q [m^3/h]

$$= \frac{\text{発熱量 } [W] \times 3600}{\text{定圧比熱 } c_p\ [\text{J/(kg・K)}] \times \text{密度 } \rho\ [\text{kg/m}^3] \times (\text{室内温度} - \text{外気温度})}$$

$$\text{必要換気回数 [回 /h]} = \frac{\text{換気風量 } Q\ [\text{m}^3/\text{h}]}{\text{部屋の容積 } [\text{m}^3]} \qquad (23.3)$$

ここで，大気圧，300 Kの空気の定圧比熱c_p＝1007 J/(kg・K)，密度ρ＝1.161 kg/m^{3}から

$$換気風量Q\,[\mathrm{m^3/h}]=\frac{17.1\times1000\times3600}{1007\times1.161\times(40-33)}=7522\ \mathrm{m^3/h}$$

$$したがって，換気回数N\,[回/\mathrm{h}]=\frac{7522}{200}=37.6回/\mathrm{h}$$

試し問題 4

積載質量＝2000 kg，定格速度＝1 m/s，交流帰還制御$F=\frac{1}{20}$のエレベータ機器室の発熱量および換気風量を求めよ.

[解答]

式(23.2)から，エレベータ発熱量＝$(2000\times9.807)\times1\times\frac{1}{20}=980.7\ \mathrm{W}$

換気風量Qは式(23.1)から，$Q\,[\mathrm{m^3/s}]=\dfrac{980.7}{1007\times1.161\times(40-33)}$

$=0.1198\ \mathrm{m^3/s}=7.19\ \mathrm{m^3/min}$

ここで，大気圧，300 Kの空気を想定し，定圧比熱c_p＝1007 J/(kg・K)，密度ρ＝1.161 kg/m^{3}とする.

技24 工場エアーのブロワ化

キーポイント

製造工場全体の消費電力のうち，工場エアーの占める割合は，一般に20～25％と大きく，用途は製造設備の中の動力源としてはエアーシリンダーやアクチュエーター等に50％位，残りが部品加工後の付着物除去や洗浄後の水切り，乾燥や冷却等の間欠エアーブローに使用されている．エアーシリンダー駆動等の工場エアーの通常の圧力0.5 MPaG（ゲージ圧力）に比べてエアーブローの圧力は，ノズル直近で200 kPaG以下と小さく，これまで圧縮機圧力0.5 MPaGから減圧して使用した場合，大きなエネルギーロスが生じている．そこで，圧縮機→減圧弁の代わりに吐出圧の低いブロワに取り換え，モータ電力への大きな省エネを図る．排水処理槽の曝気用の60 kPaG程度の空気ブローに対して圧縮機をブロワに取り換えたり，さらにモータをインバータ化して省エネを図る．

解説

送風機の必要動力P [W]は，送風機の全圧（動圧＋静圧の増加量）H [Pa]と風量Q [m³/s]を用いて，次式で表される．

$$P\,[\mathrm{W}] = \frac{H\,[\mathrm{P_a}] \times Q\,[\mathrm{m^3/s}]}{\eta} \qquad (24.1)$$

ここで，η：送風機の効率[-]を示す．

低圧力でも工場エアーと同等以上のブロー効果を得る方法としてエアー圧力の低下を風量で補うことによって30 kPaG程度の圧力でも同じ衝突力が得られ，エアーブロー用にルーツブロワが用いられる．これによりエアーブローにかかる消費電力量の大きな削減が可能になり，省エネが図れる．

試し問題 1

全圧50 mmAq，風量300 m^3/hを出すのに必要なファンの動力を求めよ．ただし，送風機効率を50 %とする．

[解答]

送風機全圧$h=50$ mmAqをH [Pa]に換算すると，H [Pa] $=\rho$ [kg/m^3] $\times g$ [m^2/s] $\times (h$ [mm] $\times 10^{-3})$（ここで，ρ：水の密度 [kg/m^3]，g：重力加速度 [m/s^2]）から$H=1000\times 9.807\times(50\times 10^{-3})$ Pa $=490.35$ Pa，したがって，動力P [W]は，式(24.1)から，

$$P\,[\mathrm{W}]=490.35\times\frac{300}{3600\times 0.5}=81.7\ \mathrm{W}$$

試し問題 2

送風機において吐出圧力を0.6 MPa(abs)→0.2 MPa(abs)に減少させたとき，送風機効率や流量等を一定とすると，理論的な動力の削減割合はいかほどか．

[解答]

気体の単位質量あたりの理論圧縮仕事W_{ad}は，前章式(10.1)で表される．変更前の動力に対する動力削減割合は，空気の$\kappa=1.4$として式(10.1)の$\left\{\left(\frac{p_2}{p_1}\right)^{\frac{\kappa-1}{\kappa}}-1\right\}$の項に代入して，動力削減割合は，

$$\frac{\left(\frac{0.2}{0.1}\right)^{\frac{1.4-1}{1.4}}-\left(\frac{0.6}{0.1}\right)^{\frac{1.4-1}{1.4}}}{\left(\frac{0.6}{0.1}\right)^{\frac{1.4-1}{1.4}}-1}=\frac{1.22-1.67}{0.67}=-0.67$$

したがって，理論的に67 %の動力減少が得られる．

試し問題 3

排水処理槽の曝気用に60 kPaG(ゲージ圧力)の空気3.9 m^3/minが必要である．現状では圧縮機を0.69 MPaGまで加圧し減圧弁によって60 kPaまで落として使用している(図24.1参照)．これを吐出圧力の低いルーツブロワに取り換えて所要動力の削減を図る．ただし，運転は連続で24 h/日 ×365日/年とする．年間削減電力量，電力単価15円/kWhとしたときの年間削減金額および年間原油換算削減量を求めよ．

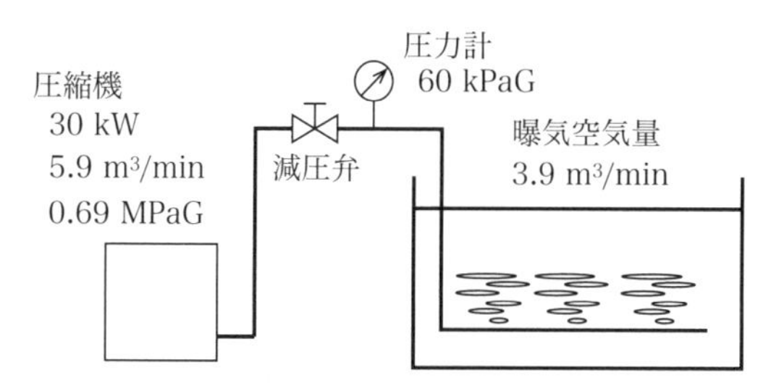

図 24.1　現在の曝気槽運転状況

[解答]

ブロワ圧60 kPaG，定格流量5.9 m^3/min，モータ容量11 kWのルーツブロワをプーリまたはインバータで風量調節して60 kPaG，3.9 m^3/minに調整すると，電力使用量＝ブロワモータ容量 $\times \frac{\text{曝気空気量}}{\text{定格流量}} \times$ 運転時間＝11 kW × $\frac{3.9}{5.9}$ ×24 h/日 ×365日/年＝63696 kWh/年

一方，現状の圧縮機の年間電力使用量＝圧縮機動力×動力比×運転時間＝30 kW×0.9×24 h/日×365日/年＝236520 kWh/年（ここで動力比0.9は，圧縮機の風量比 $\frac{3.9}{5.9}$ ＝0.661→66.1 %）に対する圧縮機の動力比，図24.2参照）

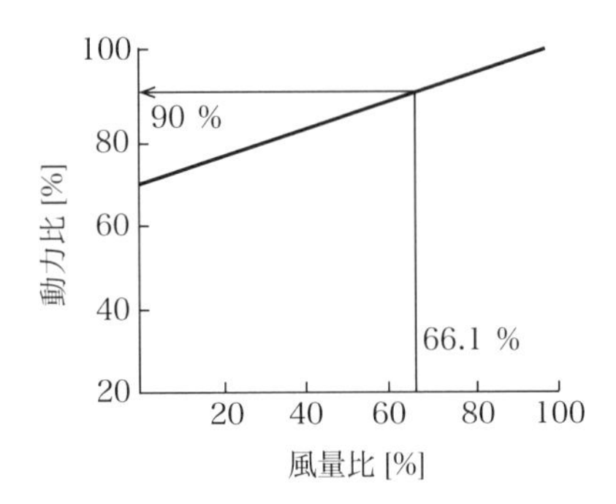

図 24.2　圧縮機の動力比（吸込絞り制御）

年間削減電力量 ＝236520 kWh/年－63696 kWh/年

＝172824 kWh/年

年間削減金額 ＝172824 kWh/年×15 円 /kWh＝2592.4 千円 / 年

年間原油換算削減量 ＝(172.824 千 kWh/年 × $\frac{14}{24}$ × 9.97 GJ/ 千 kWh

＋172.824 千 kWh/ 年 × $\frac{10}{24}$ × 9.28 GJ/ 千 kWh)

×0.0258 kL/GJ＝43.2 kL/ 年

技25 ポンプの省エネの基本

キーポイント

液体を輸送するポンプには種々の種類があり，作動方式によって次のように分類される．

表 25.1　ポンプの分類と概要

種　類		概　要
ターボ形	遠心ポンプ	羽根車を回転させ，遠心力によって圧送する．
	斜流ポンプ	羽根車を回転させ，一部は遠心力，一部は揚力によって圧送する．
	軸流ポンプ	羽根車を回転させ，揚力によって圧送する．
容積形	往復式ポンプ	ピストン（またはプランジャー）の往復によって圧送する．
	回転式ポンプ	歯車，スクリューあるいはベーン等の回転によって圧送する．
特殊形	ジェットポンプ	ノズルからの噴流で他の液を吸引して圧送する．
	気泡ポンプ	揚水管中に圧縮空気を送り，液の平均密度を下げ，密度差によって高い所まで揚水する．

ポンプの省エネの方法として，①流量や吐出圧力の低減を図る．節水に努めるとともにバルブの過度な絞りや配管抵抗が過大とならないように適切な初期計画とともに適切な機種選定を行う，②操業上の負荷変動に対して適切な流量制御方式を選ぶ．

解説

ポンプの全揚程と実揚程および軸動力の算出法について説明する．液体を吸い込んで吐出するポンプは，吸込みと吐出しの能力が必要である．この2つを合せてポンプの揚水能力，全揚程H [m]と呼ぶ．

図25.1において，全揚程は実揚程に管内の圧力損失項を含む.

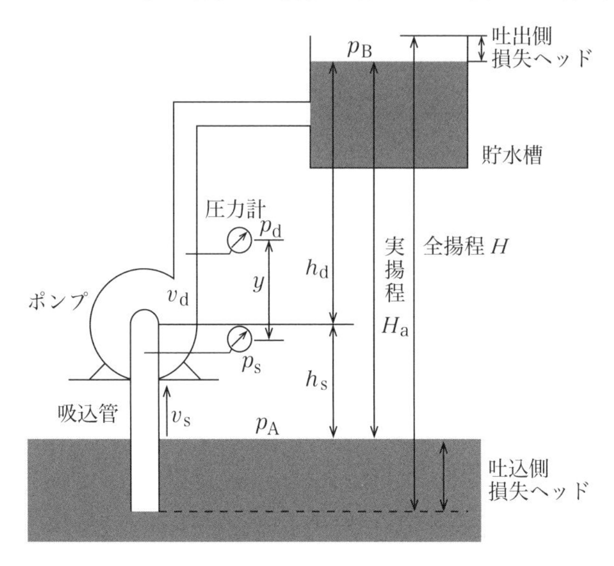

図 25.1　全揚程と実揚程

全揚程 H＝実揚程 H_a＋弁を含む配管の損失水頭＋吸込み，吐出速度水頭

$$(25.1)$$

$$\text{実揚程}\, H_a = (\text{高低差}) + (\text{吐出タンク液面圧力}) - (\text{吸込みタンク液面圧力})$$
$$= h_d + h_s + \frac{p_B}{\rho g} - \frac{p_A}{\rho g} \tag{25.2}$$

すなわち，実揚程は吸水面から吐出水面までの垂直距離と吐出と吸込みタンクの液面圧力を位置エネルギーに換算した圧力差の合計になる.

$$\text{計測値：全揚程}\, H = \frac{p_d - p_s}{\rho g} + \frac{v_d^2 - v_s^2}{2g} + y \tag{25.3}$$

ここで，p_d，p_s：吐出，吸込み側の圧力，g：重力加速度，y：両圧力計 p_d，p_s 間の垂直距離.

一方，図25.2に示す断面1，2間のエネルギーの保存則は，次のように表される．

$$\left(h_1+\frac{{v_1}^2}{2}+gz_1\right)+E_{\text{in}}=\left(h_2+\frac{{v_2}^2}{2}+gz_2\right)+E_{\text{out}} \quad (25.4)$$

ここで，h：比エンタルピー [J/kg]

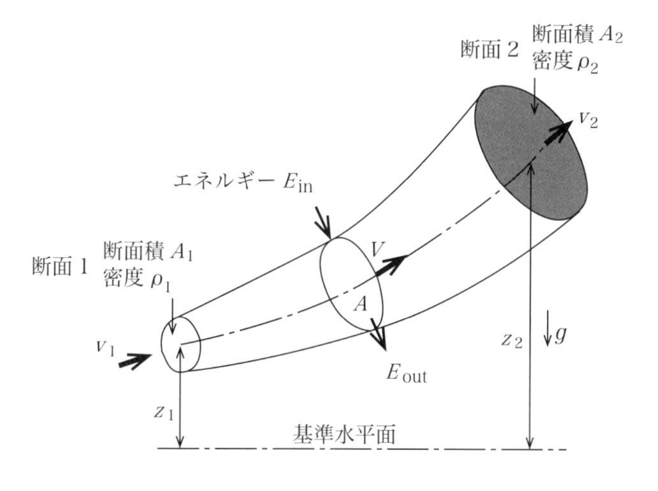

図 25.2　一次元定常流

熱力学の第1法則から $\mathrm{d}q=\mathrm{d}E_{\text{loss}}=\mathrm{d}h-v\mathrm{d}p=\mathrm{d}h-\dfrac{\mathrm{d}p}{\rho}$ を代入して，

$$\left(\frac{p_1}{\rho}+\frac{{v_1}^2}{2}+gz_1\right)+E_{\text{in}}=\left(\frac{p_2}{\rho}+\frac{{v_2}^2}{2}+gz_2\right)+E_{\text{out}}+E_{\text{loss}} \quad (25.5)$$

ポンプで必要な動力は，ポンプの入口，出口をそれぞれ添え字1，2で表すと，$E_{\text{out}}=0$から，

$$E_{\text{in}}-E_{\text{loss}}=\left(\frac{p_2}{\rho}+\frac{{v_2}^2}{2}+gz_2\right)-\left(\frac{p_1}{\rho}+\frac{{v_1}^2}{2}+gz_1\right) \quad (25.6)$$

一般に，$v_1 \fallingdotseq v_2$から，

$$E_{\mathrm{in}} - E_{\mathrm{loss}} = \left(\frac{p_2}{\rho} + gz_2\right) - \left(\frac{p_1}{\rho} + gz_1\right) = gH \qquad (25.7)$$

ポンプの駆動力P_{W}は，上記の全揚程Hに流量Qを乗じたもので，次のように表される．

$$P_{\mathrm{W}}\,[\mathrm{W}] = \frac{(E_{\mathrm{in}} - E_{\mathrm{loss}})\,\rho Q}{\eta_{\mathrm{p}}}$$

$$= \frac{Q\,[\mathrm{m^3/s}] \times H\,[\mathrm{m}] \times \rho\,[\mathrm{kg/m^3}] \times g\,[\mathrm{m/s^2}]}{\eta_{\mathrm{p}}} \qquad (25.8)$$

ここで，Q：吐出量，H：全揚程，ρ：液密度，g：重力加速度

したがって，省エネに対して吐出量Qおよび全揚程Hの初期設定を実状に合わせて適切に決めることが重要となる．

試し問題 1

水を用いた遠心ポンプの吐出側の圧力計が400 kPa，吸込側が－30 kPaの指示であり，圧力計の高さは吐出側が吸込側より30 cm高く設置されている．全揚程を求めよ．ただし，ポンプの吸込み，吐出の速度v_{d}，v_{s}は等しい．

[解答]

式(25.3)から

$$全揚程H = \frac{p_{\mathrm{d}} - p_{\mathrm{s}}}{\rho g} + y = \frac{400 \times 10^3 - (-30 \times 10^3)}{1000 \times 9.807} + 0.3 = 44.15\ \mathrm{m}$$

試し問題 2

ポンプ効率$\eta_p = 0.75$のポンプを用いて，水平に置かれた長さ$L = 610$ m，内径$D = 305$ mmの直円管に流速2 m/sで送水する．管摩擦係数$\lambda = 0.02$のとき，ポンプ動力を求めよ．ただし，ポンプ出入り口の水が保有する運動エネルギーは無視する．

[解答]

圧力損失$\Delta P = \lambda \times \frac{\rho v^2}{2} \times \frac{L}{D} = 0.02 \times \frac{1000 \times 2^2}{2} \times \frac{610}{0.305} = 8 \times 10^4$ Pa

水平から実揚程$H_a \fallingdotseq 0$，よって全揚程$H = 8 \times 10^4$ Pa

体積流量$Q = v \times \frac{\pi D^2}{4} = 2 \times \pi \times \frac{0.305^2}{4} = 0.146$ m^3/s

ポンプの所要動力$P = 8 \times 10^4 \times \frac{0.146}{0.75} = 15573$ W → 15.6 kW

試し問題 3

図25.3に示す貯水槽から上部タンクにポンプで水を送っている．吸水管および送水管の内径は100 mm，送水管の全長が100 mであり，流量は毎分0.6 m^{3}である．給水管のエネルギー損失は無視でき，送水管は管摩擦係数0.02の圧力損失が生じる．次の問に答えよ．

(1)　送水管内の平均流速を求めよ．

(2)　ポンプ入口(図中，断面1)における静圧と大気圧の差を求めよ．

(3)　ポンプ出口(図中，断面2)における静圧と大気圧の差を求めよ．

(4)　送水管出口(図中，断面3)での静圧と大気圧の差を求めよ．

(5)　エネルギー損失がないポンプを用いたとき，送水1 kgあたりに必要なエネルギー [J]を求めよ．

(6)　ポンプ効率75 %のポンプを使用したときの所要動力を求めよ．

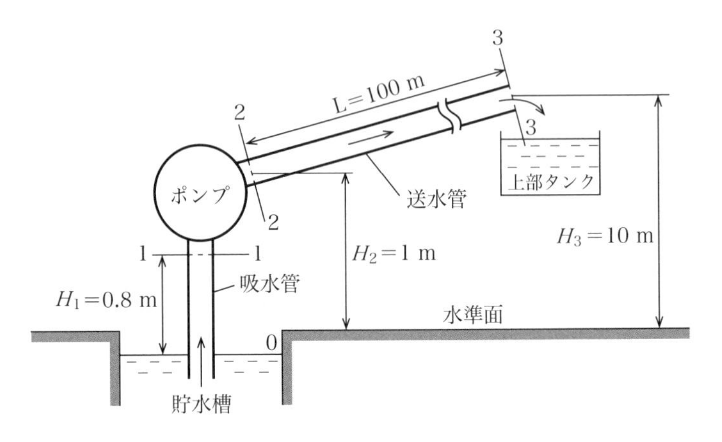

図 25.3　揚水ポンプ

[解答]

(1)　$\text{平均流速}=\dfrac{\dfrac{0.6}{60}\ \text{m}^3/\text{s}}{\pi\times 0.1^2/4}=\dfrac{0.01}{7.854\times 10^{-3}}=1.27\ \ \text{m/s}$

(2)　貯水槽の水面(添え字0)とポンプ入口(添え字1)の間にベルヌーイの式を適用する.

$$\frac{p_0}{\rho g}+\frac{v_0{}^2}{2g}+z_0=\frac{p_1}{\rho g}+\frac{v_1{}^2}{2g}+z_1$$

ここで, p_0は大気圧, $v_0=0$, $z_1-z_0=H_1=0.8$ mから,

$$p_1-p_0=-\rho gH_1-\frac{\rho v_1{}^2}{2}=-1000\times 9.807\times 0.8-\frac{1000\times 1.27^2}{2}$$

$$=-7845.6-806.5=-8.65\times 10^3\ \text{Pa}=-8.65\ \text{kPa}$$

(3)　断面2と3の間にエネルギー保存則を適用する.

$$\frac{p_2}{\rho}+\frac{v_2{}^2}{2}+gz_2-E_{\text{loss}}=\frac{p_3}{\rho}+\frac{v_3{}^2}{2}+gz_3$$

ここで, $p_3=p_0$(大気圧), $E_{\text{loss}}=f\left(\dfrac{v^2}{2}\right)\left(\dfrac{L}{D}\right)$から, ポンプ出口圧力

$$p_2 - p_0 = \rho g(H_3 - H_2) + f\left(\frac{\rho v^2}{2}\right)\left(\frac{L}{D}\right)$$

$$= 1000 \times 9.807 \times (10 - 1) + 0.02 \times \left(1000 \times \frac{1.27^2}{2}\right) \times \frac{100}{0.1}$$

$$= 88263 + 16129 = 104392 \text{ Pa} = 104.4 \text{ kPa}$$

(4)　送水管出口では圧力が大気圧に等しいので，$p_3 - p_0 = 0$

(5)　ポンプ出入口で与えられるエネルギー

$$E = \frac{p_2 - p_1}{\rho} + g(H_2 - H_1) = \frac{104400 - (-8650)}{1000} + 9.807 \times (1 - 0.8)$$

$$= 113.05 + 1.96 = 115.01 \text{ J/kg}$$

(6)　ポンプ所要動力Pは，

$$P = \frac{\rho Q E}{\eta_p} = 1000 \times \frac{0.6}{60} \times \frac{115.01}{0.75} = 1.533 \times 10^3 \text{ W} = 1.533 \text{ kW}$$

＜参考＞

ポンプの性能の劣化診断

現状の流量や圧力(全揚程)がわかれば，ポンプ納入時の性能曲線上にプロットすると，現在の運転点が確認でき，ポンプの劣化度が推定できる．例えば吐出弁閉のときの全揚程H_0を式(25.3)から求め，初期のポンプ特性曲線との交点の流量Q_0がポンプ内部の摺動面すき間等からの漏れの増加量に相当する．したがって，各揚程Hでの流量減少量ΔQを$\Delta Q = Q_0 \times (H/H_0)^{0.5}$から求め，現状のポンプ特性曲線を得る．

技26 ポンプの性能特性と流量制御

キーポイント

必要な流量と全揚程に見合ったポンプの選定が重要で，吐出圧力や流量を減らすことが省エネにつながる．しかし，需要負荷は季節，時間帯によって変動し一定でない場合が多い．ポンプの性能特性からポンプ効率は，一般に流量が定格点から減少していくと低下する．ここではポンプの性能特性と部分負荷時の流量制御の方法について示す．

解説

ポンプの性能特性について，ポンプの全揚程や軸動力は，ポンプの種類や型式によって異なるが，一般に吐出流量とともに変化する．ポンプ性能の基本特性を表したものが特性曲線と呼ばれるが，遠心ポンプに対して吐出量を変化させた場合の全揚程，軸動力，ポンプ効率，回転数の変化の例を図26.1に示す．現状のポンプの流量(Q)，全揚程(H)，回転数(N)，軸動力(L)を実測し，効率は式(25.8)から算出して現状の特性曲線を作成し，設置時に提供された特性曲線と比較して，劣化等のポンプ特性変化を把握することができる．

部分負荷時の流量制御について，従来行われてきた調節弁を絞って制御する場合，図26.2に示す全揚程—流量(H-Q)曲線から説明する．弁を開いたときと絞ったときの配管抵抗は，それぞれ流量の2乗に比例するので，抵抗曲線は図26.2中の2本の二次曲線で表される．

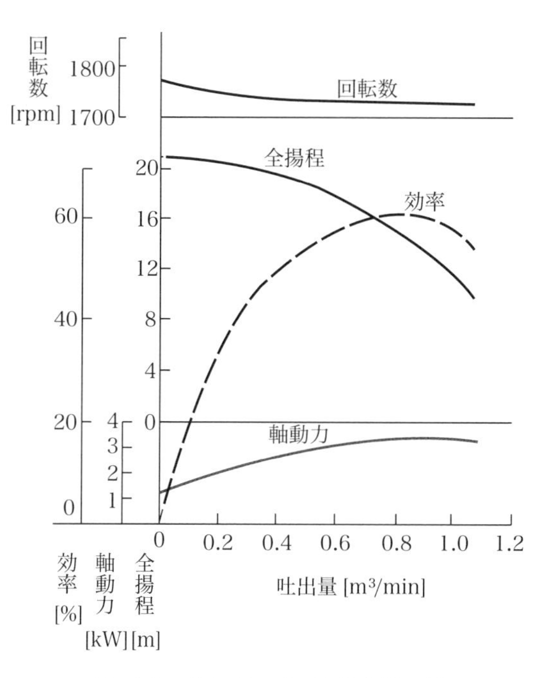

図 26.1　遠心ポンプの特性曲線の例

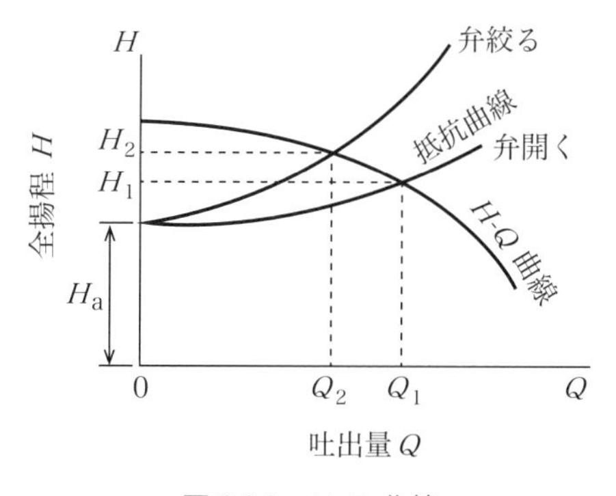

図 26.2　H-Q 曲線

ここで，吐出量0における全揚程Hは，実揚程（式(25.2)，$P_B = P_A$のとき吸水面から吐出水面までの垂直距離）H_aを表し，抵抗曲線は，吐出量Qの増加とともに配管抵抗が増す二次曲線を描く．図には弁の絞りによる水量調節($Q_1 \to Q_2$)を示す．この場合，弁を絞り，抵抗を与えると，全揚程は増加($H_1 \to H_2$)して吐出量Qは減少($Q_1 \to Q_2$)する．しかし，式(25.8)からわかるように流量は減少しても揚程が増加するので，大きな軸動力の減少にはつながらない．他の流量制御方法について表26.1に示す．

表 26.1　流量制御方法

No.	制御方式	備　考
1	回転数制御	大容量，流量変動大の場合に効果が大きい
2	台数制御	直列(揚程∽台数)と並列(流量∽台数)接続がある
3	吐出弁開度制御	流量は制御できるが，効率は悪い
4	羽根車の外径加工	$\dfrac{Q_2}{Q_1}=\dfrac{H_2}{H_1}=\left(\dfrac{D_2}{D_1}\right)^2$, $\left(\dfrac{L_2}{L_1}\right)=\left(\dfrac{D_2}{D_1}\right)^4$
5	小容量ポンプへ変更	低流量，低揚程ポンプと交換
6	翼角制御	翼角の変更可能な場合，角度を変えて流量変更
7	電動機の交換	低回転数のものに交換，上記No.1と同じ効果

試し問題 1

既設送水ポンプの仕様は，吐出量2.5 m^3/min，全揚程40 m，ポンプ効率73.0 %，モータ効率92.0 %である．老朽化したので，新しい省エネタイプのポンプ，モータに変更した．吐出量，全揚程は同一で，ポンプ効率80.0 %，モータ効率95 %である．年間運転時間8000 h，買電電力費を15円/kWhとするとき，年間の電力削減量，電力削減額を求めよ．

[解答]

式(25.8)を用いて，

$$既設ポンプの軸動力 P_1 [\mathrm{W}] = \left(\frac{2.5}{60}\right) \mathrm{m^3/s} \times 40\ \mathrm{m} \times 1000\ \mathrm{kg/m^3} \times \frac{9.807\ \mathrm{m/s^2}}{0.73}$$

$$= 22.39 \times 10^3\ \mathrm{W} \rightarrow 22.39\ \mathrm{kW}$$

$$既設ポンプの消費電力 = \frac{22.39\ \mathrm{kW}}{0.92} = 24.34\ \mathrm{kW}$$

$$新規のポンプ軸動力 P_2 [\mathrm{W}] = \left(\frac{2.5}{60}\right) \mathrm{m^3/s} \times 40\ \mathrm{m} \times 1000\ \mathrm{kg/m^3} \times \frac{9.807\ \mathrm{m/s^2}}{0.80}$$

$$= 20.43 \times 10^3\ \mathrm{W} \rightarrow 20.43\ \mathrm{kW}$$

$$既設の消費電力 = \frac{20.43\ \mathrm{kW}}{0.95} = 21.51\ \mathrm{kW}$$

年間の電力削減量 $= (24.34 - 21.51) \times 8000 = 22640$ kWh/ 年

年間電力削減額 $= 22640$ kWh/ 年 $\times 15$ 円 /kWh $= 339.6$ 千円 / 年

試し問題 2

渦巻ポンプが流量8 m³/min，全揚程37 mで運転されている．揚程37 mの内16 mは流量調節弁を絞った結果の損失水頭で，必要な揚程は21 mであった．この場合，①小容量ポンプへの変更，②羽根車の外径を加工する，のどちらが経済的か試算せよ．ただし，ポンプ効率は70 %一定とする．

[解答]

現状の軸動力 P_0 は，式(25.8)から

$$P_0 = \frac{8}{60} \times 37 \times 1000 \times \frac{9.807}{0.7} = 69.1 \times 10^3\ \mathrm{W} \rightarrow 69.1\ \mathrm{kW}$$

①　小容量ポンプへの変更

$$軸動力 P_2 = \frac{8}{60} \times 21 \times 1000 \times \frac{9.807}{0.7} = 39.2 \times 10^3\ \mathrm{W} \rightarrow 39.2\ \mathrm{kW}$$

② 羽根車の外径加工

使用可能な最小径の羽根車の特性は，流量8 m^3/minで揚程24 mであった．このときの軸動力P_1は，

$$P_1 = \frac{8}{60} \times 24 \times 1000 \times \frac{9.807}{0.7} = 44.8 \times 10^3 \text{ W} \rightarrow 44.8 \text{ kW}$$

すなわち，軸動力の計算結果は，次のようである．

表 26.2　軸動力の計算結果

	ポンプ	軸動力 [kW]
	現状	69.1
①	小容量ポンプに変更	39.2
②	羽根車の外径加工	44.8

対策案：

ⓘ　小容量ポンプへの変更の方が，羽根車の外径加工に比べて電力は，44.8－39.2＝5.6 kW削減できる．現状との比較では，69.1－39.2＝29.9 kW節電でき，これらを年間8000時間運転，電力代15円/kWhとすると，現状のポンプに比べて，①小容量ポンプへの変更は，29.9×8000×15＝3588千円/年減額できる．

ⓘⓘ　羽根車の外径加工と比べた小容量ポンプ変更への削減額は，軸動力の削減(44.8－39.2)kW＝5.6 kWから，5.6×8000×15＝672千円/年である．

一方，羽根車の外径加工のメリットは，現状に比べて(69.1－44.8)×8000×15＝2916千円/年減額できる．

すなわち，現状からの年間削減額は，ⓘ小容量ポンプへの変更は3588千円/年，ⓘⓘ羽根車の外径加工では，2916千円で，両者の差額は672千円/年である．すなわち，ポンプを変更しなくても十分な経済性効果が得られ，羽根車外径加工で十分有効と考えられる．

技27 ポンプの回転数制御による省エネ

キーポイント

ポンプの流量を変える方法としては，技26で示したように，①吐出弁を絞る（配管抵抗を与え抵抗曲線を変える），②羽根車の交換または羽根車の外径加工，③回転数制御，④台数制御（複数台のポンプを切替える），⑤小容量ポンプへの交換等がある．従来，最も使われてきた①吐出弁開度制御では絞り抵抗によって流量は容易に変えられるが，全揚程が増し，効率が悪い．ここで，上記③インバータによって電動機の回転数を下げ流量を減少させれば，大幅に電力消費を低減できる．ただ，回転数を変化させると吐出量だけでなく揚程も変化するので，並列のポンプ稼働の場合には，周波数比だけで流量を分担させることができない状態が生じるので注意が必要である．

解説

同一のターボ形ポンプで回転数Nを変化させると，吐出量Q，全揚程H，軸動力Lは，ポンプの比例法則から回転数Nに対して次のように変化する．

$$\frac{Q_1}{Q_2}=\frac{N_1}{N_2} \qquad \frac{H_1}{H_2}=\left(\frac{N_1}{N_2}\right)^2 \qquad \frac{L_1}{L_2}=\left(\frac{N_1}{N_2}\right)^3 \tag{27.1}$$

ここで，Q：吐出量，H：全揚程，L：軸動力，N：回転数である．

例えば，図27.1に示すように弁の絞りによって吐出量を変化させるために，配管の抵抗曲線を図中A→Bに変える代わりにインバータを用いてポンプ回転数をN_0，N_1，N_2に減少させれば，H-Q曲線は回転数に応じて変化し，抵抗曲線A上では流量はQ_0，Q_1，Q_2，全揚程はH_0，H_1，H_2へと変化する．ポンプの軸動力Lは，$L \propto Q \times H$から大きな動力削減が図られる．

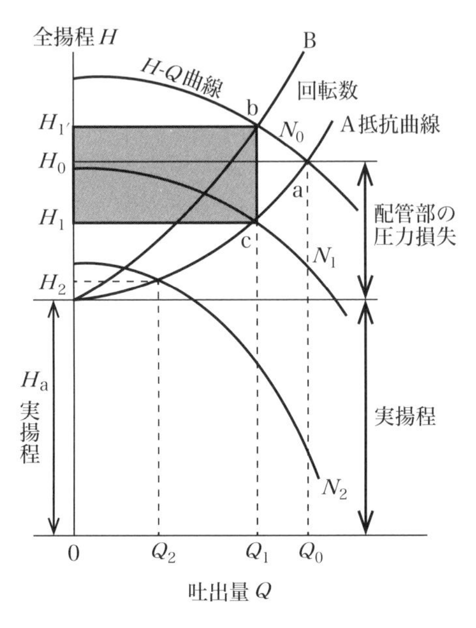

図 27.1　回転数制御による H-Q 曲線

回転数N_0のH-Q曲線において抵抗曲線Aとの交点a（流量Q_0，揚程H_0）から調節弁を絞ると，運転状態は抵抗曲線B上の点b（流量Q_1，揚程$H_{1'}$）に移る．ここで，調節弁を絞らずにポンプの回転数を$N_0 \to N_1$に変化させれば，抵抗曲線Aとの交点c，すなわち流量は$Q_0 \to Q_1$に変化する．したがって，調節弁を絞らなくても回転数を変えることによって流量を制御できる．ポンプの軸動力は式(25.8)からわかるように$H \times Q$に比例するので図の黒く塗った部分が調節弁による絞り制御に対して回転数制御によって得られる省エネ効果を表す．ただし，図中に示すように静圧損（実揚程H_a）が配管部の圧力損失に比べて大きいときには回転数を大きく下げられないので回転数制御のメリットは小さくなる．

ここで，図27.1に示す運転状態の点a，b，cにおけるポンプ駆動力の比較について考え方を示す．すなわち，バルブで絞ってポンプ流量を調整しているのをインバータを用いて回転数を変えて流量調整する場合の駆動力の比較である．

図27.1に示すようにポンプのH-Q曲線においてバルブ全開の点a(流量Q_0)からバルブを絞って抵抗曲線B上の点b(流量Q_1)に移動する運転からインバータを用いて回転数を変えてH-Q曲線A上の点c(流量Q_1)で運転する場合，次の2点での駆動力比較の算出式を示す．

① 点cと流量を変える前の点a運転におけるポンプ駆動力の比較

② 現状運転の点bと回転数を変えた点cにおけるポンプ駆動力の比較

ポンプ動力∽流量×全揚程で表されるので，各点a，b，cにおける駆動力は次のように表される．

表27.1　ポンプの点a，b，cにおける状態

運転の点	流量 Q	全揚程 H	駆動力 L
a	Q_0	H_0	Q_0H_0
b	Q_1	H_1'	Q_1H_1'
c	Q_1	H_1	Q_1H_1

① 点cと点aの駆動力比

点aの駆動力$L_a=Q_0H_0$と点cの駆動力$L_c=Q_1H_1$の比は，

$$駆動力比\ \frac{L_c}{L_a}=\frac{Q_1H_1}{Q_0H_0} \tag{27.2}$$

ここで，

点a：$H_0-H_a=kQ_0^2$，点c：$H_1-H_a=kQ_1^2$

よって，

$$H_0=kQ_0^2+H_a=\frac{H_1-H_a}{Q_1^2}\times Q_0^2+H_a$$

したがって，流量比(Q_1/Q_0)，全揚程H_1と実揚程H_aを測定しておけば駆動力比は，式(27.2)から求められる．

② 点bと点cの駆動力比

現状のバルブを絞った点bの駆動力$L_b = Q_1 \times H_{1'}$とインバータ運転の点cの駆動力$L_c = Q_1 \times H_1$の比は，

$$両者の駆動力比 \quad \frac{L_c}{L_b} = \frac{H_1}{H_{1'}} \qquad (27.3)$$

点b，cは異なる抵抗曲線B，A上にあるから，

点b：$H_{1'} - H_a = k_B Q_1{}^2$，点c：$H_1 - H_a = k_A Q_1{}^2$

よって，$H_{1'} - H_1 = k_B Q_1{}^2 - k_A Q_1{}^2 = (k_B - k_A) Q_1{}^2$

すなわち，流量Q_1，実揚程H_a，点bの全揚程$H_{1'}$およびk_A，k_Bがわかれば，駆動力比は式(27.3)から求められる．

試し問題 1

ある工場の冷凍機の冷却水ポンプ系統では冷却水ポンプの吐出側バルブを絞って流量調節を行っている(図27.2参照)．インバータ導入によって冷却水ポンプの流量調整を行い，省エネを図る．ポンプ電動機30 kWの周波数を60 Hzから40 Hzに落とし，運転する．ただし，インバータ総合効率0.90，運転時間1000 h/年とする．年間の削減電力量および買電電力費15円/kWhとした場合の年間電力削減額を求めよ．

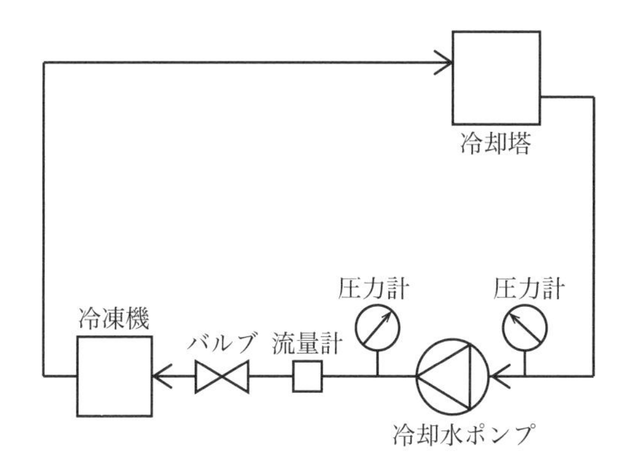

図 27.2　冷却水配管フロー

[解答]

理論上のポンプの消費電力低減率 $=\left(\dfrac{40}{60}\right)^3=0.296$，よって 30 kW × 0.296 ＝ 8.88 kW，インバータ総合効率 0.90 から電力 $=\dfrac{8.88}{0.90}=9.87$ kW

現状の電力使用量：30 kW × 1000 h/年 ＝ 30000 kWh/年

改善後の電力使用量：9.87 kW × 1000 h/年 ＝ 9870 kWh/年

年間削減電力量：30000 − 9870 ＝ 20130 kWh/年

年間電力削減額：20130 kWh/年 × 15 円/kWh ＝ 302.0 千円/年

試し問題 2

図 27.3 に示すように，屋上の貯水タンクにポンプ（定格出力 37 kW）で送水しているが，負荷が減少し，送水量が現状の 80 % と減少した．ポンプモータにインバータを設置してポンプ回転数を減少させ省エネを図る．年間の削減電力量および削減金額はいかほどか．タンクは地上 50 m にあり，実揚程は 50 m で変化しない．

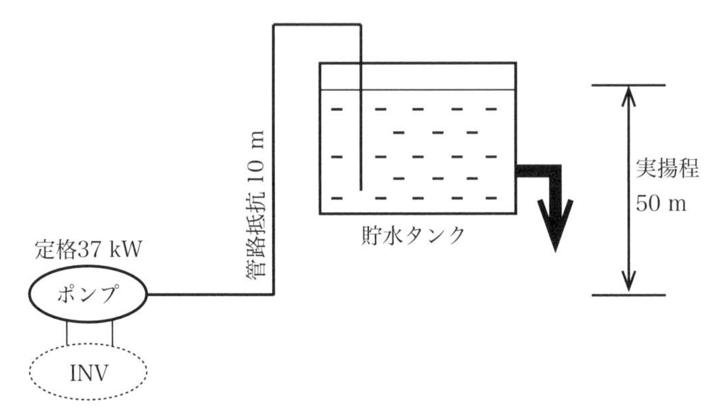

図 27.3　ポンプ送水

ただし，現状においてポンプモータ：37 kW，摩擦損失水頭：10 mとする．インバータ，モータの総合効率：90 %，運転時間：24 h × 330日/年 = 7920 h/年，買電電力費：15円/kWhとする．

[解答]

80 %流量によって，配管抵抗は，$10\ \mathrm{m} \times 0.8^2 = 6.4\ \mathrm{m}$，実揚程は50 m一定であるから，全揚程は50 m + 6.4 m = 56.4 m，

ポンプ動力∽(流量 × 全揚程)から現状の流量をQ [m^3/min]とすると，

$$設置前後の動力比 = \frac{インバータ後の動力}{現状の動力} = \frac{0.8 \times Q \times 56.4\ \mathrm{m}}{Q \times 60\ \mathrm{m}} = 0.752$$

したがって，

$$設置後の動力 = 37\ \mathrm{kW} \times \frac{0.752}{0.9} = 30.9\ \mathrm{kW}$$

年間削減電力量：(37 − 30.9) × 24 h × 330 日 / 年 = 48312 kWh/ 年

年間削減額：48312 kWh/ 年 × 15 円 /kWh = 724.7 千円 / 年

試し問題 3

工作機械の切削油ポンプは，現状オンオフ制御を用いている，目的は刃物，被削材の冷却や潤滑による切削性の改善，切りくずを洗い流す作用であり，流量，圧力等は絞り弁で調整している，ここで，インバータを用いて被削材やツールの径に合わせて流量を変化させるためにポンプ回転数を制御して省エネを図った結果，ポンプを従来の5.5 kWからインバータ付きの3.7 kWに変更でき，1日の平均消費電力量が64 kWh/日から39 kWh/日に削減できた，計10台のポンプが同様に稼働し，操業日数250日/年，買電単価15円/kWhとしたときの年間電力削減額および排出係数0.000435 t-CO_2/kWhとしたときの年間CO_2削減量を求めよ，

[解答]

年間の削減電力量＝(64－39)×250日/年×10台＝62500 kWh/年

年間の電力削減額＝62500 kWh/年×15円/kWh＝937.5千円/年

年間CO_2削減量＝62500 kWh/年×0.000435 t-CO_2/kWh＝27.2 t-CO_2/年

＜参考＞

容積形ポンプの回転数制御

プランジャポンプやギアポンプなどの容積形ポンプの性能曲線は，遠心ポンプ(図26.1参照)と異なる．流量は回転数に比例するが，吐出圧力による流量変化は少ない．したがって，揚程，動力について式(27.1)の比例法則に従わない．調節弁による流量制御はポンプにバイパス弁を設置し，一部をポンプ吸込み側に戻すので，回転数制御によってバイパス流量をなくせば，その流量分省電力になる．

技28 熱搬送設備におけるポンプの台数制御

キーポイント

空調の熱搬送設備に必要な冷温水流量は，負荷側の空調機(AHU，FCU)に用いられるが，夏季や冬季また昼夜間帯等において負荷は一定でなく大きな変動を伴う場合が多い．しかし，ポンプの定格流量は夏季・冬季の最大負荷時の流量を想定して選定されるので，低負荷時には二方弁や三方弁でヘッダーや空調機(AHU，FCU)間を流量バイパス，すなわち余分な冷温水は循環され，無駄な搬送動力を費やしている．省エネを図るために，複数台のポンプを並列運転し，一部を停止または始動させることによって，全体の水量を調整する台数制御方式やインバータを用いた回転数制御によって，流量調整する方法で省エネを図る．

解説

図28.1(a)に示すように負荷側の空調機(AHU，FCU)に熱源からの冷温水を搬送する設備において，例えば定負荷時の35 %しか冷温水流量が必要でない場合，残りの65 %は空調機をバイパスさせてヘッダー間を経て熱源側に戻し，余分な熱搬送ポンプ動力を消費する．これを解決するために，図28.1(b)に示すように搬送ポンプを(50 %＋50 %)の容量のポンプ2台に分割して1台を停止，他の1台を50 %で運転して，不要の15 %をバイパスし，搬送ポンプ動力を低減させる台数制御を行う．さらにインバータと組み合わせ，図28.1(c)に示すように50 %の1台をインバータ化し，周波数を変えて負荷側の流量を35 %にすることで搬送動力を減らしてポンプの省エネを図る．

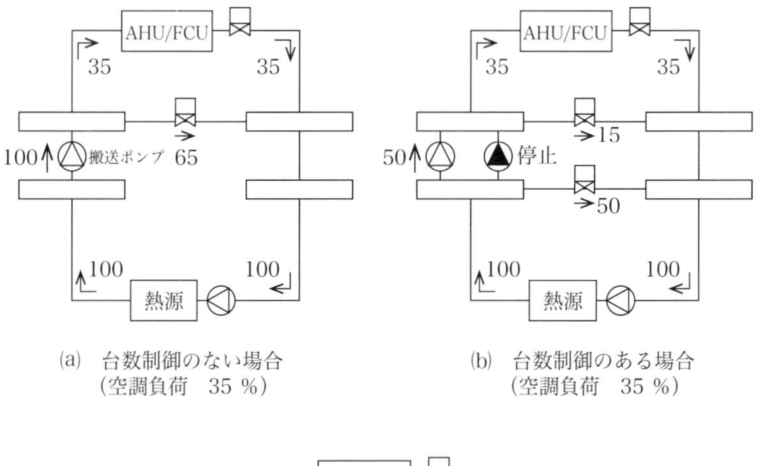

(a)　台数制御のない場合
(空調負荷　35 %)

(b)　台数制御のある場合
(空調負荷　35 %)

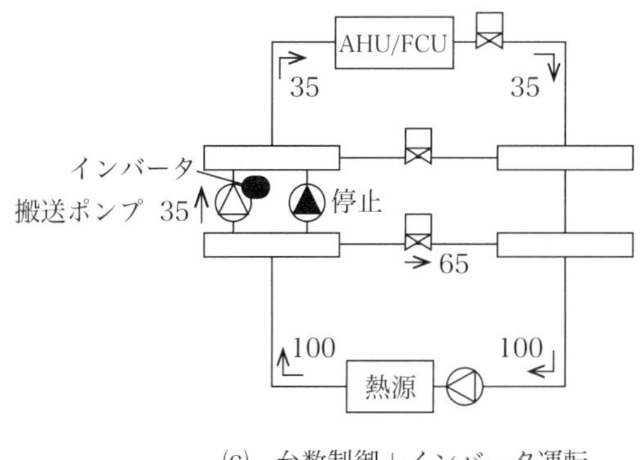

(c)　台数制御＋インバータ運転
(空調負荷　35 %)

図 28.1　台数制御とインバータ運転

ここで，AHU(Air Handling Unit エアハンドリングユニット)，FCU(Fan Coil Unit，ファンコイルユニット)：いずれも空調装置であるが，使用されるパターンで多いのは，AHUで1フロア（または1エリア）の広い範囲を3割位外気の新鮮空気を導入し，温度調節をして送風する．部屋ごとの足りない温度条件を各部屋の小形のFCUで対応する．

試し問題

図28.1の熱搬送設備において，図(a)の水ポンプの動力が30 kW×1台運転に対して変更後の台数制御の(b)では15 kW×2台運転とする．図(c)では図(b)の15 kW×1台をインバータ付きとする．トータルの年間稼働時間2000 h/年に対して，台数制御運転(b)では1000 h/年を1台運転（1台停止），残り1000 hは15 kW×2台運転する．(c)では15 kW×2台のうち，1台を35 %インバータ運転を2000 hとし，そのうち1000 hを15 kW×1台との並列運転とする．インバータを含むモータ総合効率を90 %とする．電気代15円/kWhとすると，それぞれ(a)，(b)，(c)運転の場合の年間の電力消費量および電力削減額はいくらか．

[解答]

単独運転の(a)の場合の年間電力量＝30 kW×2000 h/年＝60000 kWh/年，2台運転(b)の場合の年間電力量＝15 kW×1000 h/年＋30 kW×1000 h/年＝45000 kWh/年，(c)の場合，動力15 kW×$\dfrac{(35/50)^3}{0.9}$＝5.7 kW，年間電力量＝5.7×2000＋15×1000＝26400 kW，結果を次表に示す．

表 28.1　熱搬送設備の省エネ

	電力量 [kWh]	電力費 [千円/年]	差額 [千円/年]
図 28.1 (a)	60000	900	0
(b)	45000	675	(a)−(b)＝225
(c)	26400	396	(a)−(c)＝504 (b)−(c)＝275

結果，年間の電力消費量および電力費は，旧来の(a)に比べ，(b)の台数制御運転方式にすることによって $\dfrac{225\times100}{900}$ ＝25 %，(c)のインバータ運転を加えた場合，$\dfrac{504\times100}{900}$ ＝56 %の削減が図れる．さらに，(b)の台数制御運転と比べると，(c)のインバータ付きでは $\dfrac{275\times100}{675}$ ≒41 %省エネが図れる．

技29 ヒートポンプおよび冷凍サイクルの省エネの基本

キーポイント

ヒートポンプは，熱ポンプとも呼ばれ，水，空気等の低温の熱源から熱を吸収し，水，空気等の外部媒体を加熱する装置である．一方，冷凍サイクルは冷媒(作動流体)を蒸発させることによって外部の物体を冷却するものである．ヒートポンプと冷凍機の作動原理は同じで，役割が「温める」と「冷やす」の違いで，両者の温度利用範囲は冷媒(作動流体)の選択によって約－100℃～100 ℃にわたる．作動原理は，冷媒ガスを圧縮機(ガスエンジンで動かすガスヒーポンとモータ駆動の電気式の2つがある)で圧力・温度を上げ，過熱ガスとし，凝縮器で水，空気等の外部媒体に熱を与える(ヒートポンプと呼ぶ)．冷媒は熱を奪われて凝縮液化する．液化した冷媒は，膨張弁を経て蒸発し，水，空気等の外部媒体から熱を吸収して，冷却させ(冷凍機と呼ぶ)，冷媒は蒸発・ガス化する．身近なヒートポンプとしては家庭用のエアコン(空調)があり，同じ装置で室外機の四方弁を切り替え，冷媒の流れる方向を逆にすることによって冬は暖房，夏は冷房に供せられる．また，自然冷媒の二酸化炭素を作動流体(冷媒)として水を沸かして湯にする給湯装置(エコキュート)も必要な熱を燃焼でなく外界の「空気」から取り込んでいる．さらに，洗濯機の乾燥機能や冷蔵・冷凍庫にも活用されているが，冷暖房の直接の熱源として河川水，地下水，下水，清掃工場や地下鉄の排熱等の未利用エネルギーを活用して冷温水を供給する地域熱供給設備としても利用されている．

解説

ヒートポンプや蒸気圧縮冷凍サイクルの配置フローとT-s，p-h線図を図29.1に示す．図中のQ_h，Q_cは，それぞれ放散熱量(暖房)，吸収熱量(冷房)を表す．サイクルの作動流体(冷媒)としてフロン系やアンモニア，CO_2等が使用される．このサイクルにおいて，常温の流体に熱量を捨て，高温にしたい目的物に熱量を与えるときは暖房として，逆に常温の流体から熱量を吸収，すなわち低温にしたい目的物から熱量を吸収するときは，冷房または冷凍用として用いられる．

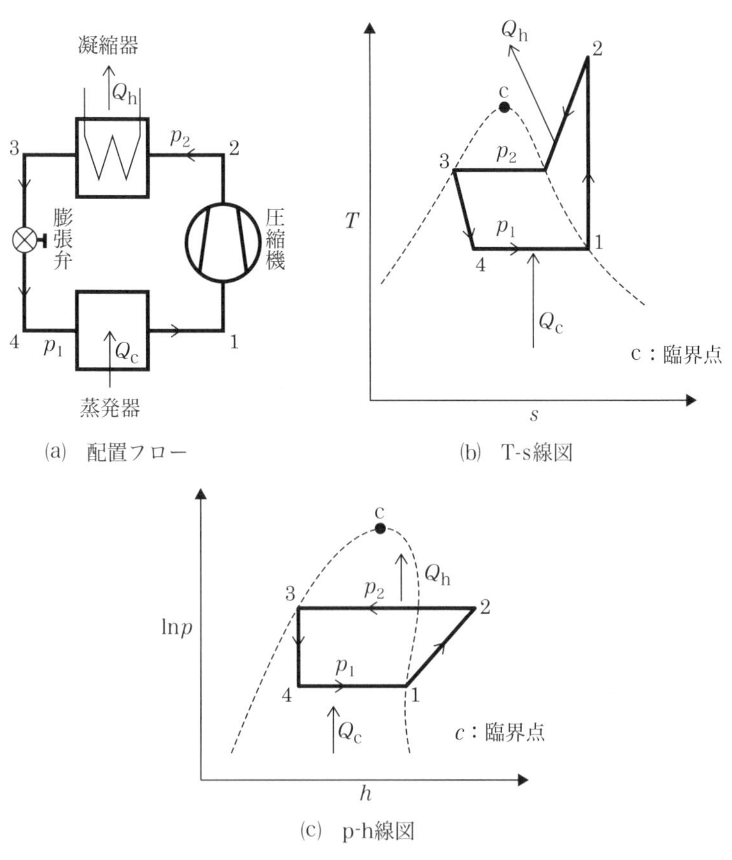

図 29.1　ヒートポンプや蒸気圧縮冷凍サイクル

ヒートポンプや冷凍サイクルの性能は，一般に次の成績係数COP(Coefficient Of Performance)を用いて評価される．
上図においてサイクルの暖房の成績係数$\mathrm{COP_h}$は，

$$\mathrm{COP_h} = \frac{h_2 - h_3}{h_2 - h_1} = \frac{Q_\mathrm{h}}{W} \tag{29.1}$$

同様に冷房の成績係数$\mathrm{COP_c}$は，

$$\mathrm{COP_c} = \frac{h_1 - h_4}{h_2 - h_1} = \frac{Q_\mathrm{c}}{W} \tag{29.2}$$

したがって，両成績係数の間には，次の関係が成立する．

$$\mathrm{COP_h} = \mathrm{COP_c} + 1 \tag{29.3}$$

ここで，W：圧縮仕事である．
この理想の限界の理論サイクルは，逆カルノーサイクル(図29.2)で，各成績係数は，次のように表される．

$$\mathrm{COP_h} = \frac{Q_\mathrm{h}}{W} = \frac{T_2}{T_2 - T_1} = \frac{1}{1 - T_1 / T_2} = 1 + \frac{T_1}{\Delta T} \tag{29.4}$$

$$\mathrm{COP_c} = \frac{Q_\mathrm{c}}{W} = \frac{T_1}{T_2 - T_1} = \frac{1}{T_2 / T_1 - 1} = \frac{T_1}{\Delta T} \tag{29.5}$$

$$\mathrm{COP_h} = \mathrm{COP_c} + 1 \tag{29.6}$$

ここで，Tは絶対温度，$\Delta T = T_2 - T_1$である．

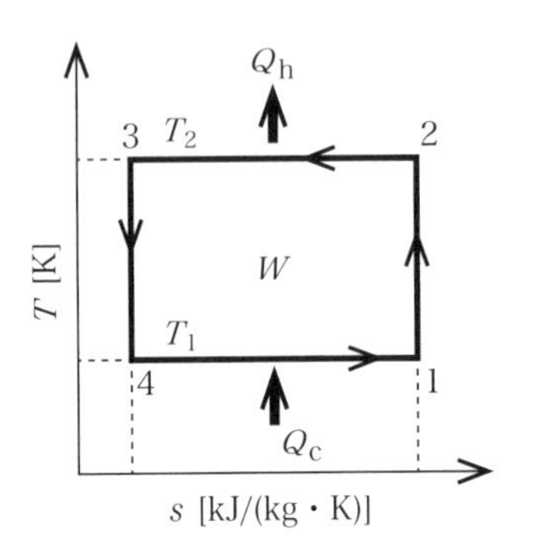

図 29.2　逆カルノーサイクル

すなわち，$T_1/T_2 < 1$（または$T_2/T_1 > 1$）から，理想理論サイクルの式(29.4)，(29.5)で表されるヒートポンプと冷凍機の成績係数（COP）の値は，蒸発温度T_1の値が大きく，凝縮温度T_2が小さい程COPは大きな値をとることがわかる．究極では$T_1 \fallingdotseq T_2$に対してCOP値 $= \infty$ となる．式(29.4)から求めたヒートポンプのCOP_hの理論計算結果を蒸発，凝縮温度t_1，t_2 [℃]に対して図29.3に示す．冷凍のCOP_cは，式(29.6)からわかるようにこれより1を引いた値となる．

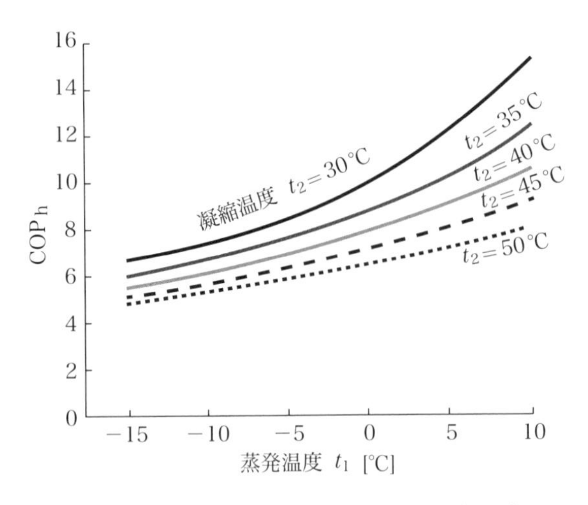

図 29.3　理想サイクルの成績係数（暖房）

上記のヒートポンプや冷凍サイクルでは凝縮温度T_2の増加（ΔTの増加）とともに成績係数（COP_h，COP_c）の値は小さく（悪化）なっていく．したがって，給湯に用いる場合，給湯温度の増加とともに成績係数COP_hは，悪化するので，図29.4に示すようなサイクルが採用されている．作動流体として自然冷媒のCO_2(臨界温度，圧力：31.1 ℃，7.38 MPa）を用い，高温側の凝縮過程を従来の潜熱変化でなく，点2→3の顕熱変化することによって平均凝縮温度（図中，T_m）の低下が図れる．これは給湯器「エコキュート」（ヒートポンプ式電気給湯器の商標名）として商品化され，実際のt-h線図を図29.4(b)に示す．高温（高圧）側では超臨界圧領域なので，凝縮（潜熱変化）過程はなく顕熱変化（図(a)中の点2→点3）を行う．

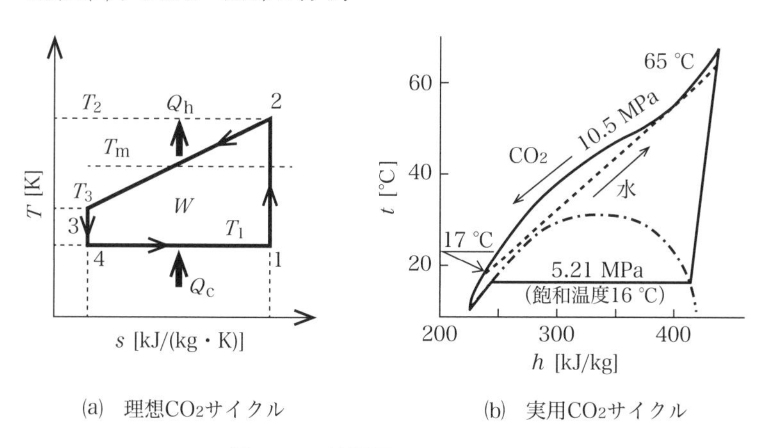

(a)　理想CO2サイクル　　(b)　実用CO2サイクル

図 29.4　給湯用 CO_2 サイクル

この理論COP_hは，次のように表される．

$$COP_h = \frac{Q_h}{W} = \frac{Q_h}{Q_h - Q_c} = \frac{1}{1 - Q_c / Q_h}$$

$$= \frac{1}{1 - T_1 \ln(T_2 / T_3) / (T_2 - T_3)}$$

$$= \frac{1}{1 - T_1 / T_m}$$

ここで，

$$T_{\mathrm{m}} = \frac{T_2 - T_3}{\ln(T_2 / T_3)} \tag{29.7}$$

すなわち，給湯温度T_2に対して，図29.2に示す逆カルノーサイクルと比べると，T_2とT_3の平均温度$T_{\mathrm{m}} = \frac{T_2 - T_3}{\ln(T_2/T_3)} < T_2$から式(29.7)の$\mathrm{COP_h}$ > 式(29.4)の$\mathrm{COP_h}$となり，優位性がわかる．

このCOPの値は，一般に圧縮機に入力する圧縮エネルギー1に対してどれだけのエネルギーを出力できるかを示すもので，値が大きい程効率のよい省エネ機器といえる．しかし，実際には季節，時間さらに地域によって外気温，水温が異なり，また圧縮機効率，放熱損失等によってCOPは一定の値をとらない．近年ではより実用的にエアコンの1年間を通じた「通年エネルギー消費効率」APF(Annual Performance Factor)表示が行われる．

$$\mathrm{APF} = \frac{\text{(冷房期間＋暖房期間)で発揮した冷暖房の能力 [kWh]}}{\text{(冷房期間＋暖房期間)の消費電力量 [kWh]}} \tag{29.8}$$

ヒートポンプの省エネは上述のようにCOP値を大きくする運転とともに，運転時間の短縮が重要である．例えば，1日12時間運転していたものを始動時間を30分遅く，停止時間を30分早くすれば，稼働時間は$\frac{11}{12}$となり，約8％の動力削減が図れる．

試し問題 1

30 ℃の高温熱源と5 ℃の低温熱源の間で逆カルノーサイクルを作動させ，低温熱源で熱を汲み上げ，高温熱源で熱供給する場合のヒートポンプの理論COPを求めよ．また上記の30 ℃と5 ℃の間で働くカルノーサイクルの理論熱効率は，いくらか．

[解答]

$T_2=30+273.15=303.15$，$T_1=5+273.15=278.15$ を式(29.4)および逆カルノーサイクルの熱効率 $\eta=\dfrac{T_2-T_1}{T_2}$ に代入する．

ヒートポンプの $\mathrm{COP_h}=\dfrac{303.15}{303.15-278.15}=12.13$

カルノーサイクルの理論効率 $\eta_c=\dfrac{303.15-278.15}{303.15}=0.0825\rightarrow 8.25\ \%$

試し問題 2

式(29.4)，(29.5)からわかるように蒸発温度 T_1 が高く，凝縮温度 T_2 が低いほど圧縮仕事が小さくなるので，ヒートポンプの成績係数(COP)は大きい値をとり，省エネにつながる．例えば，図29.2において $T_1=5$ ℃，$T_2=25$ ℃設定において T_2 一定で $T_1=10$ ℃に上昇させると，各理論 $\mathrm{COP_h}$，$\mathrm{COP_c}$ の変化はどれほどか．

[解答]

理論 $\mathrm{COP_h}$，$\mathrm{COP_c}$ はそれぞれ式(29.4)，(29.5)に代入して，

$$\mathrm{COP_h}=\frac{25+273.15}{25-5}=14.91\ \rightarrow\ \frac{25+273.15}{25-10}=19.88$$

$$\mathrm{COP_c}=\frac{5+273.15}{25-5}=13.91\ \rightarrow\ \frac{10+273.15}{25-10}=18.88$$ と増大する．

T_1の温度変化に関係なく，暖房の場合Q_h，冷房の場合Q_cをそれぞれ一定とすると，暖房の場合には圧縮機入力変化は，$\dfrac{Q_h}{14.91} \rightarrow \dfrac{Q_h}{19.88}$であり，

$$圧縮機入力削減率 = \frac{Q_h / 14.91 - Q_h / 19.88}{Q_h / 14.91} = 0.250 \rightarrow 25\ \%$$

同様に，冷房の場合には$\dfrac{Q_c}{13.91} \rightarrow \dfrac{Q_c}{18.88}$であり，

$$圧縮機入力削減率 = \frac{Q_h / 13.91 - Q_h / 18.88}{Q_h / 13.91} = 0.263 \rightarrow 26.3\ \%$$

すなわち，Q_hまたはQ_c一定に対してT_1を5 ℃上昇させると，圧縮機動力はそれぞれ25.0 %，26.3 %削減できる．

試し問題 3

平均$COP_c = 3.0$の空冷式エアコンにおいて，室内を冷却する除去熱量を100とした場合，外部(大気)への放熱量はいくらか．

[解答]

$COP_c = \dfrac{除去熱量}{圧縮機入力}$の定義から，圧縮機入力 $= \dfrac{100}{3.0} = 33.3$，熱バランスから放散熱量 = 圧縮機入力 + 除去熱量，したがって，除去熱量100に対して大気への放散熱量 $= 33.3 + 100 = 133.3$となる．

試し問題 4

図29.5に示すヒートポンプ式給湯器において，成績係数$COP_h = 4.0$のヒートポンプの消費電力が1.5 kWである．貯湯タンクには20 ℃の水460 Lが入っている．

① 水を85 ℃まで加熱するのに必要な熱量を求めよ．ただし，水の比熱$c_p = 4.1868$ kJ/(kg・K)とする．

② ヒートポンプの供給熱量は何kWか．

③ 加熱に必要な時間tを求めよ．ただし，このシステムからの熱損失はないものとする．

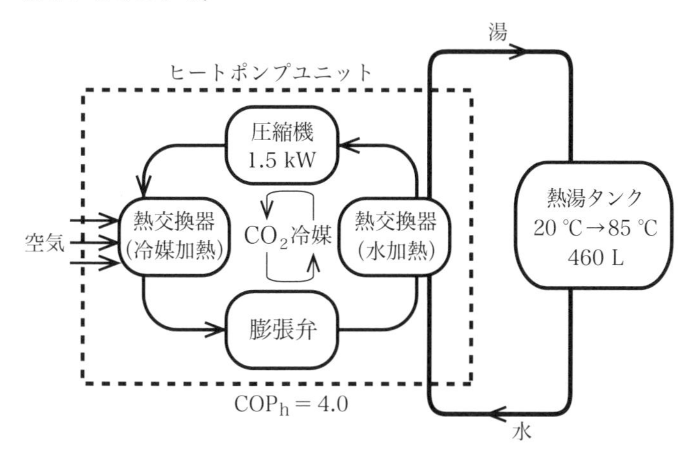

図 29.5　ヒートポンプ式給湯器（エコキュート）

[解答]

① 熱湯タンク内の水の加熱に必要な熱量$Q = mc\Delta T = 460 \times 4.1868 \times (85 - 20)$
$= 125185$ kJ ≒ 125 MJ

ここで，m：水460 Lの質量460 kg，c：水の比熱4.1868 kJ/(kg・K)である．

② 定義から$COP_h = \dfrac{供給熱量}{1.5} = 4.0$，したがって貯湯タンクへの供給熱量
$Q = 1.5 \times 4 = 6.0$ kW

③ 加熱に要する時間$t\,[\mathrm{s}] = \dfrac{125185}{6.0} = 20864$ s → 5.8 h

試し問題 5

容積$V=300\ \mathrm{m^3}$，温度20 ℃の部屋の温度を1 ℃変化させるのに必要な熱量を求めよ．この部屋において複写機，電灯，人体等発熱体が発生する総熱量が1000 Wとすると，部屋の温度が1 ℃変化するのに何分要するか．

[解答]

部屋の熱量$Q=c_p\rho V\Delta T=1.00\ \mathrm{kJ/(kg\cdot K)}\times1.20\ \mathrm{kg/m^3}\times300\ \mathrm{m^3}\times1\ \mathrm{K}=360\ \mathrm{kJ}$，ここで，空気の比熱$c_p=1.0\ \mathrm{kJ/(kg\cdot K)}$とし，大気圧20 ℃の$\rho$は$p=\rho RT$から$R=287.2\ \mathrm{kJ/(kg\cdot K)}$を用いると，$\rho\,[\mathrm{kg/m^3}]=\dfrac{p\,[\mathrm{Pa}]}{287.2\times(t+273.15)}=\dfrac{101.325\times10^3}{287.2\times(20+273.15)}=1.20\ \mathrm{kg/m^3}$である．1000 W＝1 kJ/sから$t$秒間では熱量$Q=1\ \mathrm{kJ/s}\times t\,[\mathrm{s}]$，したがって，$t\,[\mathrm{s}]=360\ \mathrm{kJ}/1\ \mathrm{kJ/s}=360\ \mathrm{s}=6\ \mathrm{min}$，すなわち，容積300 $\mathrm{m^3}$の室内に1 kWの入熱がある場合，室内の温度変化1 ℃あたり6分を要することになる．すなわち，空調機器をオフにしても温度は急には変化しない．

したがって，室内の快適性を損なうことなく空調機を周期的に「運転・停止」(例えば空調40分，停止10分等)させて省エネを図るパッシブリズミング空調が百貨店，庁舎，博物館等で採用される場合がある．

＜参考＞

エアコンと扇風機の併用

夏はエアコンの冷気を扇風機で部屋内を循環させて，体感温度(そのときの条件下で感じる暑さや寒さの度合い，同じ気温であっても温度が高いと暑く感じ，風が強いと涼しく感じる．風速が1 m/s増すと，体感温度は1 ℃低くなるといわれる)を下げる．冬は暖かい空気は天井付近に溜まるので，扇風機等で撹拌して足元を暖かくする．

技30 ヒートポンプ，蒸気圧縮冷凍機の冷暖房温度緩和

キーポイント

技29のヒートポンプおよび冷凍サイクルにおいて，成績係数COPは，蒸発温度が高く，凝縮温度が低い程大きい値をとる．すなわち，蒸発温度を高くするには，エアコンの冷房設定温度を上げたり，冷凍機の冷水温度を上げることに相当する．一方，凝縮温度を低くするには，エアコンの暖房の設定温度を下げる，また冷凍機では冷却塔等からの冷却水の温度を下げることによって実現される．蒸発温度と凝縮温度の差ΔTを小さくすることは圧縮機の動力削減につながり，省エネにつながる．ここで，冷暖房温度の緩和によるCOP値の計算方法を示すとともに演習問題では冷暖房温度緩和による影響を実在冷媒を用いて検証する．

解説

ヒートポンプや蒸気圧縮冷凍機の冷媒としてもっとも一般的に用いられているのはフロン類と呼ばれるガスで，炭素および水素，フッ素等のハロゲンを含む化学的に極めて安定した化合物である．しかし，オゾン層破壊の原因となる理由で20世紀後半から特定物質の生産中止等様々な規制が生じている．これらフロン類には大きく3つの種類：CFC(クロロフルオロカーボン)，HCFC(ハイドロクロロフルオロカーボン)，HFC(ハイドロフルオロカーボン)があり，CFCは1995年末にすでに生産中止，HCFCも1996年から生産規制され，2020年には全廃される予定である．表30.1中に示すHFCは，塩素を含まず，オ

ゾン層破壊係数(ODP，Ozone Depletion Potential)＝0の代替冷媒ガスでR410A，R32，R404A，R407C，R507A，R134a等がある．特に，R32は地球温暖化への影響が小さい冷媒として注目されている．

表30.1　冷媒ガスの種類と用途別代替冷媒

主な冷媒用途	規制冷媒	代表的な代替冷媒
パッケージエアコン	R22（HCFC）*1	R407C（HFC）
		R410A（HFC）
		R32（HFC）
ルームエアコン	R22（HCFC）*1	R410A（HFC）
		R32（HFC）
低温冷蔵庫	R22（HCFC）*1	R404A（HFC）
	R502（CFC）*2	R507A(HFC)
カーエアコン	R12（CFC）*2	R134a(HFC)
		R1234yf（HFC）
業務用冷蔵庫	R12（CFC）*2	R134a(HFC)
	R502（CFC）*2	R404A（HFC）
	R22（HCFC）*1	R410A（HFC）

*1　2020年全廃

*2　全廃

HFC代替冷媒はまだ地球温暖化係数(GWP，Global Warming Potential)が高いので，今後は温暖化係数の低い冷媒の開発が急務となっている．

ここで，図30.1に示すヒートポンプ，冷凍サイクルに対して成績係数COPの算出方法について説明する．

蒸発器での吸熱量Q_cおよび凝縮器での放熱量Q_hは，

$$
\begin{aligned}
Q_c &= h_1 - h_4 \\
Q_h &= h_2 - h_3
\end{aligned}
\qquad (30.1)
$$

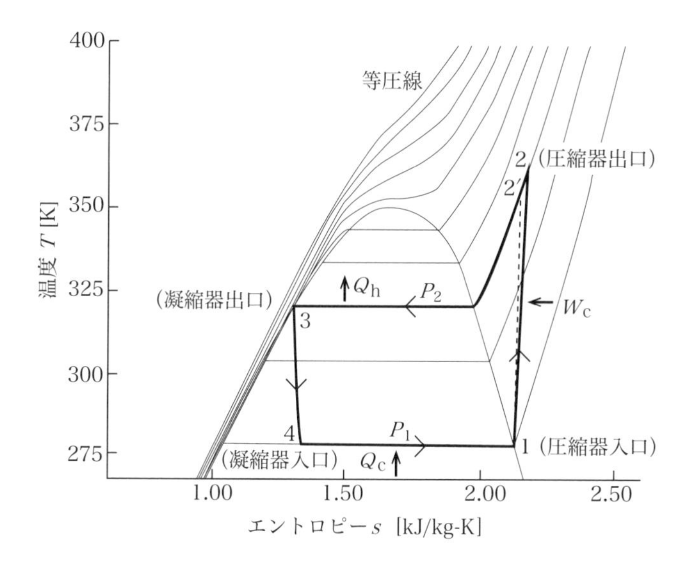

図 30.1　ヒートポンプと冷凍サイクルの T-s 線図例

圧縮機の単位流量あたりの仕事 $W_c(=h_2-h_1)$ は，図 30.1 の T-s 線図上で次のようにして求められる．

点 1 と点 2′ は可逆断熱（等エントロピー）圧縮過程であるから，$s_1=s_{2'}$ である．

点 2′ の比エンタルピー $h_{2'}$ は，比エントロピー $s_1(=s_{2'})$ と圧力 p_2 から求められる．

圧縮機の断熱効率を η_c とすると，定義から

$$\eta_c=\frac{h_{2'}-h_1}{h_2-h_1}=\frac{\Delta h_{ad}}{W_c} \tag{30.2}$$

ここで，Δh_{ad}：断熱熱落差 $(=h_{2'}-h_1)$ である．

点 3→点 4 の過程は，膨張弁による絞り膨張，すなわち等エンタルピー変化から $h_3 \fallingdotseq h_4$ となる．

したがって，各成績係数は，

$$\left.\begin{aligned} COP_h &= \frac{Q_h}{W_c} = \frac{h_2 - h_3}{W_c} \\ COP_c &= \frac{Q_c}{W_c} = \frac{h_1 - h_4}{W_c} = \frac{h_1 - h_3}{W_c} \end{aligned}\right\} \tag{30.3}$$

全体の熱バランスから，$W_c = Q_h - Q_c$

したがって，

$$COP_h = COP_c + 1 \tag{30.4}$$

代替冷媒R32(difluoromethane)を用いて，図30.2に示すように蒸発温度280 K，凝縮温度310 Kに対して各温度を2～8 K緩和したときの成績係数等の性能に及ぼす計算結果を次に示す．ただし，圧縮機断熱効率：85 %一定とし，圧縮機入口温度は蒸発器温度と等しく，乾き飽和蒸気状態(乾き度$x=1$)とする．圧力，放熱損失等は無視する．

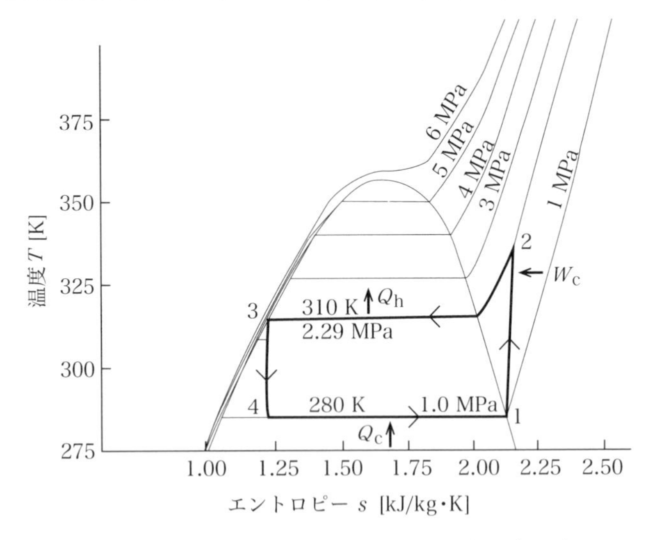

図 30.2　ヒートポンプ，冷凍機の T-s 線図 (R32)

式(30.1)～(30.3)を用いて計算した性能結果を表30.2，30.3に示す(試し問題2参照)．

表 30.2　蒸発温度を 280 K から 2～8 K 高くした場合 (凝縮温度 310 K 一定)

No.	蒸発温度 [K]	Δh_{ad} [kJ/kg]	Q_c [kJ/kg]	Q_h [kJ/kg]	COP_h	COP_c
1	280	32.3	247.26	285.24	7.51	6.51
2	282	29.6	247.48	282.29	8.11	7.11
3	285	25.9	247.72	278.21	9.13	8.13
4	288	22.3	247.85	274.08	10.45	9.45

表 30.3　凝縮温度 310 K から 2～8 K 低くした場合（蒸発温度 280 K 一定）

No.	凝縮温度 [K]	Δh_{ad} [kJ/kg]	Q_c [kJ/kg]	Q_h [kJ/kg]	COP_h	COP_c
1	310	32.3	247.26	285.24	7.51	6.51
2	308	30.2	251.34	286.89	8.08	7.08
3	305	27.1	217.36	289.18	9.07	8.07
4	302	23.9	263.28	291.39	10.37	9.37

上記表30.2(凝縮温度310 K一定)の場合に対して成績係数COP_h，COP_cの値を，横軸に蒸発温度を280 Kの0から8 Kまで上昇させた結果を図30.3に示す．蒸発温度280 Kから285 Kに5 K上昇させると，COP_hは7.51から9.13に改善され，省エネ効果は大きい．次の表30.3から8 Kまで低くしたときのCOP_h，COP_cの値は，表30.2の蒸発温度を280 Kから高くしたときとほぼ同じ値を示す．すなわち，蒸発温度を高く，凝縮温度を低くすることがCOP改善につながる．

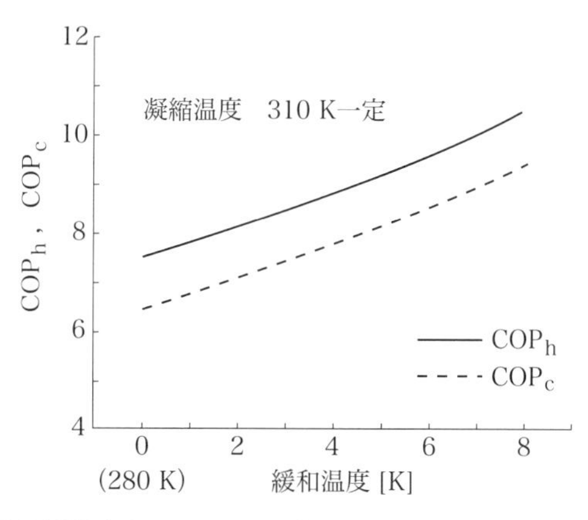

図 30.3　蒸発器温度を 280 K から高くした場合の成績係数 (冷媒 R32)

試し問題 1

前記の代替冷媒ガスR32を用いた図30.2において蒸発器温度280 K一定で，凝縮温度を310 Kから305 Kに5 K低下させたとき，蒸発器における吸収熱量$Q_c = 5$ kW一定とした場合の冷媒流量と年間3000 h運転の圧縮機の動力削減量を求めよ．ただし，圧縮機の断熱効率を85 %一定とする．

[解答]

単位循環流量あたりの蒸発器における吸収熱量Q_cおよび圧縮機の断熱熱落差Δh_{ad}は，表30.3から凝縮温度310 K，305 Kに対してそれぞれ$Q_c = 247.26$ kJ/kg，217.36 kJ/kg，および$\Delta h_{ad} = 32.3$，27.1 kJ/kgである．
蒸発器での吸収熱量5 kW一定からそれぞれの場合の冷媒循環流量Gは，

$G\,[\mathrm{kg/s}] = \dfrac{5\ \mathrm{kW}}{Q_c\ [\mathrm{kJ/kg}]}$である．各循環流量は，

① 凝縮温度310 Kのとき，

$$G\,[\mathrm{kg/s}] = \frac{5}{247.26} = 2.02 \times 10^{-2}\ \mathrm{kg/s} \rightarrow 72.80\ \mathrm{kg/h}$$

② 凝縮温度305 Kのとき，

$$G\,[\mathrm{kg/s}] = \frac{5}{217.36} = 2.30 \times 10^{-2}\ \mathrm{kg/s} \rightarrow 82.81\ \mathrm{kg/h}$$

圧縮機の駆動動力P_cは，$P_c = G \times \dfrac{\Delta h_{ad}}{0.85}$から，

① 凝縮温度310 Kのとき，

$$P_c\,[\mathrm{kW}] = 2.02 \times 10^{-2}\ \mathrm{kg/s} \times \frac{32.3\ \mathrm{kJ/kg}}{0.85} = 0.77\ \mathrm{kW}$$

② 凝縮温度305 Kのとき，

$$P_c\,[\mathrm{kW}] = 2.30 \times 10^{-2}\ \mathrm{kg/s} \times \frac{27.1\ \mathrm{kJ/kg}}{0.85} = 0.73\ \mathrm{kW}$$

それぞれ年間3000 h運転から①の場合，$0.77 \times 3000 = 2310$ kWh，②の場合，$0.73 \times 3000 = 2190$ kWh，したがって年間120 kWhの電力削減となる．

試し問題 2

例えば図30.1に示すようなヒートポンプ，冷凍機サイクルにおいて，次の条件の成績係数を求めよ．ここで，冷媒は混合冷媒R410Aとし，蒸発温度280 K，凝縮温度310 K，圧縮機の断熱効率を85 %一定とする．

R410Aの物性値は，表30.4(a)，(b)に示す．

表 30.4 (a)　冷媒 R410A の物性値

温度 [K]	液圧力 [MPa]	蒸気圧力 [MPa]	h' [kJ/kg]	h'' [kJ/kg]	s'' [kJ/(kg·K)]
280	0.9905	0.9873	210.52	423.30	1.7974
310	2.2456	2.2390	260.53	425.98	1.7367

表 30.4 (b)　過熱蒸気の物性値 (圧力 2.239 MPa 一定)

温度 [K]	h [kJ/kg]	s [kJ/(kg·K)]
315	434.10	1.7627
320	441.43	1.7858
325	448.26	1.8072
330	454.74	1.8268

[解答]

表30.4(a)から，サイクル中の各エンタルピーは，$h_1 = 423.30$，$h_3 = 260.53$ kJ/kgである．次に，圧縮機の点1から点2′への断熱変化は，$s_1 = 1.7974$ kJ/(kg・K) $= s_{2'}$から，表30.4(b)中の325 Kと320 Kの物性値を内挿して，$h_{2'} = 445.16$ kJ/kg，$T_{2'} = 322.7$ Kを得る．圧縮機の断熱熱落差$\Delta h_{ad} = h_{2'} - h_1 = 445.16 - 423.30 = 21.86$ kJ/kg，したがって，圧縮機仕事$W = \dfrac{\Delta h_{ad}}{\text{断熱効率}} = \dfrac{21.86}{0.85} = 25.72$ kJ/kg，したがって，圧縮機出口の$h_2 = h_1 + W = 423.30 + 25.72 = 449.02$ kJ/kg，したがって，成績係数COPは，式(30.3)から，

$$\mathrm{COP_h} = \frac{Q_\mathrm{h}}{W_\mathrm{c}} = \frac{h_2 - h_3}{W_\mathrm{c}} = \frac{449.02 - 260.53}{25.72} = 7.33$$

$$\mathrm{COP_c} = \frac{Q_c}{W_c} = \frac{h_1 - h_3}{W_c} = \frac{423.30 - 260.53}{25.72} = 6.33$$

なお，冷媒R410A(R32とR125の質量50 %ずつの疑似共沸混合）等は，塩素が含まれていないので，オゾン層破壊係数(ODP)＝0で代替冷媒とされているが，地球温暖化係数(GWP)はCO_2の2090倍と非常に大きく，GWPがR410Aの$\frac{1}{3}$以下と小さいR32等に移行していく流れにある．

＜参考＞

空調システムの省エネ対策

・冷暖房負荷の過大防止

　不要な空間の空調や発熱機器の不要な運転を避ける．外壁，屋根の断熱

・使用目的に合った設備と運転

　負荷運転に適した空調システム(電気，燃料)，サーモ温度の設定値

・設計条件からの相違

　外気導入量の過剰防止，冷暖房の設定温度，運転時間の短縮

・設備容量の適正化

　ポンプ，ファン類等の過大容量の防止

・部分負荷時の制御

　ポンプ，ファン類の台数制御やインバータ制御の採用

技31 全熱交換器を用いた省エネ

キーポイント

全熱交換器は空調換気に利用され，室内からの還気によって失われる空調エネルギーの全熱(顕熱＋潜熱)を導入外気と熱交換回収する装置である．排熱回収装置として使用して空調設備の熱量減少を図り，省エネに結び付ける．すなわち，冬季暖房時は導入外気を加熱するために，夏季冷房時は外気を冷却するために室内からの還気と熱交換させる．ただし，春や秋等の中間期では全熱交換器を使用せず，バイパスさせて外気を直接室内に取り込む．

解説

通常の顕熱のみを交換する熱交換器に対して潜熱(水分)も熱交換するので全熱交換器と呼ばれる．外気負荷の低減により空調設備容量の低減が図れる．冬季暖房時と中間期の換気モードを図31.1に示す．

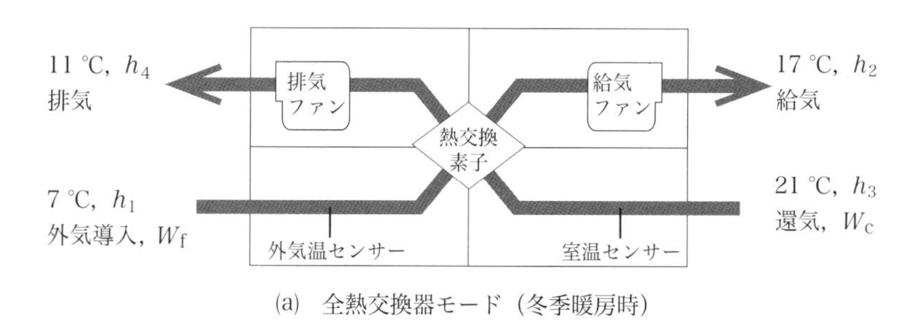

(a) 全熱交換器モード（冬季暖房時）

図 31.1 全熱交換器の換気モード

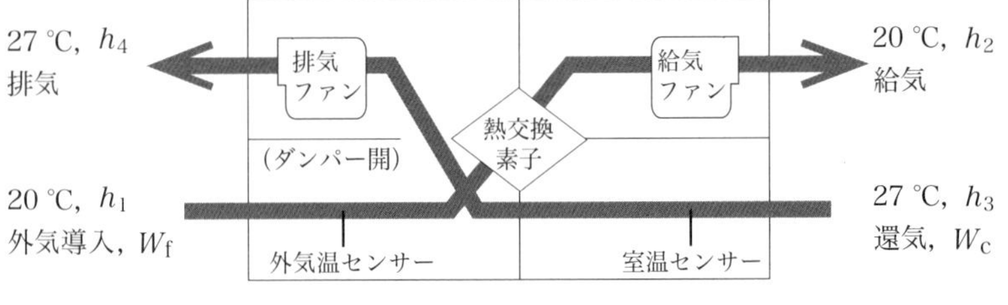

(b) バイパス換気モード（中間期）

図 31.1　全熱交換器の換気モード

全熱交換器の交換効率については，次の定義がある．以下，添え字の 1：外気，2：給気，3：還気を示す．

$$\text{温度交換効率}\ \eta_t：\eta_t=\frac{t_1-t_2}{t_1-t_3} \tag{31.1}$$

ここで，t：乾球温度 [℃]

$$\text{湿度交換効率}\ \eta_x：\eta_x=\frac{x_1-x_2}{x_1-x_3} \tag{31.2}$$

ここで，x：絶対湿度 [kg/kg′ または (kg/kg(DA)]

$$\text{全熱交換効率}\ \eta：\eta=\frac{h_1-h_2}{h_1-h_3} \tag{31.3}$$

ここで，h：比エンタルピー [kJ/kg′]

空気中には水蒸気が含まれており，その量は変化する．一般に水蒸気を全く含まない空気(乾き空気)と水蒸気の混合物，すなわち湿り空気＝乾き空気＋水蒸気として扱う．

理想気体の混合物に対してダルトンの法則：占める空気の圧力(p)＝乾き空気の分圧(p_a)＋水蒸気の分圧(p_w)の関係が成立する．

1、絶対湿度と相対湿度

乾き空気 1 kg 中に含まれる水蒸気の質量を絶対湿度 (x) と呼び，相対湿度 (ϕ) は空気中に含み得る水蒸気の最大量に対する割合によって表す．すなわち，

$$x = \frac{m_{\mathrm{w}}}{m_{\mathrm{a}}}, \quad \phi = \frac{p_{\mathrm{w}}}{p_{\mathrm{s}}} \tag{31.4}$$

ここで，m_{a}：乾き空気の質量 [kg]，m_{w}：含まれる水蒸気量 [kg]，p_{w}：湿り空気中の水蒸気分圧，p_{s}：その温度における水蒸気の飽和圧力

2、絶対湿度と相対湿度の関係

相対湿度から絶対湿度を求める場合，理想気体の状態方程式 $(PV = \mathrm{m}RT)$ を用いて，

$$x = \frac{m_{\mathrm{w}}}{m_{\mathrm{a}}} = \frac{p_{\mathrm{w}} / R_{\mathrm{w}}}{p_{\mathrm{a}} / R_{\mathrm{a}}} = 0.622 \times \frac{p_{\mathrm{w}}}{p_{\mathrm{a}}} \tag{31.5}$$

ここで，R_{w}，R_{a} は水蒸気と乾き空気のガス定数で，$R_{\mathrm{w}} = 461.7$ J/(kg・K)，$R_{\mathrm{a}} = 287.2$ J/(kg・K) である．

湿り空気の圧力を p とすれば，乾き空気の分圧 $p_{\mathrm{a}} = p - p_{\mathrm{w}}$ であり，相対湿度の定義から $p_{\mathrm{w}} = \phi p_{\mathrm{s}}$ と表されるので，相対湿度と絶対湿度の関係は，次式で表される．

$$x = 0.622 \times \frac{p_{\mathrm{w}}}{p_{\mathrm{a}}} = 0.622 \times \left(\frac{p_{\mathrm{w}}}{p - p_{\mathrm{w}}} \right) = 0.622 \times \frac{\phi p_{\mathrm{s}}}{p - \phi p_{\mathrm{s}}} \tag{31.6}$$

3、湿り空気の状態量

湿り空気の状態量は，湿り空気中の乾き空気 1 kg について表す．これを明確にするために単位記号に [kg′] または [kg(DA)] を用いる．

比エンタルピー：$h = h_{\mathrm{a}} + x \times h_{\mathrm{w}} = c_{p\mathrm{a}} \times t + x \times (r + c_{p\mathrm{w}} \times t)$　(31.7)

ここで，一般に空気調和ではc_{pa}：乾き空気の定圧比熱で1.005 kJ/(kg・K)，c_{pw}：水蒸気の定圧比熱で1.861 kJ/(kg・K)の値を用いる．rは水蒸気の蒸発潜熱で，0 ℃の値2500 kJ/kgを使うと，

$$h = 1.005 \times t + x \times (2500 + 1.861 \times t) \tag{31.8}$$

比体積：体積V，温度Tの湿り空気を考え，乾き空気と水蒸気に対して理想気体の状態式を適用して次式を得る．

$$v = \frac{V}{m_a} = \frac{TR_w}{p} \times \left(\frac{R_a}{R_w} + \frac{m_w}{m_a} \right) \tag{31.9}$$

試し問題 1

室内状態が26 ℃ × 50 %(相対湿度)，外気が32 ℃ × 60 %(相対湿度)の湿り空気の場合，両者の比エンタルピー差Δhを求めよ．

[解答]

相対湿度から絶対湿度xを求めると，全圧p = 大気圧 = 101.325 kPaとし，26 ℃，32 ℃の水蒸気飽和圧力p_sを蒸気表から求めると，3.3637 kPa，4.7592 kPaより，式(31.6)に代入して，

26 ℃ × 50 %の $x = 0.622 \times \dfrac{0.5 \times 3.3637}{101.325 - 0.5 \times 3.3637} = 0.0105$

32 ℃ × 60 %の $x = 0.622 \times \dfrac{0.6 \times 4.7592}{101.325 - 0.6 \times 4.7592} = 0.0180$

よって，比エンタルピーは，式(31.8)から，

26 ℃ × 50 %の $h = 1.005 \times 26 + 0.0105 \times (2500 + 1.861 \times 26) = 52.89$ kJ/kg′

32 ℃ × 60 %の $h = 1.005 \times 32 + 0.0180 \times (2500 + 1.861 \times 32) = 78.23$ kJ/kg′

したがって，$\Delta h = 78.23 - 52.89 = 25.34$ kJ/kg′

試し問題 2

全熱交換器を有する空調設備の冬季，夏季における外気および室内排気（還気）が表31.1に示す状態にある．この条件の場合の冬季，夏季の全熱交換器の回収熱量およびヒートポンプ（COP：冬季3，夏季4）を使用した場合の電力削減額を求めよ．

表 31.1　室内・外気状態

	項　目	冬　季	夏　季
室内	温度 [℃]	21	26
	相対湿度 [%]	50	50
	比エンタルピー [kJ/kg′]	41	53
外気	温度 [℃]	7	32
	相対湿度 [%]	50	60
	比エンタルピー [kJ/kg′]	15	81

（条件）　冬季，夏季ともに外気量＝30000 m^3/h，還気量＝28000 m^3/h，全熱交換効率＝0.6一定，冬季，夏季運転時間はそれぞれ共に1200 h，外気の密度を1.2 kg/m^3とする．

［解答］

① 冬季の回収熱量

冬季の室内（21 ℃ × 50 %）と外気（7 ℃ × 50 %）の比エンタルピーを計算する．温度21 ℃，7 ℃の飽和圧力p_sは，蒸気表からそれぞれ2.4881 kPa，1.0021 kPaである．式（31.6）から21 ℃の絶対湿度$x = 0.622 \times \dfrac{0.5 \times 2.4881}{101.325 - 0.5 \times 2.4881}$ $= 0.00773$，同じく7 ℃の$x = 0.622 \times \dfrac{0.5 \times 1.0021}{101.325 - 0.5 \times 1.0021} = 0.00309$

すなわち，式（31.8）から21 ℃ × 50 %の$h = 1.005 \times 21 + 0.00773 \times (2500 + 1.861 \times 21) = 40.73 ≒ 41$ kJ/kg′，同様に外気の全熱交換器出口，すなわち給気の比エンタルピーは，全熱交換効率＝0.6を用いて式（31.3）から
$h = 15 + 0.6 \times (41 - 15) = 30.6 ≒ 31$ kJ/kg′

したがって，回収熱量$Q=(31-15)\times 30000\times 1.2=576000$ kJ/h$=576$ MJ/hであり，冬季の省エネ熱量Eは，$E=576$ MJ/h$\times 1200$ h$=691200$ MJ

ここで，成績係数COP＝4のヒートポンプを用いて暖房した場合を想定すると，

$$\text{圧縮機入力}=\frac{691200}{4}=172800\ \text{MJ}=172800\times\frac{10^3\ \text{kJ}}{3600\ \text{kWh}}=48000\ \text{kWh}$$

に相当する電力削減が図れる．ここで，1 kWh＝3600 kJである．

買電電力費を15円/kWhとすると，年間電力削減額＝48000×15＝720千円/年

② 夏季の回収熱量

夏季の室内(26 ℃ ×50 %)と外気(32 ℃ ×60 %)の比エンタルピーを計算する．温度26 ℃，32 ℃の飽和圧力p_Sは，蒸気表からそれぞれ3.3637 kPa，4.7592 kPaである．

式(31.6)から26 ℃ ×50 %の絶対湿度$x=0.622\times\dfrac{0.5\times 3.3637}{101.325-0.5\times 3.3637}$

$=0.01050$，同じく32 ℃ ×60 %の$x=0.622\times\dfrac{0.6\times 4.7592}{101.325-0.6\times 4.7592}$

$=0.01804$，すなわち，式(31.8)から26 ℃ ×50 %の$h=1.005\times 26+0.01050\times(2500+1.861\times 26)=52.89\fallingdotseq 53$ kJ/kg′，同様に全熱交換効率＝0.6を用いて，外気の全熱交換器出口の給気の比エンタルピー$h=81-0.6\times(81-53)=64.2\fallingdotseq 64$ kJ/kg′

したがって，吸収熱量$Q=(81-53)\times 30000\times 1.2=1008000$ kJ/h$=1008$ MJ/hであり，夏季の省エネ熱量Eは，$E=1008\times 1200$ h$=1209600$ MJ

ここで，成績係数COP＝3のヒートポンプを用いて冷房した場合を想定すると，

$$\text{圧縮機入力}=\frac{1209600}{3}=403200\ \text{MJ}=403200\times\frac{10^3\ \text{kJ}}{3600\ \text{kWh}}=112000\ \text{kWh}$$

の電力削減が図れる．買電電力費を15円/kWhとすると，年間電力削減額＝112000×15＝1680千円/年

技32 外気導入制御による省エネ

キーポイント

外気導入量の増大は，空調設備への入熱エネルギーの増加を招く．すなわち，外気導入は，冷房空調の場合外気分室温が上がり，暖房の場合は低くなり，冷暖房に要するエネルギー使用量が増える．しかも，一般に外気を取り入れ過ぎている．外気取入れ量による余分のエネルギー使用量は，冷房で15～30 %，暖房で30～50 %を占め，外気導入量を適切に制御すれば，大きな省エネに結びつく．

解説

外気導入には，CO_2濃度検知による外気導入量制御や空調設備の立ち上げ(ウォーミングアップ)時の外気導入量の削減等の方法がとられる．

1．CO_2濃度計測による制御

室内のCO_2濃度検知によって外気導入量を加減したり，時間的に居住人員の大幅な変化があるとき等外気導入量を調整する．オフィスビルや学校等に適用されるビル管理法*ではCO_2濃度基準は，1000 ppm(気体容積比0.1 %)以下となっているが，一般に濃度700～800 ppm程度と余裕のある場合が多い．

*ビル管理法(ビル衛生管理法)：百貨店等の大型商業施設や映画館，劇場等の娯楽施設，さらにホテルや学校，オフィスビルが対象となるが，病院や工場，さらに大規模マンション等は対象外である．主な基準は，表32.1のようでCO_2濃度基準は，1000 ppm(容積比0.1 %)以下となっている．なお，通常の大気中のCO_2濃度は，400 ppm(0.04 %，気体では容積比)とされる．

表 32.1　ビル管理法

項　目		標　準
温熱環境	温度　[℃]	17～28
	湿度　[%]	40～70
	気流　[m/s]	0.5 以下
空気環境	浮遊粉塵量　[mg/m^3]	0.15 以下
	CO　[ppm]	10 以下
	CO_2　[ppm]	1,000 以下

2．外気冷房制御

夏季に夜間の空調しない時間帯にOA機器等の発熱や昼間躯体（壁材，天井等）に蓄熱された熱を夜の冷たい外気を導入して冷やす（ナイトパージという）．これによって，朝の冷房の立ち上がり時の冷房負荷を軽減させる．さらに，冬季や中間期に冷房負荷が発生した場合に，外気により室内を冷却させて冷房の代わりをする．

3．予冷，予熱時の外気取入れ停止制御

朝の在室者の少ない暖冷房の空調運転開始時，外気導入の開始時間をずらし，空調負荷の低減を図る．ここで，外気導入量減少による処理熱量の削減量について説明する．

外気導入量をΔV [m^3/h] 減少する場合，空調負荷の減少熱量ΔQ [kJ/h] は，次式で表される．

$$\Delta Q = \rho \cdot \Delta h \cdot \Delta V \qquad (32.1)$$

ここで，ρ：空気の密度（≒1.2 kg/m^3），Δh：外気と室内空気との比エンタルピー差 である．

一方，外気導入量の減少は，現在の室内のCO_2濃度A [ppm] をB [ppm]（$A < B$）に増加させる（$B \leqq 1000$ ppm，最大基準値はビル管理法では1000 ppm）とすると，外気導入量は，CO_2濃度設定から次のように求められる．

通常のCO_2濃度設定A [ppm]をB [ppm]($A < B$)に増加させると，外気導入量を減少させられ，省エネに結びつく．下図32.1のように外気導入量が初期V_{i1} [m^3/h]で，室内のCO_2濃度A [ppm]をB [ppm]に設定しなおすときの導入量をV_{i2} [m^3/h]とする．放出量を同様にV_{o1}，V_{o2} [m^3/h]とすると，次式が成立する．外気のCO_2濃度を400 ppm(0.04 %)とすると，

$$\left.\begin{aligned} V_{i1} \times 400 + \text{居室の } CO_2 \text{ 発生量} &= V_{o1} \times A \\ V_{i2} \times 400 + \text{居室の } CO_2 \text{ 発生量} &= V_{o2} \times B \end{aligned}\right\} \quad (32.2)$$

両式から居室のCO_2発生量が外気導入量変化前後で同一，$V_{o1} = V_{i1}$，$V_{o2} = V_{i2}$とすると，外気の導入減少割合は，次のように表される．

$$\frac{V_{i2} - V_{i1}}{V_{i1}} = \frac{A - B}{B - 400} \quad (32.3)$$

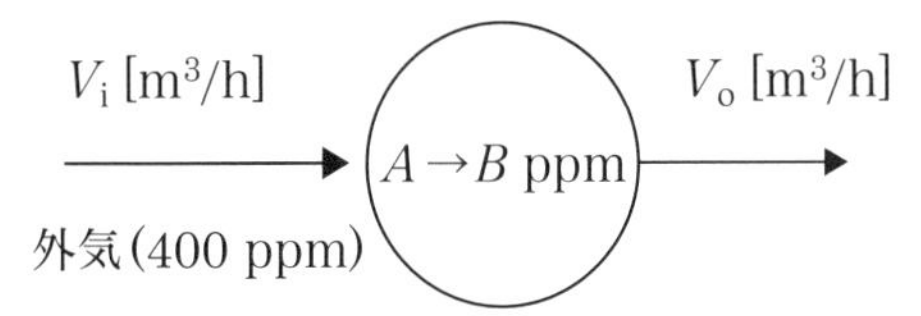

図 32.1　外気導入量のバランス

導入量低減による省エネ量を式(32.1)から求める．

省エネ量E [kJ/年]は，空調負荷の変化熱量をΔQ [kJ/h]，年間空調運転時間をT [h]とすると，

$$E = \Delta Q T = \rho \Delta h \Delta V T = \rho \Delta h \left(\frac{A - B}{B - 400} \right) V_{i1} T \quad (32.4)$$

ここで，$\Delta V = (V_{i2} - V_{i1}) = \left(\frac{A - B}{B - 400} \right) V_{i1}$である．

試し問題 1

室内のCO_2濃度の制限設定値を650 ppmから900 ppmに上げた場合，外気導入量の減少割合を求めよ．

[解答]

式(32.3)を用いて，次のように求められる．

$$\frac{V_{i2}-V_{i1}}{V_{i1}}=\frac{650-900}{900-400}=-0.5 \rightarrow -50\ \%$$

すなわち，外気導入量を初期導入量に対して50 %削減できる．

試し問題 2

図32.1において初期の外気導入量$V_{i1}=5000\ \mathrm{m^3/h}$，外気と室内空気との比エンタルピー差$\Delta h=25\ \mathrm{kJ/kg'}$，$A=650$ ppm，$B=900$ ppm，空調の運転時間$T=800$ h/年の場合，省エネ量を求めよ．

[解答]

式(32.4)に代入して，

$$E=1.2\times 25\times \alpha\times\left(\frac{650-900}{900-400}\right)\times 5000\times 800=-6\times 10^7\times\alpha\ [\mathrm{kJ/年}]$$

ここで，$\rho_a=1.2\ \mathrm{kg/m^3}$および係数$\alpha$を居室の還気との熱交換によって導入外気に与えられる熱量割合で，$\alpha=0.5$ (50 %)と仮定すると，

$$E=-3\times 10^7\ \mathrm{kJ/年}=-8333.3\ \mathrm{kWh/年}\quad(\because 1\ \mathrm{kWh}=3600\ \mathrm{kJ})$$

空調設備の成績係数COP＝4の場合，圧縮機の入力削減量は，$-\dfrac{E}{4}=-2083.3$ kWh/年となる．買電電力費15円/kWhとすると，年間の電力削減額＝2083.3 [kWh/年]×15 [円/kWh]＝31.2千円/年

試し問題 3

室内32 ℃ ×60 %，夜間外気26 ℃ ×50 %のとき，外気冷房して室内を29 ℃ ×50 %と3 ℃温度減少させた場合，どれだけ空調冷房の省エネ効果が得られるか．部屋の大きさは10 m×10 m×3.5 mH(高さ)とする．

[解答]

全圧p= 大気圧 = 101.325 kPaとする．26 ℃，29 ℃，32 ℃の3つの飽和圧力p_sを蒸気表から求めると，3.3637，4.0089，4.7592 kPaより，各絶対湿度xは，前式(31.6)から，

$$26\ ℃\times 50\ \%\text{の}x = 0.622\times\frac{0.5\times 3.3637}{101.325-0.5\times 3.3637} = 0.0105$$

$$29\ ℃\times 50\ \%\text{の}x = 0.622\times\frac{0.5\times 4.0089}{101.325-0.5\times 4.0089} = 0.0126$$

$$32\ ℃\times 60\ \%\text{の}x = 0.622\times\frac{0.6\times 4.7592}{101.325-0.6\times 4.7592} = 0.0180$$

よって，前式(31.8)から，

26 ℃×50 %の$h = 1.005\times 26+0.0105\times(2500+1.861\times 26) = 52.89$ kJ/kg′

29 ℃×50 %の$h = 1.005\times 29+0.0126\times(2500+1.861\times 29) = 61.33$ kJ/kg′

32 ℃×60 %の$h = 1.005\times 32+0.0180\times(2500+1.861\times 32) = 78.23$ kJ/kg′

外気冷房によって室内が32 ℃から29 ℃に温度減少によって奪われる熱量$q_1 = 78.23-61.33 = 16.9$ kJ/kg′

外気が吸収した熱量$q_2 = 61.33-52.89 = 8.44$ kJ/kg′

部屋内の乾燥空気密度を1.2 kg/m^{3}とすると，空気の質量は，$10\times 10\times 3.5\times 1.2 = 420$ kg

したがって，部屋内で外気冷房によって冷やされた熱量は，$16.9\times 420 = 7098$ kJ =7.1 MJ

この分，空調の立ち上げ時の熱量が減少し，省エネ効果が得られる．

技33 空調容積の減少

キーポイント

工場や事業所等の室内空間を一定温度，湿度に保持するために空気調和設備が設置される．すなわち，部屋の内外の温度差によって壁体，窓ガラスを通して流入する日射熱，在室者，照明器具，事務機器，あるいは製造・工作機械等の発熱によって室内の空気温度や湿度は上昇するので，このような熱負荷を空調によって調整する．しかし，工場や居室等において空間容積が大きければ，外部からの熱侵入・放散も増大するとともに，負荷の変動に対して一定温度に保持する冷暖房熱量は増大する．したがって，天井を必要以上に高くせず，空調対象空間を間仕切りで狭くすることは，省エネにつながる．さらにゾーン毎の管理温度を決め，きめ細かな温度設定を行うことも省エネに重要なことである．

解説

湿り空気の状態量は，湿り空気中の乾き空気1 kgについて表し，記号kg′(またはkg(DA))を使う．しかし，湿り空気の状態量は，1 kgの乾き空気とx [kg]の水蒸気の合計で，湿り空気としては$(1+x)$ [kg]存在する．

湿り空気の絶対湿度，相対湿度や湿り空気の状態量等は，技31中の式(31.4)～式(31.9)に示された．

全圧と分圧についてp，p_{w}，p_{a}，p_{s}をそれぞれ全圧，水蒸気分圧，乾き空気分圧および飽和水蒸気圧とする．体積V，温度Tの湿り空気において乾き空気と水蒸気それぞれに，理想気体の状態式を適用すると，

$$\left.\begin{array}{l} p_{\mathrm{a}}V = m_{\mathrm{a}}R_{\mathrm{a}}T \\ p_{\mathrm{w}}V = m_{\mathrm{w}}R_{\mathrm{w}}T \\ p = p_{\mathrm{a}} + p_{\mathrm{w}} \end{array}\right\} \quad (33.1)$$

ここで，乾き空気と水蒸気のガス定数$R_{\mathrm{a}}=287.2$ J/(kg・K)，$R_{\mathrm{w}}=461.7$ J/(kg・K)とする．
各密度ρ_{a}，ρ_{w}は，式(33.1)から，

$$\rho_{\mathrm{a}} = \frac{m_{\mathrm{a}}}{V} = \frac{p_{\mathrm{a}}}{R_{\mathrm{a}}T}, \quad \rho_{\mathrm{w}} = \frac{m_{\mathrm{w}}}{V} = \frac{p_{\mathrm{w}}}{R_{\mathrm{w}}T} \quad (33.2)$$

したがって，温度t [℃]の空間容積V [m^3]の湿り空気の熱量Q [kJ/kg′]は，式(31.7)から求めたhを用いて，

$$Q = \rho_{\mathrm{a}}V(h_{\mathrm{a}} + xh_{\mathrm{w}}) \quad (33.3)$$

ここで，上式右辺の第1項は，乾き空気の熱量(顕熱)，第2項は水蒸気の熱量(顕熱＋潜熱)である．

試し問題 1

室内容積100 m^3，乾球温度(DB)26 ℃，相対湿度(RH)50 %の有する熱量を求めよ．

[解答]

室内の湿り空気の圧力$p=101.325$ kPa(大気圧)として，蒸気表から26 ℃の飽和水蒸気圧$p_{\mathrm{s}}=3.3637$ kPaから相対湿度(RH)50 %を絶対湿度xに換算する．式(31.6)を用いて，

$$x = 0.622 \times \frac{0.5 \times 3.3637}{101.325 - 0.5 \times 3.3637} = 0.0105 \ \ \mathrm{kg/kg'}$$

各密度ρ_a，ρ_wは，式(33.2)を用いて，

$$\rho_a=\frac{m_a}{V}=\frac{p_a}{R_aT}=\frac{(101.325-0.5\times3.3637)\times10^3}{287.2\times(26+273.15)}=1.160\ \mathrm{kg/m^3}$$

$$\rho_w=\frac{m_w}{V}=\frac{p_w}{R_wT}=\frac{0.5\times3.3637\times10^3}{461.7\times(26+273.15)}=0.012\ \mathrm{kg/m^3}$$

ここで，R_a，R_wは乾き空気と水蒸気のガス定数で，$R_a=287.2$ J/(kg・k)，$R_w=461.7$ J/(kg・k)である.

各熱量は式(31.7)および式(33.3)から，

顕熱：$Q_a=\rho_aVh_a=1.160\ \mathrm{kg/m^3}\times100\times1.005\times26=3031.1\ \mathrm{kJ}$

潜熱：$Q_w=\rho_aVxh_w=1.160\times100\times0.0105\times(2500+1.861\times26)=3103.9\ \mathrm{kJ}$

したがって，湿り空気の熱量$Q=Q_a+Q_w=3031.1+3103.9=6135.0$ kJ

試し問題 2

温度16 ℃の飽和湿り蒸気を温度25 ℃まで加熱するとき，加熱後の相対湿度および加熱に必要な熱量はいくらか．ただし，大気圧(101.325 kPa)下の部屋の容積は，ⓘ100 m³とⓘⓘ50 m³の場合に対して求める．ただし，16 ℃，25 ℃における水蒸気の飽和圧力は，それぞれ1.817 kPa，3.171 kPaである.

[解答]

① 16 ℃の飽和湿り空気：

絶対湿度x_1は，式(31.6)に代入して，

$$x_1=0.622\times\frac{\phi P_s}{p-\phi P_s}=0.622\times\frac{1\times1.817}{101.325-1\times1.817}=0.0114\ \mathrm{kg/kg'}$$

比エンタルピーは，式(31.8)から，

$h_{a1}=1.005\,t=1.005\times16=16.08\ \mathrm{kJ/kg'}$

$h_{w1}=x(2500+1.861\,t)=0.0114\times(2500+1.861\times16)=28.84\ \mathrm{kJ/kg'}$

合計$h_1=16.08+28.84=44.92\ \mathrm{kJ/kg'}$

密度ρ_aは，式(33.2)から，

$$\rho_a = \frac{m_a}{V} = \frac{p_a}{R_a T} = \frac{(101.325 - 1.817) \times 10^3}{287.2 \times (16 + 273.15)} = 1.198\ \mathrm{kg'/m^3}$$

乾き空気の質量$m_a = \rho_a \times V = 1.198\ \mathrm{kg'/m^3} \times$ ⓘ 100 (ⓘⓘ 50 m^3) = ⓘ 119.8 kg (ⓘⓘ 59.9 kg)

② 25 ℃の湿り空気：

絶対湿度は，変化しないので，$x_2 = 0.0114\ \mathrm{kg/kg'}$

比エンタルピーは，式(31.8)から，

$$h_{a2} = 1.005\,t = 1.005 \times 25 = 25.13\ \mathrm{kJ/kg'}$$

$$h_{w2} = x(2500 + 1.861\,t) = 0.0114 \times (2500 + 1.861 \times 25) = 29.03\ \mathrm{kJ/kg'}$$

合計$h = 25.13 + 29.03 = 54.16\ \mathrm{kJ/kg'}$

相対湿度ϕは，式(31.6)を書き直した$\phi = \dfrac{xp}{p_s(0.622 + x)}$に代入して，

$$\phi_2 = \frac{0.0114 \times 101.325 \times 10^3}{3.171 \times 10^3 \times (0.622 + 0.0114)} = 0.575$$

③ 加熱に必要な熱量

ⓘ 容積100 m^3：$Q_{100} = 1.198\ \mathrm{kg'/m^3} \times 100\ \mathrm{m^3} \times (54.16 - 44.92)\ \mathrm{kJ/kg'}$
$= 1107\ \mathrm{kJ}$

ⓘⓘ 容積50 m^3：$Q_{50} = 1.198\ \mathrm{kg'/m^3} \times 50\ \mathrm{m^3} \times (54.16 - 44.92)\ \mathrm{kJ/kg'}$
$= 553.5\ \mathrm{kJ}$

すなわち，容積に比例して暖房熱量は増減する．

試し問題 3

大気圧(101.325 kPa)下で温度30 ℃，相対湿度(RH)80 %の空気2000 m^3を冷却して15 ℃の飽和湿り空気にする．冷却によって奪うべき熱量および発生する凝縮水量はいくらか．また1時間で達成するのに何kWの熱量を奪わねばならないか．30 ℃，15 ℃における水蒸気の飽和圧力は，それぞれ4.242 kPa，1.707 kPaである．

[解答]

相対湿度(RH)80 %の絶対湿度は，式(31.6)から

$$x_1 = 0.622 \times \frac{\phi p_s}{p - \phi p_s} = 0.622 \times \frac{0.8 \times 4.242}{101.325 - 0.8 \times 4.242} = 0.0216 \text{ kg/kg}'$$

15 ℃の飽和湿り空気の絶対湿度

$$x_2 = 0.622 \times \frac{\phi p_s}{p - \phi p_s} = 0.622 \times \frac{1 \times 1.707}{101.325 - 1 \times 1.707} = 0.0107 \text{ kg/kg}'$$

30 ℃の比エンタルピー$h_1 = 1.005\,t + x_1(2500 + 1.861\,t) = 1.005 \times 30 + 0.0216 \times (2500 + 1.861 \times 30) = 85.36$ kJ/kg′

15 ℃の比エンタルピー$h_2 = 1.005\,t + x_1(2500 + 1.861\,t) = 1.005 \times 15 + 0.0107 \times (2500 + 1.861 \times 15) = 42.12$ kJ/kg′

乾き空気密度$\rho_a = \dfrac{m_a}{V} = \dfrac{p_a}{R_a T} = \dfrac{(101.325 - 0.8 \times 4.242) \times 10^3}{287.2 \times (30 + 273.15)} = 1.125$ kg′/m^3

したがって，$m_a = \rho_a V = 1.125 \times 2000 = 2250$ kg

凝縮水量 $= m_a(x_1 - x_2) = 2250 \times (0.0216 - 0.0107) = 24.53$ kg

冷却によって奪うべき熱量

$$Q = \rho_a V(h_1 - h_2) = 1.125 \times 2000 \times (85.36 - 42.12) = 97290 \text{ kJ}$$

1時間で97290 kJの熱を奪うとすると，$\dfrac{97290}{3600} = 27.0$ kWの冷房入力が必要となる．

技34 窓からの熱侵入と熱放出

キーポイント

工場や事務所の窓や明りとりから入る直射日光(放射)や室内外の温度差による伝導・対流熱伝達による熱侵入・熱放散によって室内の温度は，大きく影響を受ける．日射の遮蔽・取得等の熱移動を上手にコントロールすることによって室内の冷暖房エネルギーの低減に大きく役立つ．従来，日射防止にはカーテン，ブラインド，すだれ，庇(ひさし)，緑のカーテン(ゴーヤ)等とともに熱線反射フィルムや遮熱シート等が用いられる．最近，2枚の板ガラスの間に乾燥空気を封入した断熱性の複層ガラスや日射を遮蔽する特殊金属Low E膜をコーティングした複層ガラスが採用されたりしている．実際にどの程度の熱侵入・熱放散となるのかを説明する．

解説

熱の移動には，伝導，対流，放射の三形態がある．

1．伝導，対流による熱流束

熱伝導と対流伝熱が組み合わさった単位面積あたりの全伝熱量qは，次式で表される．

$$q = K \cdot (t_h - t_c) \tag{34.1}$$

ここで，Kは，熱貫流率(または熱通過率)と呼ばれ，熱の伝わりやすさを示す．熱侵入・放出を少なくするにはこの値をできるだけ小さくすればよい．ここで，2枚の板ガラスの間に乾燥空気を封入した複層ガラスを例に熱貫流率Kを求める算出式を示す．

図34.1に示すように2枚のガラス(厚さL_1，L_3，熱伝導率k_1，k_3)の

間に厚さL_2，熱伝導率k_2の空気層を挟む複層ガラスの二重窓について温度t_h［℃］と温度t_c［℃］間の熱伝達について考える．温度$t_h > t_c$とすると，熱は温度の高いt_h側から低いt_c側に伝わる．

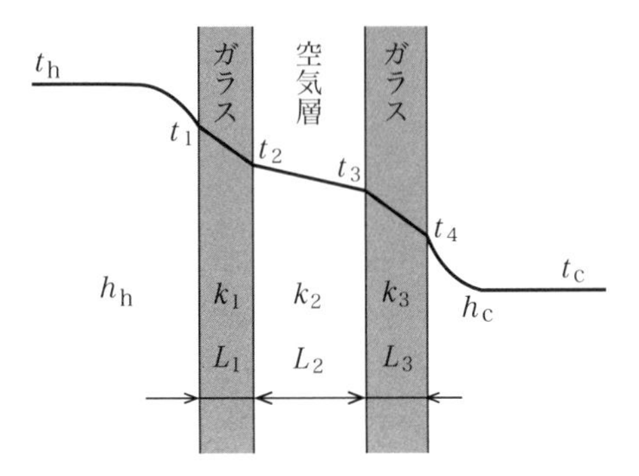

ここで，h：熱伝達率，k：熱伝導率
L：厚さ，t：温度

図 34.1　複層ガラスの熱伝達

各層における伝導と対流の熱伝達式は，次のように表される．

$$q = h_h(t_h - t_1) \rightarrow \qquad t_h - \cancel{t_1} = \frac{q}{h_h}$$

$$= \frac{k_1}{L_1}(t_1 - t_2) \rightarrow \qquad \cancel{t_1} - \cancel{t_2} = \frac{qL_1}{k_1}$$

$$= \frac{k_2}{L_2}(t_2 - t_3) \rightarrow \qquad \cancel{t_2} - \cancel{t_3} = \frac{qL_2}{k_2}$$

$$= \frac{k_3}{L_3}(t_3 - t_4) \rightarrow \qquad \cancel{t_3} - \cancel{t_4} = \frac{qL_3}{k_3}$$

$$= h_c(t_4 - t_c) \rightarrow + \Big) \; \cancel{t_4} - t_c = \frac{q}{h_c}$$

$$t_h - t_c = q\left(\frac{1}{h_h} + \frac{L_1}{k_1} + \frac{L_2}{k_2} + \frac{L_3}{k_3} + \frac{1}{h_c}\right)$$

$q = K(t_h - t_c)$ とおく．

t_h，t_c間の全体の熱貫流率をKとすると，$q=K(t_h-t_c)$から

$$\therefore \frac{1}{K}=\frac{1}{h_h}+\frac{L_1}{k_1}+\frac{L_2}{k_2}+\frac{L_3}{k_3}+\frac{1}{h_c} \tag{34.2}$$

ここで，q：熱流束，K：熱貫流率である．
すなわち，式(34.1)における熱貫流率Kは，各々の熱伝達率h，熱伝導率k，厚さLを用いて式(34.2)のように表される．

2．日射熱

放射は熱をもった物体から生じ，真空中でも伝わる電磁波が対象物に吸収されることで熱が移動する．一般に家庭において日射熱を遮りたいとき，室内のカーテンやブラインドを閉めるが，カーテンやブラインドに吸収された熱が室内に再放射されて室内の温度を上げる．一方，よしずは部屋の外にあるため室内への影響は少ない．上記で述べた通常の複層ガラスの場合，空気には電磁波の遮蔽効果はない．ガラスも直接透過はしないが，吸収→温度上昇→放射となって放射熱を防ぐ効果は小さい．近年「Low Eガラス（Low Emissivity：低放射）」(2枚のガラスの内，窓外側のガラスの内側表面に放射率の低い特殊な金属膜をコーティングし，日射を窓外側に反射し，室内の熱は窓内側に反射する）を用いて，図34.2に示すように遠赤外線の反射率を高めて放射率$\varepsilon=0.05\sim0.15$と放射を大幅に低減させる．

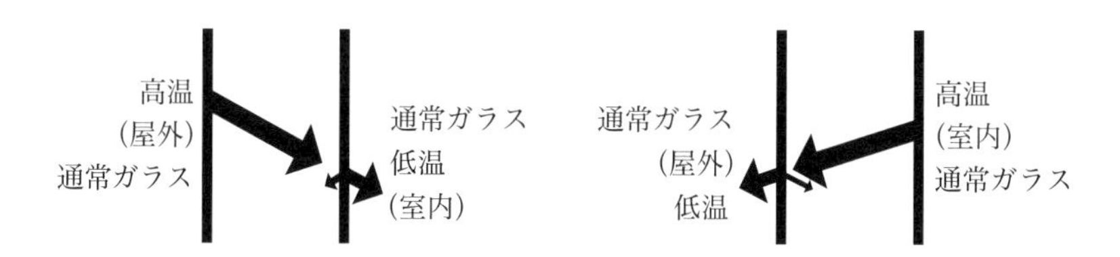

(a)　複層ガラス

図 34.2　Low E 複層ガラスの熱放射

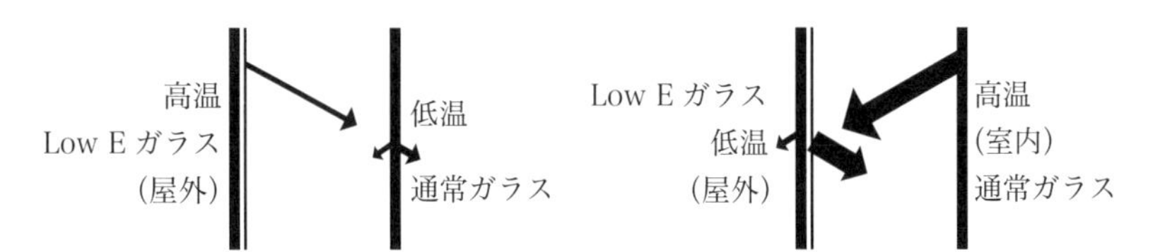

(b) Low E 複層ガラス

図 34.2 Low E 複層ガラスの熱放射

一般に温度 T_1, T_2 [K] 間の放射熱伝達率 α_r は，次のように表される．

$$\alpha_r = \sigma\varepsilon \frac{T_1{}^4 - T_2{}^4}{T_1 - T_2} \tag{34.3}$$

ここで，α_r：放射熱伝達率，σ：ステファン・ボルツマン定数 $= 5.669 \times 10^{-8}$，ε：放射率 $(0 < \varepsilon < 1)$ である．

$$\text{放射熱流束 } q = \alpha_r(T_1 - T_2) \tag{34.4}$$

平面温度 T_1, T_2 の無限平面板間の放射熱交換量は，次式で求められる．

$$\text{放射熱流束 } q = \frac{\sigma\left(T_1{}^4 - T_2{}^4\right)}{1/\varepsilon_1 + 1/\varepsilon_2 - 1} \tag{34.5}$$

ここで，ε：物体の放射率である．

試し問題 1

図34.1に示す複層ガラスにおいて，$t_h=25$ ℃，$t_c=5$ ℃である．同じ厚さL_1，$L_3=5$ mmの2枚のソーダガラスの間に$L_2=10$ mmの空気層を挟んだ二重窓を想定する．t_h側とt_c側の熱伝達率はそれぞれ$h_h=10$ W/(m²・K)，$h_c=20$ W/(m²・K)とし，空気の熱伝導率$k_2=0.026$ W/(m・K)，ソーダガラスの熱伝導率k_1，$k_3=1.03$ W/(m・K)とする．次の問に答えよ．①室内外の全体の熱貫流率K [W/(m²・K)]，②単位面積あたりの熱伝達量q [W/m²]，③二重窓の各外側表面温度(t_1，t_4)，④面積3 m²の窓から毎時放散される熱量Q [MJ]を求めよ．

[解答]

図34.1においてそれぞれの対流熱伝達，熱伝導の式を各部分において記述し，室内外の全体の熱貫流率Kを式(34.2)から求める．

①　全体の熱貫流率

$$K\,[\mathrm{W/(m^2\cdot K)}] = \frac{1}{1/h_h + L_1/k_1 + L_2/k_2 + L_3/k_3 + 1/h_c}$$

$$= \frac{1}{1/10 + 0.005/1.03 + 0.01/0.026 + 0.005/1.03 + 1/20}$$

$$= 1.837\ \mathrm{W/(m^2\cdot K)}$$

②　室外に放出される熱流束

q [W/m²] は，$q=K(t_h-t_c)=1.837\times(25-5)=36.7$ W/m²

③　窓の室内側と戸外側の窓の表面温度t_1，t_2 [℃] は，$t_h-t_1=\dfrac{q}{h_h}$ および

$t_4-t_c=\dfrac{q}{h_c}$ を用いて，$t_1=25-\dfrac{36.7}{10}=21.33$ ℃，$t_4=5+\dfrac{36.7}{20}=6.84$ ℃

④　1時間に窓からの放散または侵入する熱量Qは，窓の面積$A=3$ m²から，

$Q=q\cdot A\times 3600=36.7\times 3\times 3600=3.964\times 10^5$ J$=396.4$ kJ

試し問題 2

1枚の通常のガラスと1枚のLow Eガラスの放射熱流束の比較を示す．ガラスの温度$t_1 = 25$ ℃，外界の気温$t_2 = 5$ ℃の両者間の放射においてガラスの放射率$\varepsilon = 0.94$，Low Eガラスの放射率$\varepsilon = 0.15$とすると，面積3 m^{2}の窓からの毎時の放射熱流束を比較せよ．

[解答]

① Low Eガラスの放射熱伝達率は，式(34.3)から

$$\alpha_{\mathrm{r}} = \sigma\varepsilon \frac{T_1{}^4 - T_2{}^4}{T_1 - T_2} = 5.669 \times 0.15 \times \frac{(298.15/100)^4 - (278.15/100)^4}{25 - 5}$$

$$= 0.815 \text{ W/(m}^2 \cdot \text{K)}$$

同様に，通常ガラスの場合，

$$\alpha_{\mathrm{r}} = \sigma\varepsilon \frac{T_1{}^4 - T_2{}^4}{T_1 - T_2} = 5.669 \times 0.94 \times \frac{(298.15/100)^4 - (278.15/100)^4}{25 - 5}$$

$$= 5.11 \text{ W/(m}^2 \cdot \text{K)}$$

② Low Eガラスの放射される熱流束q [W/m^2]は，

$$q = \alpha_{\mathrm{r}}(t_{\mathrm{h}} - t_{\mathrm{c}}) = 0.815 \times (25 - 5) = 16.3 \text{ W/m}^2$$

通常ガラスの場合，熱流束q [W/m^2]は，$q = \alpha_{\mathrm{r}}(t_{\mathrm{h}} - t_{\mathrm{c}}) = 5.11 \times (25 - 5)$ $= 102.2$ W/m^2

③ 1時間に窓からの放散する熱量Qは，窓の面積$A = 3$ m^{2}から，Low Eガラスの場合$Q = qA \times 3600 = 16.3 \times 3 \times 3600 = 1.760 \times 10^5$ J $= 176$ kJ，通常ガラスの場合，放散する熱量Qは，窓の面積$A = 3$ m^{2}から，$Q = qA \times 3 \times 3600$ $= 102.2 \times 3 \times 3600 = 1.104 \times 10^6$ J $= 1.104$ MJ

次表に通常ガラスとLow Eガラスの放射熱伝達率と放射熱流束($t_1 = 25$ ℃ ～ $t_2 = 5$ ℃)の結果を示す．

表 34.1　放射熱伝達率と放射熱量 (t_1=25 ℃～ t_2=5 ℃)*

	放射熱伝達率 α_r [W/(m^2·K)]	放射熱流束 [W/m^2]
通常のガラス	5.11	102.2
Low E ガラス	0.815	16.3

*ただし，ガラスの放射率 $\varepsilon=0.94$，Low Eガラスの放射率 $\varepsilon=0.15$ とする

試し問題 3

放射率 $\varepsilon_1=0.15$ の平面Low Eガラス(温度 t_1)が近接して放射率 $\varepsilon_2=0.94$ の平面ガラス(温度 t_2)と平行に置かれている．各ガラスの平面温度を①$t_1=25$ ℃，$t_2=5$ ℃，②$t_1=50$ ℃，$t_2=20$ ℃とするとき，両物体間の単位面積あたりの各放射熱流束を求めよ．

[解答]

平面ガラスに比べて両ガラスが近接しているので，無限平行平面間の式(34.5)に代入して，

① 放射熱流束 $q=\dfrac{5.669\times\left\{(298.15/100)^4-(278.15/100)^4\right\}}{1/0.15+1/0.94-1}=16.14\ \mathrm{W/m^2}$

② 放射熱流束 $q=\dfrac{5.669\times\left\{(323.15/100)^4-(293.15/100)^4\right\}}{1/0.15+1/0.94-1}=29.65\ \mathrm{W/m^2}$

技35 工業炉の省エネの基本

キーポイント

工業炉は原材料や機能要素部品を所定の温度で加熱，焼鈍，溶解等熱処理するための装置で，加熱方法によって重油やガスを燃やす燃焼炉，電気で加熱するアーク炉，抵抗炉等がある．大きな熱エネルギーを消費するが，工業炉自体のエネルギーの有効利用率は，従来35 %程度で，残りは燃焼排ガスとして大気中に捨てられている．近年，著しく省エネ改善が進められてきたが，炉の熱効率や動力を含めた工程全体の効率，すなわち待ち時間や加熱負荷の変動等の操業プロセスにおいてまだ改善の余地が残されている．

解説

大きな改善としては，従来の燃焼用空気の予熱用の熱交換器(レキュペレータ)に代わって，排熱の熱回収効率を高める「リジェネレイティブバーナ」，さらに大気汚染物質NO_Xの発生量を抑える燃焼方法の開発が日本のメーカーによってなされたことである．その結果，従来方式に比べて，30 %以上の省エネ効果と50 %以上のNO_X低減を可能とする高性能工業炉の実用化がなされた．

このエネルギー多消費型生産設備の工業炉の性能を表す熱効率は，一般に次のように表される．

$$\text{熱効率} = \frac{\text{被加熱物が得た熱量(有効熱)}}{\text{供給熱量}} \times 100\ \% \qquad (35.1)$$

工業炉の代表として鋼片加熱炉の従来の熱勘定表とリジェネバーナを用いた熱バランスの例を表35.1および図35.1に示す．

表 35.1　従来の加熱炉の熱勘定 (鋼材トンあたり，低発熱量基準)

	入　熱				出　熱		
No	項　目	[MJ]	[%]	No	項　目	[MJ]	[%]
1	燃料の燃焼熱	1765	97.2	5	抽出鋼材の含熱量	835	46.0
2	燃料の顕熱	7.5	0.4	6	排ガスの顕熱	431	23.7
3	装入鋼材の含熱量	—	—	7	炉体の熱放散，蓄熱	358	19.7
4	酸化スケール生成熱	43.5	2.4	8	冷却水の持ち去り熱	109	6.0
	—	—	—	9	その他	83	4.6
計		1816	100	計		1816	100

この場合の燃焼用空気予熱器(レキュペレータ)による回収熱量は，260 MJ(入熱の 14.3 %)である.

$$上記の加熱炉の熱効率 = \left(\frac{項目5 - 項目3}{項目1 + 項目2 + 項目4}\right) \times 100 = 46.0\,\%$$

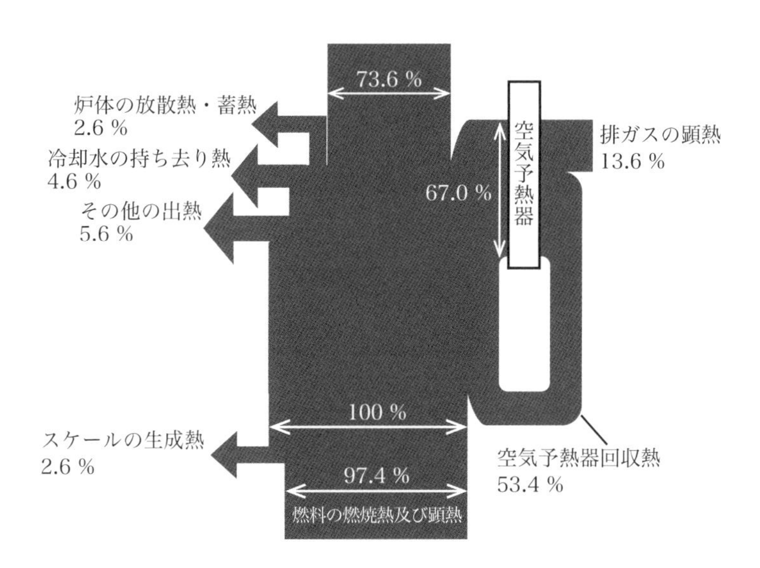

図 35.1　リジェネバーナ採用の加熱炉の熱バランス

これより，最新型の空気予熱器(リジェネバーナ)による回収熱量は，入熱に対して従来のレキュペレータの14.3 %から53.4 % へと大きく改善され，熱効率も46.0 %から73.6 % へと大幅に改善されている．

出熱は，(a)鋼材の含熱量，(b)排ガスの顕熱，(c)炉体の熱放散，蓄熱，(d)冷却水の持ち去る熱量が主たるもので，これらの排熱や含熱の回収および炉体の熱放散を減少させることが省エネの基本となる．

したがって，工業炉の熱効率を高めるには，供給熱量をいかに無駄なく被加熱物に移行させるかであり，次の3つの段階，①操業の改善，②設備の改善，③生産工程の抜本的改革・更新，を進めていくことである．まとめて表35.2に示す．

表35.2　工業炉の省エネ対策

	項　目	内　容
①	燃焼空気比の改善	空気比制御，炉圧制御，炉のシール強化による侵入や漏れ空気量の低減
②	放射・伝熱損失の減少	炉壁断熱，炉壁蓄熱量の低減，コンベア，トレイ等の軽量化，開口部の減少
③	廃熱の回収	燃焼空気，原材料の予熱，ジグ，トレイの予熱，低温炉への利用，蒸気，温水，動力発生に活用
④	加熱負荷，ヒートパターンの適正	過大，過小負荷の排除，積載方法の改善，待ち時間の短縮，加熱温度・時間の過剰回避
⑤	保守管理の改善	炉壁温度の定期的監視（断熱壁脱落の早期発見），操業状況の定期点検
⑥	付帯エネルギーの削減	ポンプやファン等の動力低減，回転数制御，雰囲気ガス量の削減，冷却水量の過大防止，消耗部品の削減

これらの省エネ対策の項目を各工程ごとにまとめて図35.2に示す．

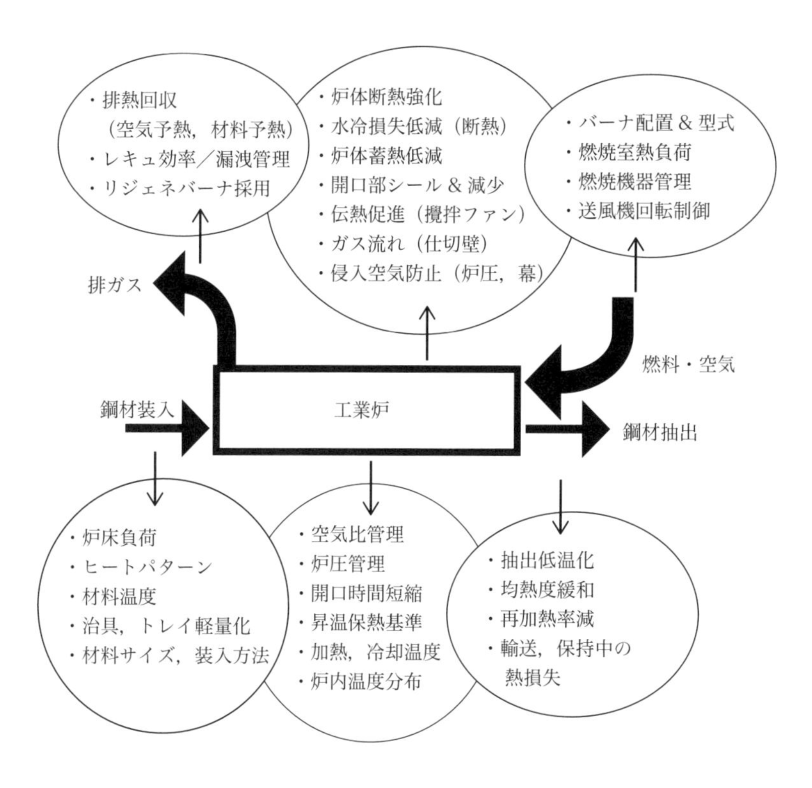

図 35.2　工業炉の省エネ対策の項目

ここで，

燃焼室熱負荷とは燃焼室に装入する燃料のトータル発熱量(燃料量 × 低発熱量)を燃焼室容積 [m^3] で割った値 [kJ/(m^3・h)]，

炉床負荷は炉床面積 [m^2] あたりの単位時間の処理量 [kg/h] で単位は [kg/(m^2・h)] である．

試し問題

連続式加熱炉において，被加熱材の装入温度(装入時の含熱量)を変えずに抽出温度を1200 ℃から1150 ℃に低減させて省エネを図る．ここで，各数値は次のようになる．

・抽出被加熱材の含熱量(0 ℃基準)

抽出温度 [℃]	抽出被加熱材の含熱量 [kJ/kg]
1200	771.5
1150	738.8

・気体燃料の低発熱量 = 41.7 MJ/m^3

ただし，供給熱量は気体燃料の燃焼熱量のみとし，炉の熱効率は72 %一定とする．ここで，炉の熱効率 [%] = {(抽出被加熱材の含熱量) −(装入被加熱材の含熱量)} × 100/供給熱量　である．

次の問に答えよ．

① 抽出被加熱材1 tあたりの含熱量 [MJ/t] は，いくら減少するか．

② 抽出温度低下による材料1 tあたりの燃料の削減量 [m^3] は，いくらか．

③ 被加熱材の年間装入量5000 t，気体燃料の単価を90円/m^3としたとき，燃料の年間削減額を求めよ．

[解答]

① 1 tあたりの含熱量の減少ΔQは，抽出温度1200 ℃から1150 ℃まで低減できたので，$\Delta Q = 771.5 - 738.8 = 32.7$ kJ/kg，1 tあたりから，32.7 kJ/kg × 1000 kg/t = 32.7×10^3 kJ/t → 32.7 MJ/t

② 気体燃料の削減量ΔBは，気体燃料の低発熱量が41.7 MJ/m^3，炉の熱効率72 %一定から，1 tあたりの燃料の削減量$\Delta B = \dfrac{32.7}{41.7 \times 0.72} = 1.09\ \mathrm{m^3/t}$

③ 抽出被加熱材の年間の燃料の削減量 = ΔB × 5000 t/年 = 1.09 m^3/t × 5000 t/年 = 5450 m^3/年

燃料の年間削減額 = 5450 m^3/年 × 90円/m^3 = 490.5千円/年

技36 蓄熱燃焼式バーナ（リジエネレイティブバーナ）による省エネ

キーポイント

従来，工業炉のエネルギーの有効利用率は，ほとんど60 %以下で，残りは放射・伝導，排ガスや冷却のための熱量損失として外界に放出されていた．有効利用率を高めるための熱回収法として予熱空気を加熱するレキュペレータ（換熱式）が用いられていたが，さらに熱回収効率をあげるために蓄熱燃焼式バーナ（リジェネレイティブバーナ）が開発され，温度効率が90 %を超え，廃熱回収効率も70 %を超えるまでに達し，大きな省エネが図られる．

解説

図36.1に示すようにバーナ（燃焼）部とリジェネレーティブ（蓄熱）部を一体に構成したリジェネレイティブバーナを2台1組として使用する．図の上下に示すように2台のリジェネレイティブバーナを30～60秒の短い時間間隔で切り替え，交互燃焼させ排ガス顕熱を蓄熱体で回収し，給気（燃焼用空気）を炉内温度近くまで上昇させる．この高効率の排熱回収バーナでは，蓄熱体にセラミックハニカム（セラミック製で蜂の巣のような多孔質形状）を用いることによって1000 ℃を超える高温空気が得られる．図36.1中の（　）内の数字は，金属加熱炉に適用した場合の温度例である．

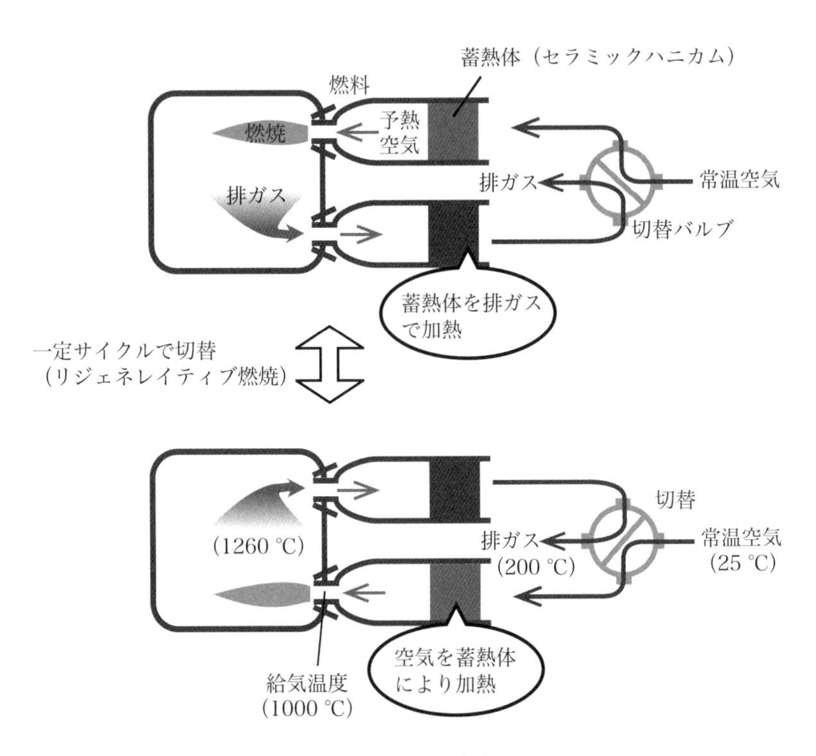

図 36.1　リジェネレイティブバーナの仕用原理

次式で定義される空気側の温度効率は，蓄熱体への排ガス温度1260 ℃，大気温度25 ℃の場合，給気温度（予熱温度）を1140 ℃以上に高められれば90 %を超える．

$$空気側の温度効率 = \frac{予熱温度 - 大気温度}{蓄熱体への排ガス温度 - 大気温度} \quad (36.1)$$

従来は，排熱回収率を高め，給気温度を1000 ℃以上に高めると，大気汚染物質のNO_X（窒素酸化物）が大量に発生するので，金属製熱交換器（レキュペレータ）を用いて燃焼用空気を200〜300 ℃程度までとし，リジェネレイティブバーナは積極的に導入されてこなかった．しかし，近年燃焼効率を高めてもNO_X発生量が増えない新しい燃焼方法が発見され，高性能工業炉の実用化が急速に進んだ．NO_X発生量は火炎が高温になるほど増加するが，従来の「集中火炎型」(火炎と周辺部分だけが局所的に高温となる)から燃料を高速で吹き込んで，火炎を燃料ノズルから浮き上がらせる「熱分散型火炎」という広い燃焼領域で燃焼反応させ，火炎とその周辺部の温度を極端な高温とせず，NO_X発生を抑制した．さらに炉内に高温空気を高速で吹き込み，炉内の再循環を利用して，高温でも酸素濃度が3～10 %と極端に低い燃焼用空気の領域をつくった．この炉内の高温で低酸素濃度の領域を利用すると，燃料の吹き込み速度をそれほど高速にしなくても，容易に燃料ノズルから火炎が浮き上がり，熱分散火炎が形成され，マイルドな燃焼反応を引き起こすことに成功し，リジェネレイティブバーナという大きな省エネ装置が実現された．

試し問題 1

ある工場の加熱炉では炉出口の排気ガス温度が850 ℃であり，レキュペレータ(空気予熱器)で熱回収を行い，予熱された空気温度は200 ℃に上昇する．廃熱回収の改善をはかるために，リジェネレイティブバーナを用いて850 ℃の高温排ガスから熱回収し，予熱の空気温度を700 ℃に上げる．このときの年間の燃料削減量，省エネ(燃料削減)率およびリジェネレイティブバーナの空気側温度効率を求めよ．

ただし，試算の前提条件は，次のようである．

現状の燃料使用量：都市ガス250000 $m^3{}_N$/年とする．都市ガス13 Aの低発熱量H_ℓ＝41.1 MJ/$m^3{}_N$，室温25 ℃，空気比α＝1.2一定とする．

[解答]

空気の比熱および密度は，物性表から次のようである．

表 36.1　空気の定圧比熱と密度(大気圧)

温度 [℃]	比熱 [kJ/(kg・K)]	密度 [kg/m^3]
700	1.137	0.357
200	1.025	0.741
25	1.007	1.161

燃料の都市ガス13 Aの理論空気量は，10.70 $m^3/m^3{}_{N\text{-}f}$(次の試し問題2を参照)であるから，排ガスから予熱空気の得る回収熱量は，空気比$\alpha=1.2$，比熱は両温度の平均を用いて，

現状の回収熱量Q_0

$$Q_0=1.2\times10.70\times\frac{(1.025\times0.741+1.007\times1.161)}{2}\times(473.15-298.15)$$

$$=2166.84\ \mathrm{kJ/m^3{}_N}$$

変更後の回収熱量Q_1

$$Q_1=1.2\times10.70\times\frac{(1.137\times0.357+1.007\times1.161)}{2}\times(973.15-298.15)$$

$$=6825.42\ \mathrm{kJ/m^3{}_N}$$

次に，都市ガス13 Aの低発熱量$H_\ell=41.1\ \mathrm{MJ/m^3{}_N}$から，現状の年間の燃料消費量250000 $m^3{}_N$から熱量は，$250000\times41.1\times10^3=1.0275\times10^{10}$ kJ/年

現状の投入熱量：1.0275×10^{10} kJ/年 $+2166.84\ \mathrm{kJ/m^3{}_N}\times250000\ \mathrm{m^3}$/年

$=1.0275\times10^{10}+5.417\times10^8=1.0817\times10^{10}$ kJ/年

工業炉の熱量が現状とリジェネバーナ設置による変更後と同一であればよいので，変更後の投入燃料消費量をV [$m^3{}_N$/年]とすると，

変更後の投入熱量：$V\times41.1\times10^3$ kJ/年 $+6825.42\ \mathrm{kJ/m^3{}_N}\times V\ \mathrm{m^3}$/年

$=V\times4.793\times10^4$ kJ/年

したがって，V [$m^3{}_N$/年] $=\dfrac{1.0817\times10^{10}}{4.793\times10^4}=225683$ $m^3{}_N$/年

燃料削減量 $=(250000-225683)=24317$ $m^3{}_N$/年

省エネ率(燃料削減率) $=\dfrac{24317}{250000}=0.097\ \rightarrow 9.7\ \%$

リジェネレイティブバーナの空気側温度効率 = リジェネ温度効率

$$=\frac{\text{予熱空気温度}-\text{室温}}{\text{排ガス温度}-\text{室温}}=\frac{700-25}{850-25}=0.818\rightarrow81.8\ \%$$

試し問題 2

都市ガス13 A(vol.組成：メタンCH_4 89.6 %，エタンC_2H_6 5.62 %，プロパンC_3H_8 3.43 %，ブタンC_4H_{10} 1.35 %，計100 %)1 m^3_Nを完全燃焼させるのに必要な理論空気量，発生する二酸化炭素量および水蒸気量を求めよ．反応式は次式に従う．

$$CH_4+2O_2 \rightarrow CO_2+2H_2O,\quad C_2H_6+3.5O_2 \rightarrow 2CO_2+3H_2O,$$
$$C_3H_8+5O_2 \rightarrow 3CO_2+4H_2O,\quad C_4H_{10}+6.5O_2 \rightarrow 4CO_2+5H_2O$$

[解答]

組成メタン燃料1 m^3_Nあたりを考えると，

CH_4	+ $2O_2$	→ CO_2	+ $2H_2O$
分子1個	分子2個	分子1個	分子2個
1 kmol	2 kmol	1 kmol	2 kmol
22.4 m^3_N	2×22.4 m^3_N	22.4 m^3_N	2×22.4 m^3_N
1 m^3_N	2 m^3_N	1 m^3_N	2 m^3_N

同様に，エタン，プロパン，ブタンについて，

エタン：	C_2H_6	+ $3.5O_2$	→ $2CO_2$	+ $3H_2O$
	1 m^3_N	3.5 m^3_N	2 m^3_N	3 m^3_N
プロパン：	C_3H_8	+ $5O_2$	→ $3CO_2$	+ $4H_2O$
	1 m^3_N	5 m^3_N	3 m^3_N	4 m^3_N
ブタン：	C_4H_{10}	+ $6.5O_2$	→ $4CO_2$	+ $5H_2O$
	1 m^3_N	6.5 m^3_N	4 m^3_N	5 m^3_N

①　燃料1 m^3_Nを完全燃焼させるのに必要な酸素量(理論酸素量)は，各組成(vol%)から，$0.896\times2+0.0562\times3.5+0.0343\times5+0.0135\times6.5=2.248$ m^3_N

②　燃料1 m^3_Nを完全燃焼させるのに必要な空気量(理論空気量)A_0は，乾き空気中の酸素vol%が21 %なので，$\dfrac{2.248\ m^3_N}{0.21}=10.70\ m^3_N$

③　燃料1 m^3_Nあたりの二酸化炭素と水蒸気の発生量は,

$$G_{CO_2} = 0.896 \times 1 + 0.0562 \times 2 + 0.0343 \times 3 + 0.0135 \times 4 = 1.165\ m^3_N$$

$$G_{H_2O} = 0.896 \times 2 + 0.0562 \times 3 + 0.0343 \times 4 + 0.0135 \times 5 = 2.165\ m^3_N$$

<参考>

燃料の燃焼による空気量や燃焼ガス量との関係は,次図のようである.

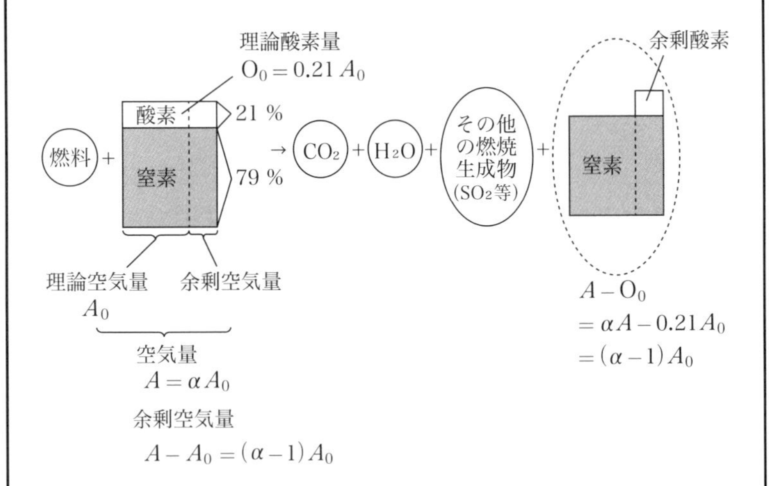

図 36.2　燃料の燃焼と空気量,排ガス量の関係

したがって,αを空気比とすると、

燃焼ガス量 = CO_2 量 + H_2O 量 + 他の燃焼生成物量 + $(\alpha - 0.21)A_0$

乾き燃焼ガス量 = CO_2 量 + 他の燃焼生成物量 + $(\alpha - 0.21)A_0$

ここで,理論燃焼ガスおよび乾き燃焼ガス量は,空気比 $\alpha = 1$ の場合である.

技37 工業炉壁の放射，伝導，蓄熱損失の低減

キーポイント

工業炉では炉内の高温熱が炉内から放射・伝導で炉壁内面に伝わり，断熱層を経て，炉壁外面で大気へ対流や放射で熱が放散され，大きな熱損失を生じる．また，内部の温度が一定に達していない非定常状態にある運転の立ち上がり等では，炉体を含めてコンベヤ，トレイ，ジグ等平衡状態まで温度を上げるのに要する熱量が余分に必要となる．したがって，昇温を煩雑に行うバッチ炉や断続操業炉では炉体やコンベヤ，トレイ，ジグ等炉内部の蓄熱に要する熱量が投入熱量に占める割合が大きくなり，これらの削減が省エネへの大きな要因となる．

解説

一般に，質量mの物質を温度Δt上げるのに要する熱量（蓄熱量）Q [J]は，次式で表される．

$$Q = m \cdot c \cdot \Delta t \tag{37.1}$$

ここで，m：物体の質量 [kg]，c：比熱 [J/(kg・K)]，Δt：温度上昇 [Kまたは℃]である．したがって，質量m [kg]の物質の温度を1℃だけ上昇させるのに必要な熱量は，$C = m \cdot c$ [J/K]で表され，熱容量と呼ばれる．

炉は一般に内壁に高温用耐火材，外側に熱伝導率の小さな耐火断熱材を使用する多層断熱材が用いられる．最近，断熱性能が良く，軽量で熱容量が小さく，施工が容易な断熱材である非晶質フラクトリーセラ

ミックファイバ（RCF，$Al_2O_3$45〜55 %，残りSiO_2）が急速に普及してきた．前記のセラミックファイバ(1000〜1500 ℃)では断熱性，耐久性の面から使用困難な高温領域(1300〜1700 ℃)用に$Al_2O_3$80〜95 %，$SiO_2$20〜5 %の繊維質断熱材のアルミナファイバ(ACF)を含め，総称してセラミックファイバ(CF)と呼んでいる．すなわち，アルミナとシリカを主成分とする人造鉱物繊維である．一般に，住宅用の断熱材として使われるグラスウールやロックウールの断熱温度域は450〜600 ℃で，セラミックファイバの耐熱温度は極めて高く，特に高温の断熱材として窯炉の天井，炉壁の耐火材・断熱材，断熱シール材，充填材，吸音材等に利用されている．

セラミックファイバの熱伝導率は，400 ℃で0.1 W/(m･K)，1000 ℃で0.3 W/(m･K)と0.1〜0.3 W/(m･K)で，断熱耐火れんがの約1/2と小さいので高い断熱性があり，耐熱温度も1100〜1800 ℃と高い．また，レンガと比べて重さが1/10と軽量で，蓄熱量が小さいので，所定温度に達するまでの立ち上がり(昇温)や降温に要する時間が短縮できる．

このセラミックファイバの優位性を示すため，図37.1に示すように，炉温1250 ℃における定常炉壁からの放散熱量がほぼ800 W/m^2と等しくなるように構成した3種類の炉壁の蓄熱量の比較について表37.1に示す．

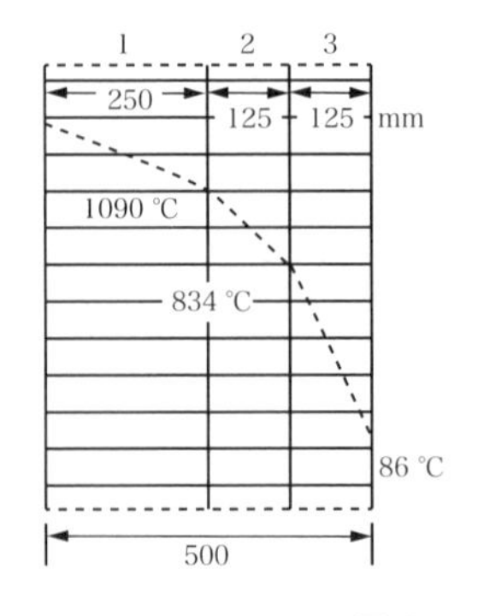

(a)　通常のれんが壁

1. シャモットれんが
2. 耐火断熱れんが
3. 断熱れんが

炉壁損失　780 W/m^2
外表面積1 m^2あたりの
炉壁の質量　652 kg/m^2
炉壁蓄熱量　795200 kJ/m^2（100 %）

図 37.1　3 種類の炉壁の蓄熱比較

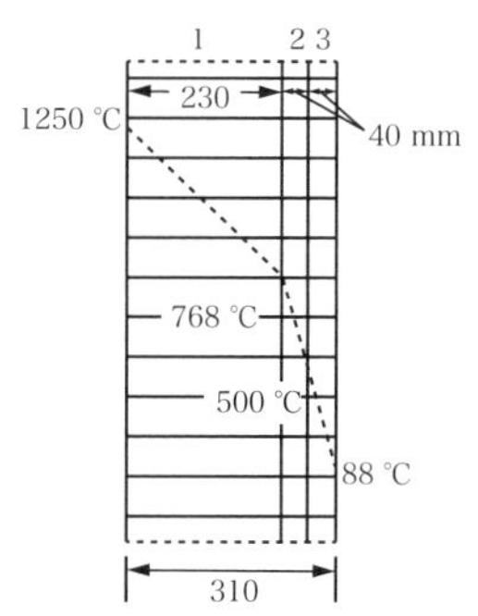

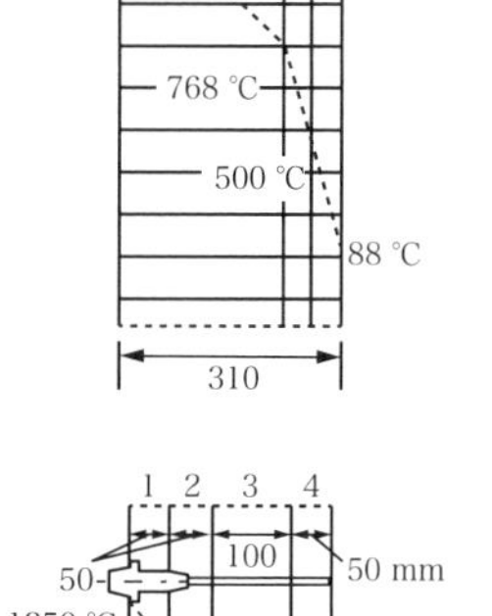

(b)　耐火断熱れんが壁

1. 耐火断熱れんが
2. 断熱ボード
3. ミネラルウール板

炉壁損失　820 W/m²
外表面積1 m²あたりの
炉壁の質量　212 kg/m²
炉壁蓄熱量　233500 kJ/m²（29.4 %）

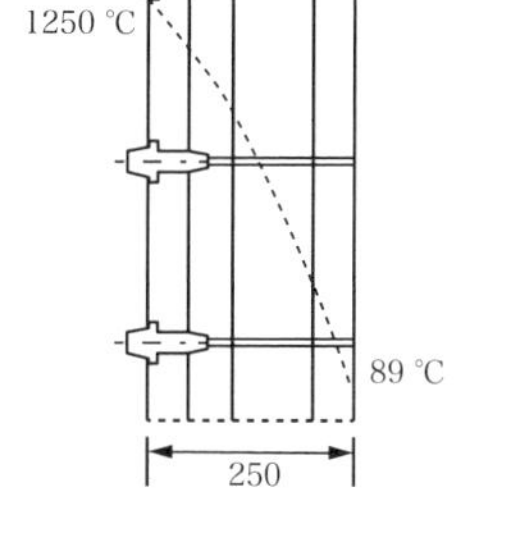

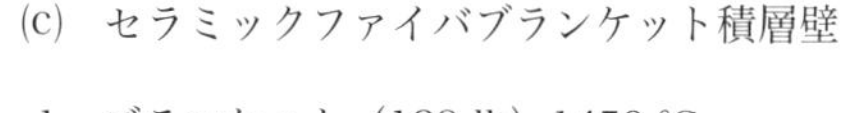

(c)　セラミックファイバブランケット積層壁

1. ブランケット（128 lb）1450 ℃
2. ブランケット（128 lb）1260 ℃
3. ブランケット（96 lb）1260 ℃
4. ミネラルウール（140 lb）

炉壁損失　840 W/m²
外表面積1 m²あたりの
炉壁の質量　29.4 kg/m²
炉壁蓄熱量　24900 kJ/m²（3.1 %）

図 37.1　3 種類の炉壁の蓄熱比較

表 37.1　炉壁の蓄熱量の比較

炉壁構成	炉壁厚さ [mm]	単位面積あたりの炉壁質量 [kg/m²]	単位面積あたりの炉壁蓄熱量 [MJ/m²]
① 耐火れんが壁	500	652	795.2 (100 %)
② 耐火断熱れんが壁	310	212	233.5 (29.4 %)
③ セラミックファイバ壁	250	29.4	24.9 (3.1 %)

これより，炉壁放熱量にあまり差がないように設定した表37.1の3種類の炉壁構成において上表中の③セラミックファイバ壁の炉壁畜熱量は，①耐火れんが壁の場合の1/30(3.1 %)と小さい．このことは，セラミックファイバを使用すれば，炉壁の厚さを薄くでき，軽量化に役立ち，バッチ操業や断続操業において，炉への消費熱量が大きく減少し，省エネに大きく貢献することになる．

試し問題

熱処理炉に厚さ500 mmの耐火断熱材を施工している．耐火断熱材の炉壁側表面温度が950 ℃，炉外側表面温度が100 ℃である．耐火断熱材を平板状とした場合，厚さ方向に伝わる熱量は，単位面積あたりいくらか．次に，保温を強化するためにセラミックファイバを施工することにし，外部放熱量を同一，すなわち炉壁内外面温度を950 ℃，100 ℃一定として厚さを決めた．そのときのセラミックファイバの厚さを求めよ．また，両者の面積1 m^2あたりの質量と蓄熱量を比較せよ．ただし，耐火断熱材およびセラミックファイバの熱伝導率は，それぞれ0.35 W/(m・K)，0.2 W/(m・K)とする．また耐火断熱材およびセラミックファイバの密度をそれぞれ1800 kg/m^3，160 kg/m^3とする．

[解答]

熱伝導の式$Q=\dfrac{\lambda A \Delta T}{\Delta x}$に$\lambda=0.35$ W/(m・K)，$\Delta T=950-100=850$ K，$\Delta x=500$ mm$=0.5$ mを代入して，$\dfrac{Q}{A}=0.35\times\dfrac{850}{0.5}=595$ W/m^2

次に，セラミックファイバの場合，耐火断熱材と同じ放熱量595 W/m^2にすると，

$\dfrac{Q}{A}=595=0.2\times\dfrac{850}{\Delta x_S}$からセラミックファイバ厚さ$\Delta x_S=286$ mm

面積1 m^2あたりの質量mは，

耐火断熱材：0.5 m × 1 m^2 × 1800 = 900 kg
セラミックファイバ：0.286 m × 1 m^2 × 160 = 45.8 kg（耐火断熱材の5.1 %）

面積1 m^2あたりの蓄熱量（熱容量mc）は，耐火断熱材をセラミックファイバの比熱をそれぞれ0.8，1.0kJ/(kg・k)とすると，

耐火断熱材：900 kg × 0.8 kJ/(kg・K) = 720 kJ/K
セラミックファイバ：45.8 kg × 1.0 kJ/(kg・K) = 45.8 kJ/K（耐火断熱材の 6.4 %）

技38 乾燥炉の廃熱回収による省エネ

キーポイント

乾燥炉は物体の水分，溶剤，接着剤等を乾燥処理する装置である．例えば，加工された鋼製品が蒸気吹込みの温水で洗浄され，塗装された後，乾燥炉で乾燥される．近年，自動車産業等電着塗装後の塗膜形成，硬化，溶剤の除去のための水洗行程から乾燥炉を出た炉内排気ガスは塗料の有害物質を含み，脱臭炉で焼却，放出される．特に，塗装設備の場合，熱負荷の内排気損失が50 %程度を占め，省エネ化が十分に進んでおらず，この脱臭炉で放出された廃熱を回収して省エネを図る．

解説

製品塗装後の乾燥炉，その炉内温度を150～200 ℃に上げるための熱風発生装置および有害物質を含む乾燥炉からの排ガス燃焼式脱臭炉のフローを図38.1に示す．

脱臭炉からの約200 ℃の排気ガスの熱回収を図るため，図38.2に示すように温風発生装置の燃焼空気の予熱に使用する．

空気予熱での熱回収量Q [kJ/(燃料1 m^3)]は，次式で表される．

$$Q = Gc_g(t_{g1} - t_{g2}) \tag{38.1}$$

ここで，G：排ガス量 [m^3/(燃料1 m^3)]，c_g：排ガスの比熱 [kJ/(m^3・K)]，t_{g1}，t_{g2}：排ガスの熱回収への入口，出口温度 [℃]

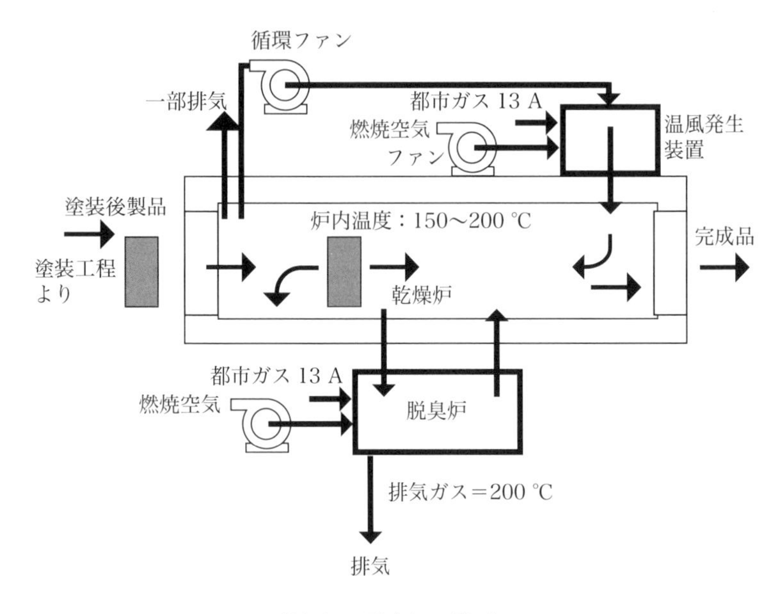

図 38.1　乾燥炉・脱臭炉の排ガスのフロー

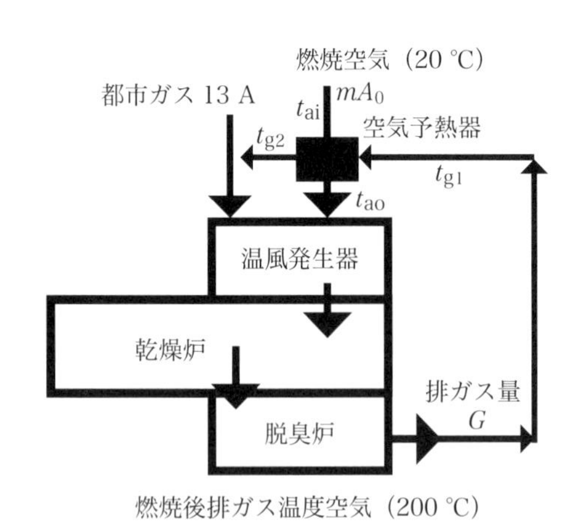

図 38.2　脱臭炉排気ガスの熱回収

空気予熱器での空気の回収熱量 Q_a [kJ/m³] は，

$$Q_a = \alpha A_0 c_{pa}(t_{ao} - t_{ai}) \tag{38.2}$$

ここで，c_{pa}：空気の平均比熱 [kJ/(m³・K)]，α：空気比，A_0：理論空気量 [$m^3/m^3{}_f$]，t_{ao}，t_{ai}：空気の出入口温度 [K，℃]

都市ガス燃料13 A の理論空気量は，10.70 $m^3/m^3{}_f$（技36の試し問題2参照）から，実際投入空気量 A は空気比を α とすると，

$$A\,[m^3/m^3{}_f] = \alpha A_0 = \alpha \times 10.70 \tag{38.3}$$

したがって，温風発生器の都市ガスの燃料消費量を B [m³/h] とすると，空気予熱による1時間あたりの回収熱量 Q_b は，式(38.2)，(38.3)から

$$Q_b\,[kJ/h] = \alpha \times 10.70 \times c_{pa}(t_{ao} - t_{ai}) \times B \tag{38.4}$$

温風発生器の燃料削減率は，都市ガスの低発熱量 H_ℓ [kJ/m³] とすると，

$$\text{燃料削減率}\,[\%] = \frac{Q_b}{BH_\ell} = \frac{\alpha B \times 10.70 \times c_{pa}(t_{ao} - t_{ai}) \times 100}{BH_\ell} \tag{38.5}$$

ここで，都市ガスの低発熱量 H_ℓ [kJ/m³] $= 40.6$ MJ/m³ である．

試し問題

図38.2に示すように脱臭炉排気ガスの熱を温風発生器の燃焼空気の予熱に用いて省エネを図る．改善前の燃料（都市ガス13 A）消費量を50 m³/h，空気比 α を1.3とし，脱臭炉排ガスとの熱交換によって予熱空気温度が20 ℃から130 ℃に上昇させた．年間稼働時間2000 h とすると，年間の燃料削減量，原油削減量および CO_2 削減量を求めよ．

[解答]

式(38.4)を用いて空気予熱器での熱回収量Q_b [kJ/h]は，

$$Q_b\ [\mathrm{kJ/h}] = \alpha \times B \times 10.70 \times c_{pa}(t_{ao} - t_{ai})$$
$$= 1.3 \times 50 \times 10.70 \times 1.3 \times (130 - 20)$$
$$= 99457\ \mathrm{kJ/h}$$

ここで，空気の定圧比熱$c_{pa} = 1.3\ \mathrm{kJ/(m^3 \cdot K)}$とする．

式(38.5)から

$$\text{燃料削減率}\ [\%] = \frac{Q_b}{BH_\ell} = 99457 \times \frac{100}{50 \times 40.6 \times 10^3} = 4.9\ \%$$

したがって，年間の都市ガス燃料削減量 $= 50 \times 0.049 \times 2000 = 4900\ \mathrm{m^3}$/年

原油削減量 $= 4.9$ 千$\mathrm{m^3}$/年 $\times 45$ GJ/千$\mathrm{m^3} \times 0.0258$ kL/GJ$= 5.69$ kL/年

ここで，都市ガス13 AのCO_2排出量算定係数は，基本技3の表9中の2.28 t-CO_2/千$\mathrm{m^3}$を用いる．

CO_2削減量 $= 4.9$ 千$\mathrm{m^3}$/年 $\times 2.28$ t-CO_2/千$\mathrm{m^3} = 11.17$ t−CO_2/年

都市ガス13 Aの購入費用を90円/$\mathrm{m^3}$とすると，

燃料削減額 $= 4.9$ 千$\mathrm{m^3}$/年 $\times 90$ 円/$\mathrm{m^3} = 441$ 千円/年

＜参考＞

排熱回収の利用

工業炉の最大熱損失は，排ガスの排出熱損失である．この回収熱を利用するのは，①原材料の予熱，②燃焼用空気の予熱，③他の蒸気，温水等他熱源への利用がある．

技39 鋳物溶解炉開口部および「取鍋」の放熱損失の低減

キーポイント

鋳物工場では，金属を溶かす溶融炉上部に設置する炉蓋は，溶融温度を自動計測するために開放されている．操業中この開口部から多量の放射熱損失が生じるので，開口部にエアーシリンダ駆動の蓋を新設し，温度計測の必要時のみ開けるようにして省エネを図る．さらに溶融炉から鋳型を造る造型ラインへ「取鍋(とりべ)」と呼ばれる耐火容器を使用して溶湯運搬と注湯工程があるが，従来のガス式加熱では放熱損失が非常に大きく，熱効率は10％程度と低いので，アーク式加熱炉で省エネを図る．

解説

1．溶融炉開口部の放熱損失の低減

溶融炉からの放射熱損失を防止するために，図39.1に示すように開口部にエアシリンダ駆動の蓋を新設する．炉運転中は閉じるようにし，温度計測等の必要時のみ開口する．大きくエネルギーロスが低減し，省エネが図れる．

大きな部屋の中に置かれた高温流体から失われる放射の熱移動量は，次式で表される．

$$Q = \sigma A_1 \varepsilon_1 (T_1{}^4 - T_2{}^4) \qquad (39.1)$$

ここで，Q：熱移動量 [W]，σ：ステファンーボルツマン定数，5.669 $\times 10^{-8}$ W/(m^2・K^4)，ε_1：高温物体の放射率，T_1，T_2：高，低温物体温度 [K]

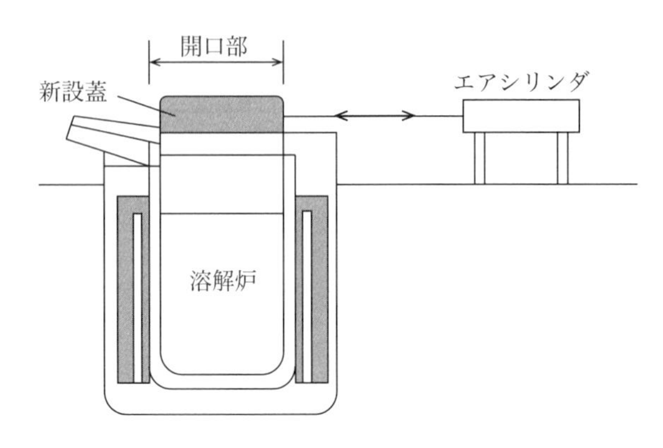

図 39.1　蓋の設置

次に，水平平板や水平円柱から大気圧空間への層流域（$10^4 < GrPr < 10^9$，$GrPr$ は技7の試し問題2と4を参照）の自然対流熱伝達率の簡易式は，

$$\alpha\ [\mathrm{W/(m^2 \cdot K)}] = 1.32\left(\frac{\Delta T}{L}\right)^{\frac{1}{4}} \tag{39.2}$$

ここで，$\Delta T = T_1 - T_2$ [K]，L：水平方向長さまたは円柱の直径 [m]

したがって，開口時および蓋のあるときの放射および自然対流による各放散熱量 Q_o，Q_c は，

$$\left.\begin{aligned} Q_\mathrm{o} &= 5.669\varepsilon_1 A_1\left\{\left(\frac{T_1}{100}\right)^4 - \left(\frac{T_\mathrm{a}}{100}\right)^4\right\} + 1.32 \times \frac{A_1}{d^{\,0.25}}(T_1 - T_\mathrm{a})^{1.25} \\ Q_\mathrm{c} &= 5.669\varepsilon_\mathrm{c} A_\mathrm{c}\left\{\left(\frac{T_\mathrm{c}}{100}\right)^4 - \left(\frac{T_\mathrm{a}}{100}\right)^4\right\} + 1.32 \times \frac{A_\mathrm{c}}{d_\mathrm{c}^{\,0.25}}\ (T_\mathrm{c} - T_\mathrm{a})^{1.25} \end{aligned}\right\} \tag{39.3}$$

ここで，添え字1は溶湯表面，cは炉蓋表面，aは外界雰囲気である．

溶融Fe（融点1535 ℃）の放射率を，概略0.35および炉蓋表面の放射率を0.75とする．

ここで，溶解炉の開口直径 ϕ500 mmの場合，溶湯面および炉蓋の各温度に対する放射熱量（自然対流の項を除く）を式(39.1)によって求め，図39.2に示す．

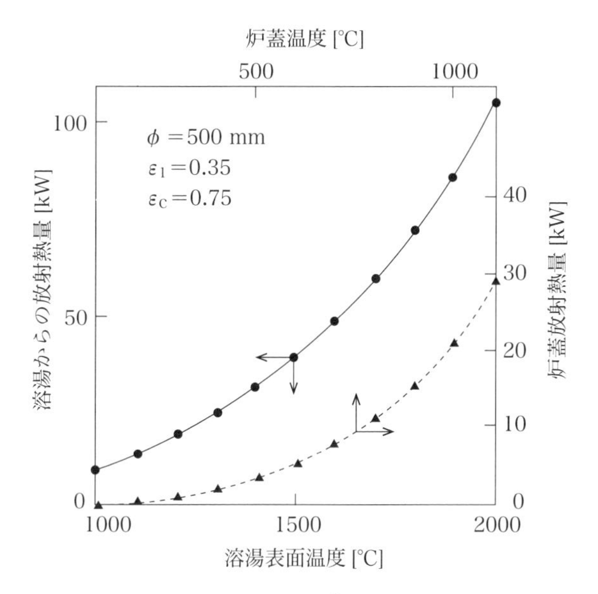

図 39.2　溶解炉開口部および炉蓋からの放射熱量

自然対流による溶湯面からの放散熱量は，溶湯表面1500 ℃から大気20 ℃として，$1.32\times\dfrac{A_1}{d^{0.25}}(T_1-T_a)^{1.25}=1.32\times\dfrac{\pi\times0.5^{1.75}}{4}(1500-20)^{1.25}$ $=2829$ W → 2.83 kWと溶湯からの放射熱の7.4 %程度である．

2.「取鍋（とりべ）」の放熱損失の低減

図39.3に示すように取鍋は溶湯搬送時，溶湯の温度低下を防ぐために内部を予熱する必要がある．この予熱作業では従来ガスバーナ加熱(図39.4(a)参照)が用いられているが，排気による熱損失が85 %程度で，有効熱量が8 %程度と膨大なエネルギーロスが発生していた．そのために各種加熱方式の中で熱源温度が最も高いアーク加熱(図39.4(b)参照)を採用して省エネを図る．アーク式では熱源温度が高いことや断熱蓋の設置による効果で排気損失が7 %程度に抑えられ，有効熱量効率は65 %強に達する．

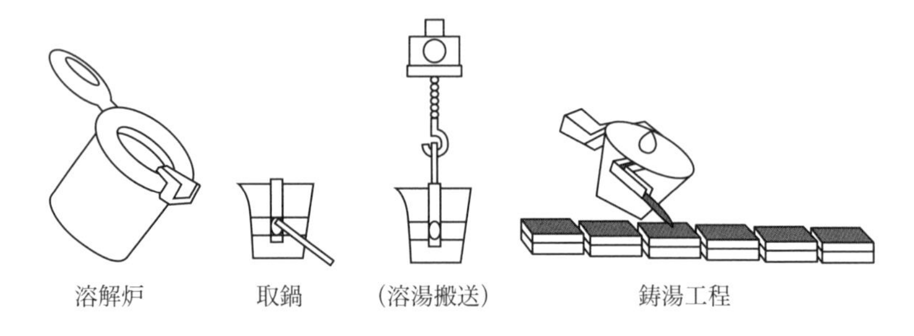

図 39.3　取鍋使用状況

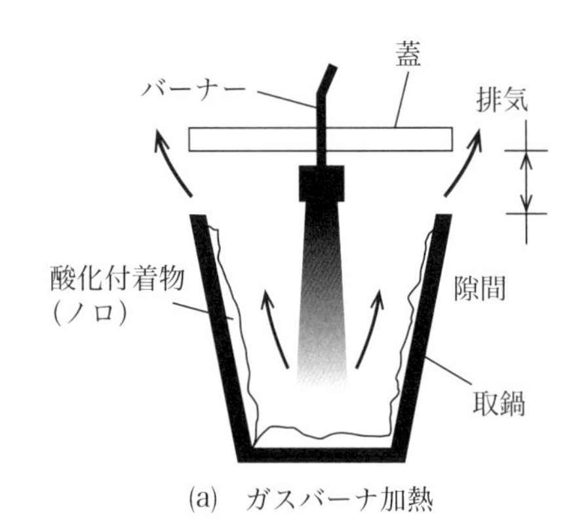

(a)　ガスバーナ加熱

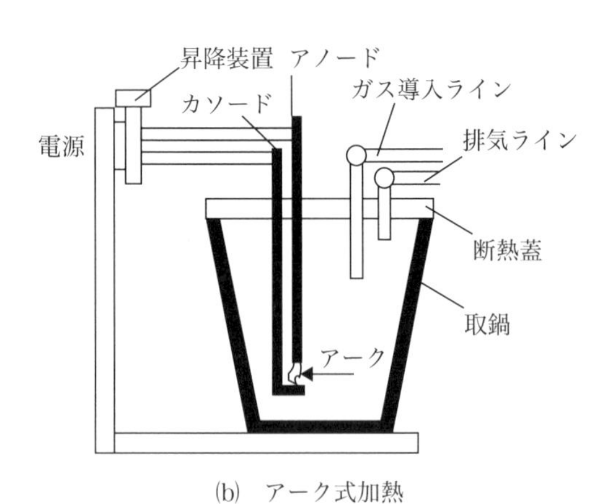

(b)　アーク式加熱

図 39.4　ガスバーナとアーク式加熱

アークはアノードおよびカソード間に電圧を印加することによって発生し，中心温度は5000 ℃以上に上昇するので，加熱時間の大幅な短縮が得られる．例えば，両者の熱収支の一例を表39.1に示す．

表 39.1　熱収支比較

項　目	ガス式加熱装置	アーク式加熱装置
燃料熱量・電力　[%]	100	100
放熱損失　[%]	7	26
排気損失　[%]	85	7
有効熱量　[%]	8	67

したがって，両者の必要な有効熱量を100一定とすると，投入熱量・電力は，ガス式で100/0.08＝1250，アーク式で100/0.67=149であり，アーク式はガス式の約1/8の投入熱量・電力で済み，大きな省エネが図れる．

試し問題

溶解炉運転を60分3バッチ(14分/バッチ)で炉蓋閉鎖可能時間を14分運転中12分の85 %とした場合，炉蓋閉鎖による放散熱量の削減量および年間の削減電力量，削減電力費を求めよ．条件は次のようである．

[条件]

開口直径$\phi=500$ mm，溶湯表面の放射率$\varepsilon_1=0.35$，炉蓋表面の放射率$\varepsilon_c=0.75$，溶解温度$T_1=1673.15$ K(1400 ℃)，炉蓋温度$T_c=573.15$ K(300 ℃)，周囲温度$T_a=293.15$ K(20 ℃)，炉蓋閉鎖可能時間比率：運転時間14分中12分(85 %)，炉運転時間：18h/日(昼間14 h，夜間4 h)×20日/月×12ヶ月/年＝4320 h/年，溶解炉効率$\eta=80$ %，電力単価を15円/kWhとする．

[解答]

開口時および蓋のあるときの各放散熱量Q_O，Q_Cは，式(39.3)から

$$Q_O = 5.669 \times 0.35 \times \pi \times \frac{0.5^2}{4}\left\{\left(\frac{1673.15}{100}\right)^4 - \left(\frac{293.15}{100}\right)^4\right\}$$

$$+1.32\left(\pi \times \frac{0.5^{1.75}}{4}\right)(1673.15 - 293.15)^{1.25}$$

$$= 30502 + 2592 = 33094\ \mathrm{W} \rightarrow 33.1\ \mathrm{kW}$$

$$Q_C = 5.669 \times 0.75 \times \pi \times \frac{0.5^2}{4}\left\{\left(\frac{573.15}{100}\right)^4 - \left(\frac{293.15}{100}\right)^4\right\}$$

$$+1.32\left(\pi \times \frac{0.5^{1.75}}{4}\right)(573.15 - 293.15)^{1.25}$$

$$= 839 + 353 = 1192\ \mathrm{W} \rightarrow 1.2\ \mathrm{kW}$$

したがって，開口と炉蓋のある場合の放散熱量の削減量$(Q_O - Q_C)$は，

$$Q_O - Q_C = 33.1 - 1.2 = 31.9\ \mathrm{kW}$$

炉蓋閉鎖可能時間比率が85 %から，炉蓋閉鎖の年間運転時間は，$4320 \times 0.85 = 3672$ h

$$\text{年間の削減電力量} = (Q_0 - Q_C) \times \frac{\text{炉蓋閉鎖の年間運転時間}}{\text{溶解炉効率}}$$

$$= 31.9 \times \frac{3672}{0.80} = 146421\ \mathrm{kWh/年}$$

電力単価を15円/kWh*とすると，

削減金額＝146421 kWh/年×15円/kWh＝2196千円/年

原油換算削減量＝146.421千kWh/年$\times\left(\frac{14}{18}\times 9.97 + \frac{4}{18}\times 9.28\right)$ GJ/千kWh

×0.0258 kL/GJ＝37.1 kL/年

CO_2削減量＝削減電力量×CO_2排出係数＝146.421千kWh/年

×0.435 t-CO_2/千kWh*＝63.7 t-CO_2/年

＜参考＞

電力単位およびCO_2排出係数(上記の＊部)は，契約電力会社の値数を使用すること．

技40 コージェネレーションシステムの有効利用

キーポイント

工場，ビル設備等で利用されるエネルギーは，動力設備，空調，照明等に使用される電気エネルギーと加熱，冷却，乾燥等に使用される熱エネルギーに分かれる．個々に供給していたこの両エネルギーを化石燃料を熱源とするガスタービンやデイーゼル，ガスエンジン等の原動機を駆動して電力(動力)を取り出すとともに，原動機から排棄される排ガスを熱エネルギーとして利用する熱電併給システムは，コージェネレーションシステムと呼ばれる．すなわち，熱はボイラ(蒸気)で，電力は原動機駆動の発電機で熱と電力を別々に供給する従来のシステムと比べて全体の総合熱効率が75～80 %(電力45～20 %，熱30～60 %)と大幅に増加し，一次エネルギーの削減，大きな省エネにつながる．

解説

1．コージェネレーション(熱電併給)システムのパターン

コージェネレーションシステムの熱電併給パターンを図40.1に示す．図に示すように，化石燃料を用いてガスタービン，ガスエンジン，ディーゼルエンジン等の原動機を駆動し，発電機から電力を取り出すか，直接圧縮機を駆動してヒートポンプや圧縮式冷凍機を作動させ，冷・温水をを取り出す．原動機からの排熱を有効利用するためには，廃熱回収ボイラや熱交換器等の設備を用いて蒸気，温水を取り出す．図中の内燃機関以外に外燃機関として蒸気タービンで電力(動力)を発生し，背圧蒸気の熱を加熱や滅菌等に利用する自家発設備，また発電効率が高く，高温

排熱を生ずる燃料電池もコージェネレーションシステムの範疇に入る．さらに，近年，家庭用コージェネレーションシステムとして燃料電池による発電(0.7〜1 kW)の際に発生する熱(1〜1.3 kW)を給湯に利用する「エネファーム」，さらにガスエンジンで発電(1 kW)し，排熱(2.8 kW)を給湯・暖房に利用する「エコウイル」が普及している．

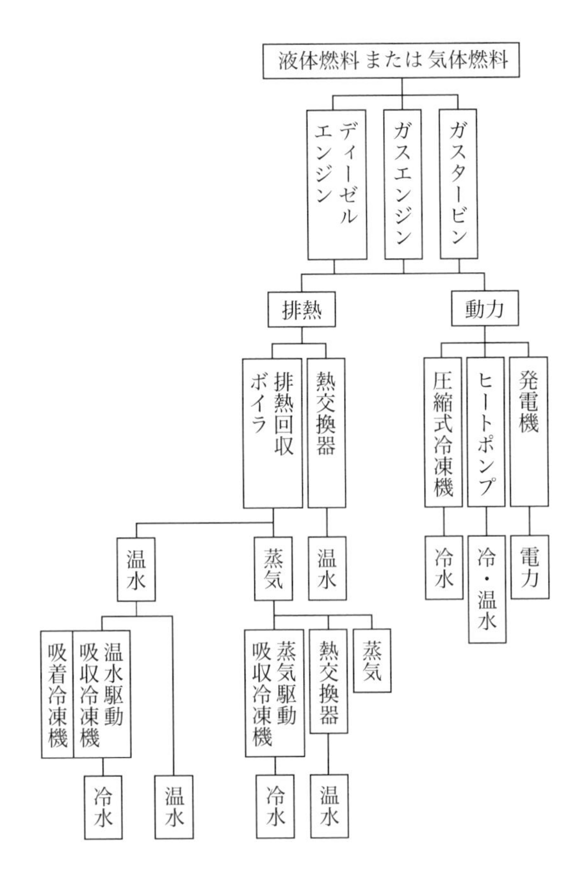

図 40.1　コージェネレーションの熱電併給パターン

2．高い総合熱効率

蒸気タービンのような外燃機関を用いる自家発電設備の場合を例にとると，図40.2に示すようにボイラ(図中，燃焼熱交換部)への投入熱量Q_0，熱機関(タービン等)への入力Q_i，出力W，有効利用熱量Q_U，未利用排熱Q_Eとすると，ボイラ効率$\eta_B = \dfrac{Q_i}{Q_0}$から，総合熱効率$\eta_{total}$は，次式で表される．

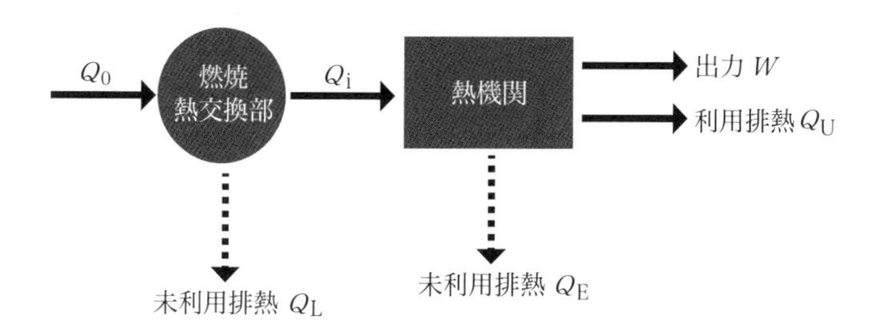

図 40.2　コージェネレーションシステム

$$総合効率\eta_{total} = \frac{W+Q_U}{Q_0} = \frac{\eta_B(W+Q_U)}{Q_i} = \frac{\eta_B(Q_i-Q_E)}{Q_i} = \eta_B\left(1-\frac{Q_E}{Q_i}\right) \quad (40.1)$$

ここで，$Q_i = W + Q_U + Q_E$

すなわち，熱機関から排出される排熱がすべて有効に利用できた場合には，未利用エネルギー$Q_E = 0$となり，式(40.1)において総合熱効率η_{total}は最大でボイラ効率η_Bに等しくなる．

一方，内燃機関の場合には，$Q_0 = Q_i$，すなわち$\eta_B = 1$に相当し，最大は熱機関効率$\left(\dfrac{W}{Q_0}\right)$に関係なく未利用熱エネルギー$Q_E$が0であれば，総合熱効率$\eta_{total}$は最大で100 %となる．すなわち，各原動機の熱機関効率に関係なく，熱機関効率の悪い分廃棄される高温排熱が増加し有効に利用される．

したがって，一般にコージェネレーションシステムの総合熱効率は，70～80 %と非常に高いのが特色である．これは既存の営業用火力発電所では入力である一次エネルギー熱量のほぼ60 %を占めるタービン排気の低圧・低温の蒸気が復水器で熱を冷却媒体(海水等)に排棄して，有効利用できず，熱効率40 %程度と比べて大きく異なる．例えば，営業用火力発電所とコージェネレーションシステムのエネルギーの流れを比較して図40.3に示す．図(a)は，火力発電所のエネルギーフローで，投入一次エネルギーの100 %に対して発電端で39 %の電気エネルギー，すなわち熱効率39 %なのに対して，図(b)のエンジンとその排ガスを有効利用するコージェネレーションシステムの総合熱効率は，排熱が有効に利用できるので，総合熱効率は，70～80 %と2倍以上に達し，省エネが大きく図れる．

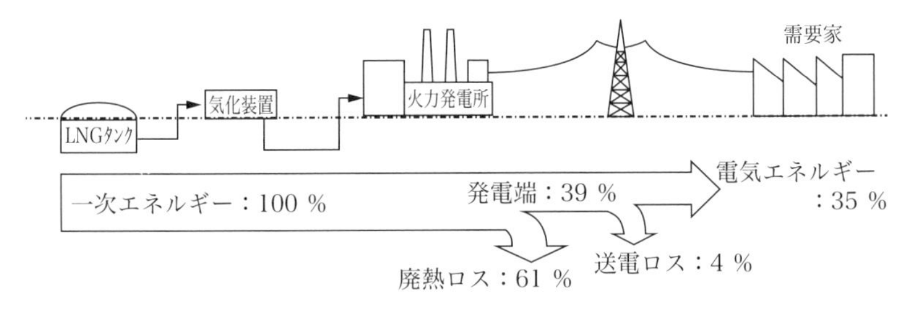

(a) 従来方式による発電

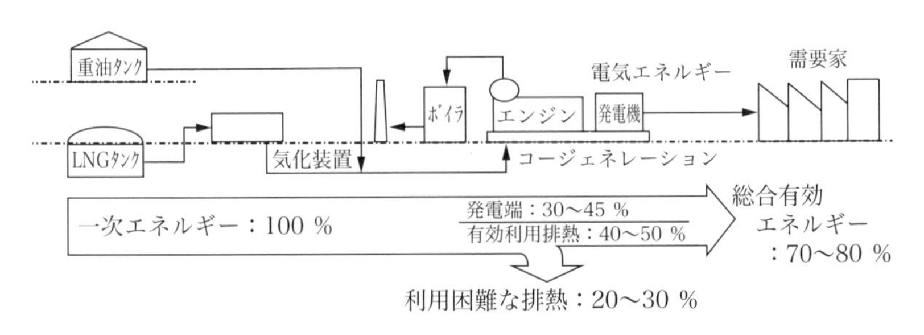

(b) コージェネレーションによるシステム

図 40.3 火力発電所とコージェネレーションシステムのエネルギーフロー

注意点

⑴　工場等における電力，熱需要の初期の計画・設計では発電機で電力が発生している時間中，排熱がフルに利用できる一定条件下で得られることが多いが，実際は年，季節，時間によって熱─電比率が変わる．電力を主として排熱が余ると有効利用できないので外部に捨て，また熱を主として電力が余ると電力が利用できず捨てることになる．すなわち，熱や電力を未利用で捨てた分，総合熱効率は低下する．これに対して，熱電可変サイクル（チェンサイクル，図 40.4⒜参照）が注目されている．熱が余ったときガスタービンの排気ガスエネルギーを回収して廃熱ボイラで発生させた過熱蒸気をガスタービンの燃焼器に噴射し，ガスタービンを駆動して出力を増大させ，出力と回収蒸気量の比，すなわち熱電比を変える方式である．また，圧縮空気の一部を抽気し，飽和蒸気と混合して乾き蒸気にして，ガスタービンに噴射して出力を増大させる 2 流体サイクル方式がある（図 40.4⒝参照）．

⑵　電力あるいは熱のどちらを優先するかを経済性等を考慮して発電機の運転方式を定めておかねばならない．例えば，「熱主電従」ではエネルギーとして熱を必要とする温水プール付きフィットネスクラブ等必要な時間に必要な熱を得ることが主目的で，発電量は制御されない．一方，「電主熱従」では商業施設等昼間の空調負荷・厨房負荷等が集中し，電力ピークが発生する．電力を主とし，熱が不要となると，排熱は利用されず大気放出する運転方式となる．

⑶　コージェネレーションシステムで得た電力をピーク時に用いることで，契約電力や電気需要平準化原単位の削減に大きく寄与できる．ただし，システムの故障や定期点検時には，契約電力超過分の電力供給が得られなくなるので，発電機が運用できないときに電力供給が受けられる「自家発補給契約」を電力会社と結んでおく必要がある．

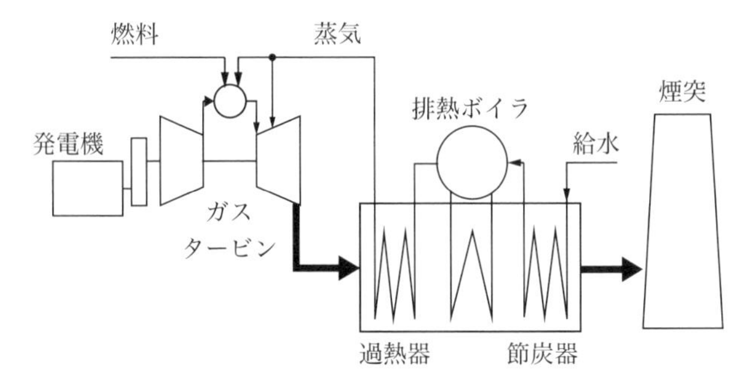

(a)　チェンサイクル

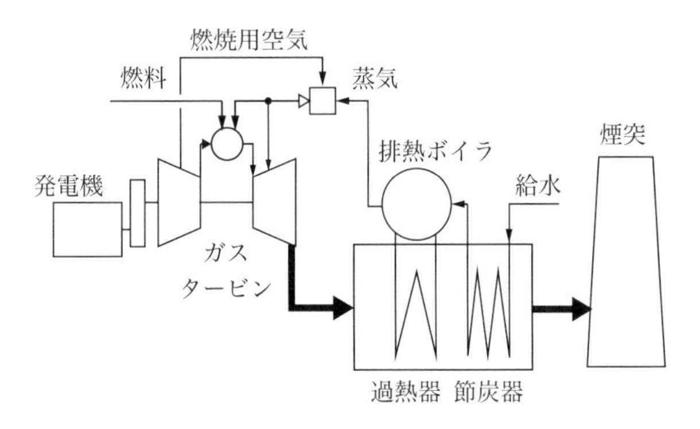

(b)　2流体サイクル

図 40.4　蒸気噴射ガスタービンの概念フロー

試し問題

ある食品工場では，電力会社から電力4300 MWh/年を購入し，熱(温水)は都市ガス焚きボイラで供給し，昼夜連続稼働(8000時間)している．ここで単価の安いA重油を使った総合熱効率の高いコージェネレーションシステム(以下コージェネと略す)の導入を検討する．現状とコージェネ導入後の年間のエネルギー消費量(原油換算)およびCO_2排出量を比較し，削減割合を求めよ．熱供給用のボイラ(都市ガス)は，投入熱量に対して熱効率80 %で熱を供給する．都市ガス燃料の消費量700千$m^3{}_N$/年，都市ガス燃料の高および低発熱量は，それぞれ45 MJ/$m^3{}_N$および41.5 MJ/$m^3{}_N$とする．

コージェネの導入は，単価の安いA重油を燃料とした250 kWディーゼルエンジン2台で構成し，エンジンからの排熱を温水の形態でプロセス用に使う．ただし，計画の前提条件は，コージェネにおけるディーゼルエンジンの発電効率40 %，プロセス用熱回収率40 %，A重油の高および低発熱量は，それぞれ39.1 MJ/L および36.6 MJ/L(比重量0.86 kg/L)とする．コージェネで不足した電力，熱は，買電と既設ボイラで補う．内容を図40.5に示す．

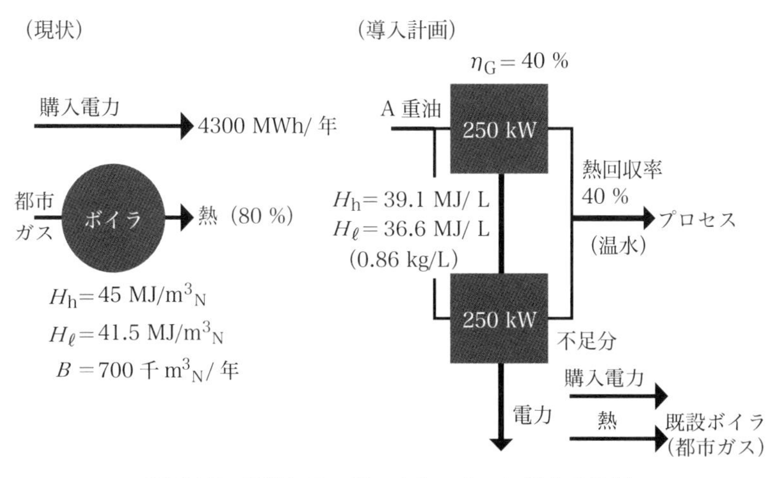

図 40.5　現状とコージェネレーション導入の計画

[解答]

(1)　現状のエネルギー消費量

・購入電力4300 MWh/年で，その内訳は昼夜均等と仮定して

昼間電力：$4300\times\dfrac{14}{24}=2508.3$ MWh/年

夜間電力：$4300\times\dfrac{10}{24}=1791.7$ MWh/年

したがって，現状のエネルギー消費量（原油換算）は，「基本技2」の原油換算係数を参照して，

昼間電力のエネルギー消費量(原油換算)：

2508.3 MWh/年 $\times 9.97$ GJ/MWh $\times 0.0258$ kL/GJ $=645.2$kL/年

夜間電力のエネルギー消費量(原油換算)：

1791.7 MWh/年 $\times 9.28$ GJ/MWh $\times 0.0258$ kL/GJ $=429.0$ kL/年

計：$645.2+429.0=1074.2$ kL/年

・都市ガス(原油換算)：700千m^3_N/年 $\times 1.16$ kL/千$m^3_N=812$ kL/年

したがって，電力と都市ガス燃料の消費原油換算合計量 $=1074.2+812=1886.2$ kL/年

都市ガスによるプロセス用熱量は，700千m^3_N/年 $\times 41.5$ GJ/千$m^3_N\times 0.8=23240$ GJ/年

(2)　コージェネ

・コージェネの正味発電電力量：250 kW/台 $\times$ 2台 $\times$ 8000 h/年 $=4000$ MWh/年，現状の購入電力4300 MWh/年との差300 MWh/年を買電するので，この原油換算量は，電力を昼夜均等と仮定して，

不足分の購入電力(原油換算)：

昼間 $300\times\dfrac{14}{24}$ MWh/年 $\times 9.97$ GJ/MWh $\times 0.0258$ kL/GJ $=45.0$ kL/年

夜間 $300\times\dfrac{10}{24}$ MWh/年 $\times 9.28$ GJ/MWh $\times 0.0258$ kL/GJ $=29.9$ kL/年

計：$45.0+29.9=74.9$ kL/年

・コージェネのA重油の消費量B [kg/s] は，

B [kg/s] $\times\dfrac{36.6\times 10^3}{0.86}$ kJ/kg $\times 0.40=250$ kJ/s $\times 2$ から，2台分のB [kg/s]

$=0.0294\ \mathrm{kg/s} \rightarrow 105.84\ \mathrm{kg/h}$

年間の原油換算量は，A重油の原油換算係数1.01 kL/kLから，

$$\frac{105.84\times10^{-3}}{0.86}\ \mathrm{kL/h}\times1.01\times8000\mathrm{h/年}=994.4\ \mathrm{kL/年}$$

・プロセス用の熱量は40 %から，

$$B\,[\mathrm{kg/s}]\times\frac{36.6\times10^{3}}{0.86}\ \mathrm{kJ/kg}\times0.40=500.48\ \mathrm{kJ/s}$$

年間熱量 $=500.48\ \mathrm{kJ/s}\times3600\times8000\ \mathrm{h/年}$

$=1.441\times10^{10}\ \mathrm{kJ/年}=1.441\times10^{4}\ \mathrm{GJ/年}$

プロセス用熱量の不足分 $=23240\ \mathrm{GJ/年}-14410\ \mathrm{GJ/年}=8830\ \mathrm{GJ/年}$

プロセス用熱量の不足分を既設のボイラで賄うので，その都市ガス消費量

$B\,[千\mathrm{m^3_N}/年]$は，$B=\dfrac{8830\ \mathrm{GJ/年}}{41.5\ \mathrm{GJ}/千\mathrm{m^3_N}\times0.80}=265.96\ 千\mathrm{m^3_N}/年$

この原油換算量 $=265.96\ 千\mathrm{m^3_N}/年\times1.16\ \mathrm{kL}/千\mathrm{m^3_N}=308.5\ \mathrm{kL/年}$

コージェネのA重油と不足分の電力，都市ガス燃料の年間消費原油換算量

合計 $=74.9+994.4+308.5=1377.8\ \mathrm{kL/年}$

したがって，年間の原油換算のエネルギー消費量は，現状1874.2 kLに対して，コージェネ導入により，1377.8 kLに減少する．そのエネルギー消費量（原油換算）の削減割合は，$\dfrac{1377.8}{1874.2}=0.735\rightarrow$ 約74 %となる．

次に，CO_2排出量の比較を検討する．各排出係数は「基本技3」を参照する．ここでは，東京電力株式会社の値（平成30年度実績）を用いる．

(3)　現状のCO_2排出量

・電力：$4300\times10^{3}\ \mathrm{kWh/年}\times0.000468\ \mathrm{t\text{-}CO_2/kWh}=2012.4\ \mathrm{t\text{-}CO_2/年}$

・都市ガス：$700\ 千\mathrm{m^3}/年\times2.28\ \mathrm{t\text{-}CO_2}/千\mathrm{m^3}=1596\ \mathrm{t\text{-}CO_2/年}$

合計 $=2012.4+1596=3608.4\ \mathrm{t\text{-}CO_2/年}$

(4)　コージェネ導入のCO_2排出量

・コージェネのA重油：

$0.0294\ \mathrm{kg/s}\times3600\ \mathrm{s/h}\times8000\ \mathrm{h/年}=846720\ \mathrm{kg/年}$

0.86 kg/Lから，$\frac{846720}{0.86} \times 10^{-3} \times 2.71$ t-CO_2/kL＝2668.2 t-CO_2/年

・不足分の電力：

300×10^3 kWh/年 $\times$ 0.000468 t-CO_2/kWh＝140.4 t-CO_2/年

・不足分の都市ガス：

265.96千m^3/年 $\times$ 2.28 t-CO_2/千m^3＝606.4 t-CO_2/年

コージェネ導入のCO_2排出量合計＝2668.2＋140.4＋606.4

＝3415.0 t-CO_2/年

したがって，年間のCO_2排出量は，現状の3608.4 t-CO_2に対して，コージェネ導入により，3415.0 t-CO_2と減少する．そのCO_2排出量の削減割合は，

$\frac{3415.0}{3608.4} = 0.946 \rightarrow$ 約95 %となる．

ここで，コージェネの燃料をA重油から都市ガスに変更した場合を参考に示す．都市ガスの低発熱量41.5×10^3 kJ/m^3から，都市ガス燃料消費量B [m^3/s]は，

B [m^3/s] $\times 41.5 \times 10^3$ kJ/m^3 $\times$ 0.4＝250 kJ/s $\times$ 2より，B＝0.03012 m^3/s $\rightarrow$ 108.43 m^3/h

年間の都市ガスのCO_2排出量＝0.03012 m^3/s $\times$ 3600 s/h $\times$ $\frac{8000\ \text{h / 年}}{10^3\ \text{千m}^3/\text{m}^3}$ $\times$ 2.28 t-CO_2/千m^3＝1977.8 t-CO_2/年

したがって，CO_2排出量はA重油の2668.2 t-CO_2/年から都市ガスに変更すると1977.8 t-CO_2/年に $\frac{2668.2 - 1977.8}{2668.2}$ ＝0.259 $\rightarrow$ 約26%削減できる．

以上の年間の結果を表40.1にまとめて示す．

表40.1　コージェネ導入による原油換算とCO_2排出量の比較

	現　状	コージェネ導入
電力	4300 MWh	4000 MWh
熱	23240 GJ	14410 GJ
原油換算	1874.2 kL	1493.8 kL
CO_2排出量	3608.4 t-CO_2	3415.0 t-CO_2

（備考）コージェネ導入時の電力，熱の不足分は，買電と既設のボイラで賄う．
1 MWh=3.6 GJ

技41 デマンド監視装置による節電

キーポイント

デマンド監視装置を用いて契約電力が超過しそうになったとき，警報等で知らせて，生産設備に関係のない負荷設備，例えば空調装置等を手動あるいは自動で停止して契約電力内に収める．一般に，電気料金は，基本料金と電力量料金の2つによって構成され，基本料金は契約電力，基本料金単価および力率から決まるので，契約電力の見直しを行い，その契約電力を超えそうなときには負荷の一部を停止して，契約電力の超過を抑え，節電する．また，契約電力を減少させる方法としてピーク時に蓄熱槽(エコアイス)設置等による電力削減や昼間の電力負荷を夜間に移行したりする電力負荷平準化が行われる．

解説

一般に電気料金は，次のように基本料金と電力量料金および再生可能エネルギー発電促進賦課金の和から決まる．

電気料金＝基本料金＋電力量料金＋再生可能エネルギー発電促進賦課金 (41.1)

基本料金は，月の電力使用量に関係なく一定金額である．

基本料金＝契約電力(kW)×基本料金単価×(1.85－力率) (41.2)

基本料金は契約電力に契約種別によって決まる基本料金単価を掛けたものに力率割引(最大15％)がある．受電の契約種別については高圧電力A，B，特別高圧電力，業務用電力とに分類され，料金体系が異なる．実際に消費する有効電力は，電圧と電流の位相差に基づく交流電力の電圧と電流の実効値の積より小さく，力率改善には進相コンデンサを設置する．すなわち，

$$力率\,[\%] = 有効電力 \times \frac{100}{電圧の実効値 \times 電流の実効値} \qquad (41.3)$$

電力使用量が変動しても基本料金は毎月一定の金額を支払うので，契約電力の削減は大きい．すなわち，基本料金は「契約電力」と「力率」の値で決まる．なお，低圧受電の一般家庭の契約電力は，主幹ブレーカーの「アンペア(A)」(10 A～60 A，例えば60 Aの場合上限電力は6 kW)を単位として基本料金は決められ，アンペア(A)を下げれば安くなる．

高圧電力や業務用電力では次のようである．

1．契約電力＜500 kWの場合

契約電力は，「当月を含めた過去1年の最大デマンド」になる．例えば現在の契約電力300 kWで，7月の最大デマンドが30分単位で310 kWになると，自動的に7月から1年間の契約電力は310 kWになる．

2．契約電力≧500 kWの場合

協議によって決め，最大デマンドが契約電力を超えた場合には，超えた部分について1月の超過料金を支払う．翌月以降は協議によって決定する．

次に，電力量料金は，使用電力量と契約種別により定められる電力量単価により決まる．

$$\textbf{電力量料金} = \textbf{使用電力量 (kWh)} \times (\textbf{電力量単価} + \textbf{燃料費調整単価}) \qquad (41.4)$$

燃料費調整単価は，原油価格の変動によって3ヶ月毎に自動的に調整される．

再生可能エネルギー促進賦課金は，電気使用量 × 賦課金単価である．

試し問題

ある工場でデマンド監視装置を設置し，契約電力300 kWを超過しそうになると，生産設備の一部を停止していたが，省エネの推進で契約電力を270 kWに抑制できることになった．電気の基本料金の年間削減金額を求めよ．

試算条件：契約電力300 kW→270 kW，

基本料金単価1270円/(kW・月)，受電力率100 %

ここで，基本料金単価は，受電の契約種別(高圧電力A，B，業務用電力等)や電力会社によって異なる．

[解答]

式(41.2)から，

基本料金の削減額 ＝(300－270) kW×1270円/kW×(1.85－1.00)×12ヶ月

＝388.6千円/年

＜参考＞

デマンドコントローラ

高圧受電の電力需給者の電力消費量を監視して目標の設定値に収まるように警告したり，空調等を自動に調整・制御する．高圧電力では電力メーターが30分ごとの電力の平均値をデマンド値として1年間の中での最大値を契約電力となり，それ以降のデマンド値が低くても契約電力は1年間上がってしまう．デマンドコントローラはこのデマンド値を目標値に引き下げるための制御をして消費電力を抑制する．

技42 変圧器の省エネ

キーポイント

交流電流の電圧を変える変圧器は，2014年から新省エネ基準(トップランナー2)が施行され，旧JIS(C 4304, 1977)と比べ約60 %，前JIS(C 4304, 1981)とは約40 %の省エネ効果があり，トップランナー2変圧器への切替が義務づけられている．

解説

変圧器は，図42.1に示すように電磁誘導の法則に従い，主要部品は鉄心とコイルから構成されている．一次コイルに電圧を印加すると鉄心に磁束が生じ，二次コイルの巻数に応じた電圧が誘起され，負荷を接続すると，二次電流が流れ一次側からコイルの巻数に反比例した一次電流が流入して電力変換する．しかし，鉄心やコイルから図42.2に示す損失が生じる．

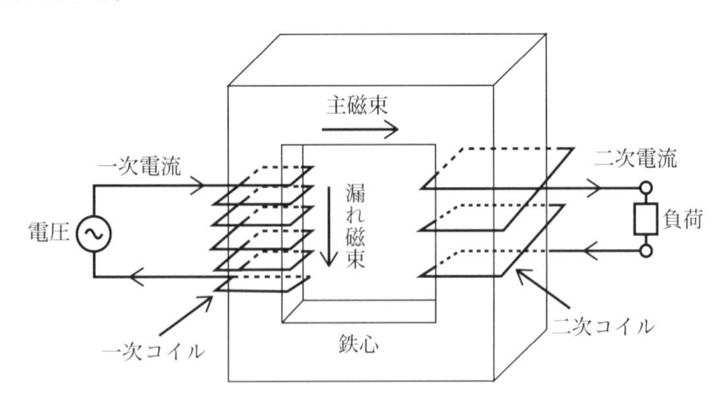

図 42.1　変圧器の原理

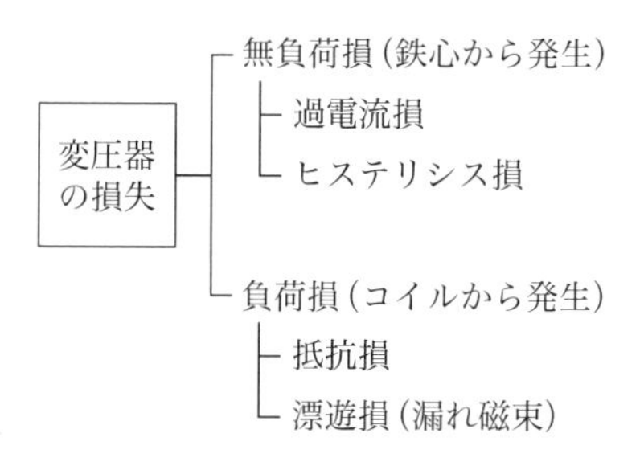

図 42.2　変圧器の損失

鉄心には磁気抵抗により渦電流損とヒステリシス損が発生し，負荷の大きさに関係しないので，無負荷損と呼ばれる．一方，コイルには抵抗があり電流が流れるので損失が発生するが，電流は二次側の負荷に関係するので，負荷損と呼ばれる．

$$\text{全損失 [W]} = \text{無負荷損 [W]} + \alpha^2 \times \text{負荷損 [W]} \qquad (42.1)$$

ここで，αは負荷率 [-] で，変圧器の定格容量 [kV・A] に対する負荷の皮相電力 [kV・A] の割合で，変圧器の利用率とも呼ばれる．変圧器の効率は，出力と入力の比であり，次式で表される．

$$\text{効率 [\%]} = \frac{\text{出力 [W]} \times 100}{\text{出力 [W]} + \text{全損失 [W]}} = \frac{\alpha \times P_{\mathrm{n}} \times \cos\theta \text{ [W]} \times 100}{\alpha \times P_{\mathrm{n}} \times \cos\theta \text{ [W]} + \text{全損失 [W]}} \qquad (42.2)$$

ここで，αは負荷率，P_{n}は変圧器の定格容量 [VA]，$\cos\theta$は力率である．

変圧器の定格容量は，二次側からの出力であり，一次側からは出力に損失分が加算され，効率は出力/入力の比で97～99 %程度で残りの1～3 %が損失となる．しかし，処理する電力が大きく，常用するので損失低減による省エネ効果は大きい．2014年から新省エネ基準が施行され，省エネ・高効率タイプの変圧器が市販されている．

次に，1980年製の油入変圧器1台を同じ容量のトップランナー2に更新したときの省エネ効果を示す．

試し問題

60 Hz三相200 kVA油入変圧器(1980年製，無負荷損600 W，負荷損2900 W)を60 Hz三相200 kVA油入変圧器(トップランナー2，無負荷損310 W，負荷損2150 W)に更新した．負荷パターンは，次のようである．両者の年間の電力削減量および電力料金を15円/KWhとしたときの年間の電力削減額を求めよ．ただし，負荷率や稼働時間は，いずれも同一で次のようである．

平日(昼間)の負荷率，稼働時間×稼働日数：50 %，18 h/日×270 日/年

平日(夜間)の負荷率，稼働時間×稼働日数：2 %，6 h/日×270 日/年

休日の負荷率，稼働時間×稼働日数：2 %，24 h/日×95 日/年

[解答]

・更新前の変圧器の年間損失は，式(42.1)から次のようである．

$$\text{無負荷損} = \frac{600}{1000}\ \text{kW} \times 24\ \text{h} \times 365\ \text{日} = 5256.0\ \text{kWh/年},$$

$$\text{負荷損} = 3523.5 + 1.9 + 2.6 = 3528.0\ \text{kW/年}$$

$$\left\{\begin{array}{l} \text{平日(昼間)} = 0.5^2 \times \dfrac{2900}{1000} \times 18\ \text{h} \times 270\ \text{日/年} = 3523.5\ \text{kWh/年} \\ \text{平日(夜間)} = 0.02^2 \times \dfrac{2900}{1000} \times 6\ \text{h} \times 270\ \text{日/年} = 1.9\ \text{kWh/年} \\ \text{休日} = 0.02^2 \times \dfrac{2900}{1000} \times 24\ \text{h} \times 95\ \text{日/年} = 2.6\ \text{kWh/年} \end{array}\right.$$

したがって，更新前の変圧器の年間損失 $= 5256.0 + 3528.0 = 8784.0$ kWh/年

・更新後の変圧器の年間損失は，次のようである．

$$\text{無負荷損} = \frac{310}{1000}\ \text{kW} \times 24\ \text{h} \times 365\ \text{日} = 2715.6\ \text{kWh/年},$$

$$\text{負荷損} = 2612.3 + 1.4 + 2.0 = 2615.7\ \text{kW/年}$$

$$\left\{\begin{array}{l} \text{平日(昼間)} = 0.5^2 \times \dfrac{2150}{1000} \times 18\ \text{h} \times 270\ \text{日/年} = 2612.3\ \text{kWh/年} \\ \text{平日(夜間)} = 0.02^2 \times \dfrac{2150}{1000} \times 6\ \text{h} \times 270\ \text{日/年} = 1.4\ \text{kWh/年} \\ \text{休日} = 0.02^2 \times \dfrac{2150}{1000} \times 24\ \text{h} \times 95\ \text{日/年} = 2.0\ \text{kWh/年} \end{array}\right.$$

したがって，更新後の変圧器の年間損失＝2715.6＋2615.7＝5331.3 kWh/年

・年間の電力削減量＝8784.0－5331.3＝3452.7 kWh/年

・年間の電力削減額＝34527 kWh×15円/kWh(仮定)＝51.79千円/年

＜参考＞

トップランナー制度とは

省エネ基準としてトップランナー制度は，対象となる機械器具や建材を含む2017年度でトータル32品目(例えば，乗用・貨物自動車，エアコン，照明器具，テレビ，複写機，電子計算機，電気冷蔵庫，変圧器，ストーブ，温水機器，自販機，電子レンジ，断熱材，サッシ，複層ガラス等)を扱う製造事業者や輸入事業者に対して，エネルギー消費効率の目標を示して達成を促すとともにエネルギー消費効率の表示を求めている．その目標の省エネ(トップランナー)基準は，現在商品化されている製品のうちエネルギー消費効率が最も優れているもの(トップランナー)の性能に加え，技術開発の将来の見通し等を勘案して定めている．

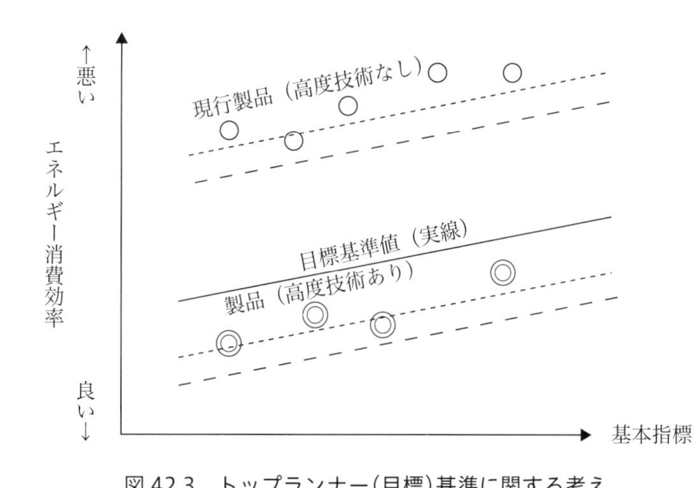

図 42.3　トップランナー(目標)基準に関する考え

技43 変圧器の統合

キーポイント

変圧器は，電源が入っていれば無負荷損が発生する．一般に変圧器は定格の60 %出力付近で効率が最大になる．運用において各変圧器が低負荷で運転されている場合，統合(集約化)することで変圧器効率の増加から電力使用量が削減，省エネにつながる．変圧器を含む受電設備の月次点検が義務付けられており，低負荷の変圧器については統合(集約化)することを図る．

解説

変圧器は，図43.1に示すように負荷率の二乗に比例して生じる負荷損と負荷の大きさに関係なく一定の無負荷損を有するので，その効率は負荷率により変化する．前式(42.2)で示される効率が最大になるのは，負荷損が無負荷損と等しくなる負荷のときである．

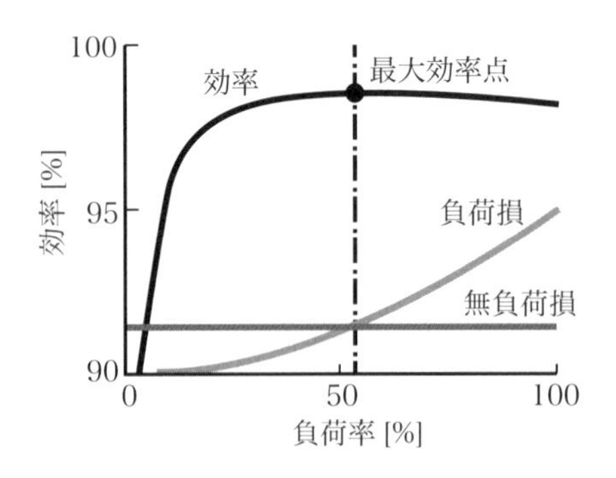

図 43.1　変圧器の負荷と効率の関係

次に汎用品の油入変圧器の効率と負荷率の関係を示す.

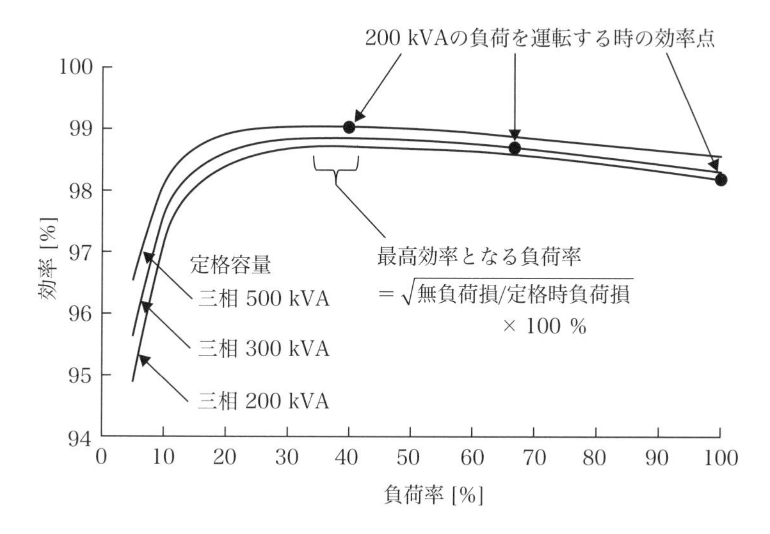

図 43.2　油入変圧器の効率と負荷率の関係（例）

これより負荷が200 kVAのとき，定格容量200 kVA変圧器で負荷率100 %で運転するより，300 kVA(負荷率67 %)や500 kVA(負荷率40 %)で運転した方が大きな効率の得られることがわかる．一般には，負荷変動等を考慮して負荷率60 %程度となるようにする．

試し問題

変圧器を50 Hz三相1000 kVA油入変圧器(2000年製，無負荷損1914 W，負荷損11951 W)×2台がある．これを1台に統合，残りの1台は系統から切り離し無負荷損の低減を図る．この場合の年間の電力削減量および電力単価を15円/kWhとしたときの年間の電力削減額を求めよ．ただし，各変圧器の負荷パターンは次のようである．

・変圧器1の負荷パターン：

昼間の負荷率，稼働時間 × 稼働日数：36 %，8 h/日 × 365日/年

夜間の負荷率，稼働時間 × 稼働日数：22 %，16 h/日 × 365日/年

・変圧器2の負荷パターン：

昼間の負荷率，稼働時間 × 稼働日数：15 %，8 h/日 × 365日/年

夜間の負荷率，稼働時間 × 稼働日数：10 %，16 h/日 × 365日/年

・1台の変圧器に統合後の負荷パターン：

昼間の負荷率，稼働時間 × 稼働日数：

51 %(＝36＋15 %)，8 h/日 × 365日/年

夜間の負荷率，稼働時間 × 稼働日数：

32 %(22＋10 %)，16 h/日 × 365日/年

[解答]

・現状の変圧器1，2の年間の変圧器損失は，次のようである．

変圧器1, 2の無負荷損＝1.914 kW × 24 h/日 × 365日/年 × 2台＝33533 kWh/年

変圧器1, 2の負荷損：5308＋4076＝9384 kWh/年

昼間：$(0.36^2+0.15^2)$ × 11.951 kWh × 8 h/日 × 365日/年＝5308 kWh/年

夜間：$(0.22^2+0.10^2)$ × 11.951 kWh × 16 h/日 × 365日/年＝4076 kWh/年

したがって，

変圧器1, 2の年間の変圧器損失＝33533＋9384＝42917 kWh/年

・統合後の変圧器の年間の変圧器損失は，次のようである．

変圧器1の無負荷損＝1.914 kW × 24 h/日 × 365日/年 × 1台＝16767 kWh/年

変圧器1の負荷損：9077+7147＝16224 kWh/年

昼間：0.51^2 × 11.951 kWh × 8 h/日 × 365日/年＝9077 kWh/年

夜間：0.32^2 × 11.951 kWh × 16 h/日 × 365日/年＝7147 kWh/年

したがって，変圧器1の年間の変圧器損失＝16767＋16224＝32991 kWh/年

・年間の電力削減量＝42917－32991＝9926 kWh/年

・年間の電力削減額＝9926 kWh/年 × 15円/kWh(想定)＝149千円/年

技44 力率の改善による省エネ

キーポイント

流れている電気のうち，何%が実際に仕事をしているかを表す「力率」とは，流れているすべての電力(＝皮相電力)に対して実際に仕事をする有効電力(消費電力)の割合を示し，電圧と電流の位相差の違いを比率で示している．工場や事務所ビルでは，誘導電動機や電灯が大部分を占め，遅れ力率となり，いわゆる無効電力が発生する．例えば力率が0.8とすると，1 kWのモータを運転するのに必要な皮相電力は$EI=P/\cos\phi=1000\ \mathrm{W}/0.8=1250\ \mathrm{VA}$となる．この電力を使う容量は，系統に使われるすべての電気機器に絡み，線路損失や変圧器の負荷損を増大させるとともに回路の電圧降下や発変電設備に不必要な容量を増加させ，設備も大きくなる．力率を100 %に近づけるためには容量リアクタンスである進相コンデンサを設置し，電流が欲しいときにコンデンサに蓄積した電荷を補償し，進相コンデンサの進み力率で遅れ力率を打ち消す方法がとられる．省エネに寄与するだけでなく，電力会社との高圧以上の契約では，基本料金に力率条件が組み込まれているので，支払い料金が削減できる．

解説

電気回路に交流電圧を加えたとき，電流の流れを防ぐ働きをするインピーダンス(抵抗とリアクタンスの総称)の状況によって電流は電圧に対して位相ずれϕを生じる．電力pは電圧eと電流iの積，$p=e\cdot i$で表され，電圧の波形を$e=\sqrt{2}E\sin\omega t$とすると電流は$i=\sqrt{2}I\sin(\omega t-\phi)$となり，この瞬時の電力$p$を1周期で平均した電力$P$は，$P=EI\cos\phi$で表される．この関係を図44.1に示す．

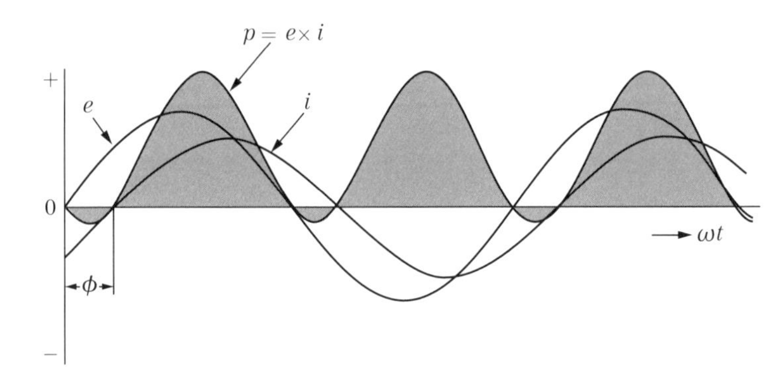

図 44.1　電流，電圧と電力の関係

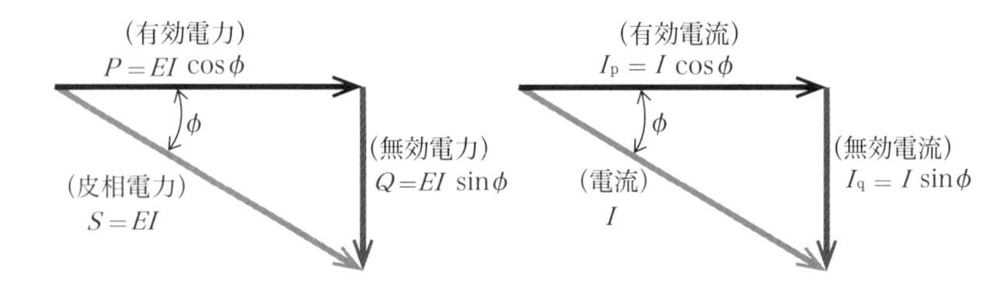

図 44.2　電力と電流

このpの変化では，半周期のうち位相角ϕに相当する部分で電力は負，$(\pi - \phi)$部分で正の電力となる．$\phi = \dfrac{\pi}{2}$ では$P = EI\cos\left(\dfrac{\pi}{2}\right) = 0$で合計電力は0となる．図44.2に示す電圧においてPが有効電力(または消費電力)で，$S = EI$を皮相電力，$Q = EI\sin\phi$を無効電力と呼ぶ．電流の場合も同様である．これより力率$= \dfrac{有効電力}{皮相電力} = \cos\phi$と定義できる．$\phi = 0$，すなわち力率が1のとき同一電力条件で無効電流$I_0 = I\sin\phi = 0$と最小の電流値をとる．

力率が悪いと，同一の電力を使用する場合に電流が増大し，電力損失が増加，電圧降下の増大，設備利用率の低下等いろいろな弊害を生じる．力率を改善する一般的な方法としては，進相コンデンサを接続し，遅れの無効電力を打ち消す．電力用コンデンサの取り付け場所は，図44.3に示すように各種あり，一般に高圧受電の場合，高圧側と低圧側，さらに一括と個別があり，それぞれ表44.1に示すような長所，短所がある．単位容量あたりのコストが安く，電気料金の力率割引きを主目的とする場合は，受電点設置の方式①が有利で一番多く採用される．変圧器の負荷軽減や損失低減に重きを置く場合には変圧器の二次側接続が効果的であるが，設備コストは高くなる．一般の工場においては工作機械やチラー設備ごとに方式③や分電盤，制御盤に設置する方式④の場合もある．

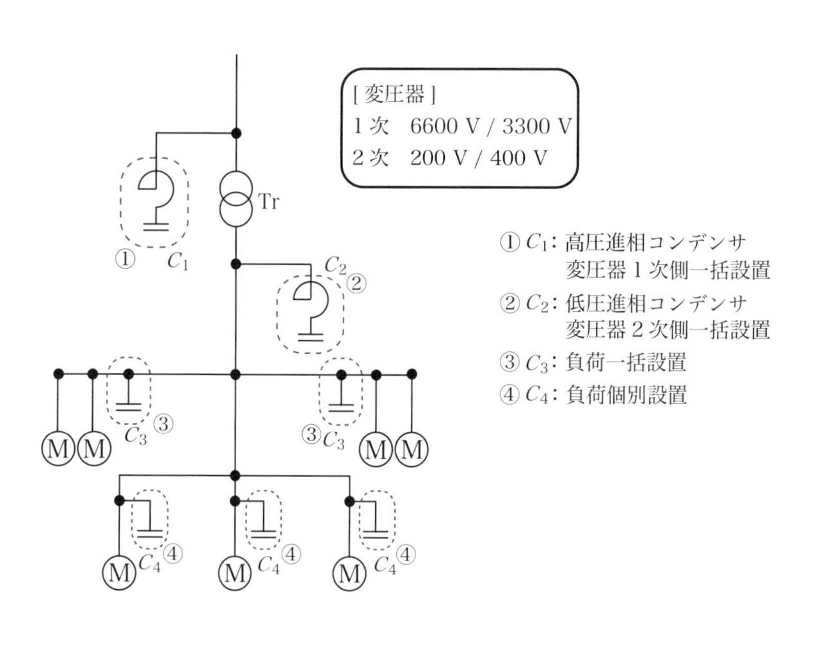

図 44.3　電力用コンデンサの接続位置

表 44.1　コンデンサ接続位置による効果（図 44.3 参照）

設置個所	目　的	長　所	短　所
① C_1	電気料金の削減	・メンテナンスが容易 ・稼働率がよい ・大容量一括なので割安	・大容量集合形なので負荷変動に不対応
② C_2	変圧器の余裕，過負荷防止，銅損の軽減	・μF あたりの価格が安い ・同一場所の設置でメンテナンスが容易 ・コンデンサの稼働率がよい	・軽負荷痔に開閉器が必要 ・軽負荷時の投入には直列リアクトルが必要 ・大容量集合形で負荷変動に不対応
③ C_3	変圧器，幹線の電流，電力損の軽減，電圧降下(変動)の防止	・複数台連動する負荷に対して一括設置ができる ・負荷の変動に少しは対応できる	・設置場所が限定 ・平均負荷電流の調査が必要 ・負荷と共に投入，開閉する開閉器が必要
④ C_4	変圧器および分岐線も含む	・負荷の開閉器を兼用すれば，開閉器は不要 ・最も理想的な改善効果がある	・μF あたりの価格が高い ・コンデンサの数が多い ・コンデンサの稼働率が悪い

容量の決定

力率改善に必要な電力コンデンサ容量Q［kVar，キロバール］は，図44.4に示すベクトル図から次式によって求められる．

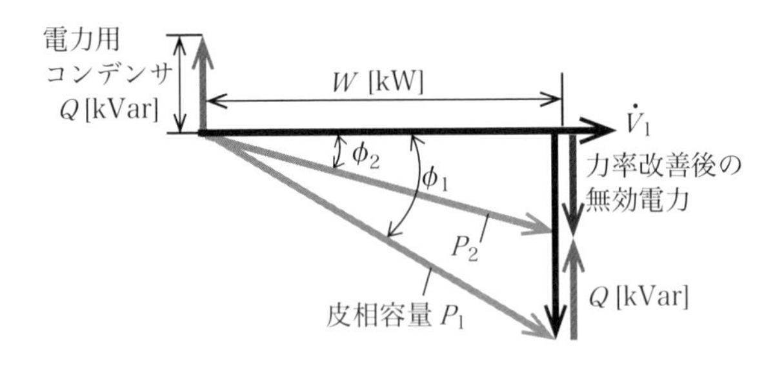

図 44.4　ベクトル図

$$Q = W\left(\frac{\sqrt{1-\cos^2\phi_1}}{\cos\phi_1} - \frac{\sqrt{1-\cos^2\phi_2}}{\cos\phi_2}\right) \qquad (44.1)$$

ただし，W：有効電力[kW]

$\cos\phi_1$：改善前の力率

$\cos\phi_2$：改善後の力率

ここで，各単位のkW：有効電力，kVA：皮相電力，kVar：無効電力を示す．

式(44.1)の$\dfrac{Q}{W}$ [%]の結果を改善前後の力率に対して図44.5に示す．改善後の力率は95 %位までにするのが効果的とされ，高圧側に設置する場合は変圧器容量の$\dfrac{1}{3}$位にすることが多い．

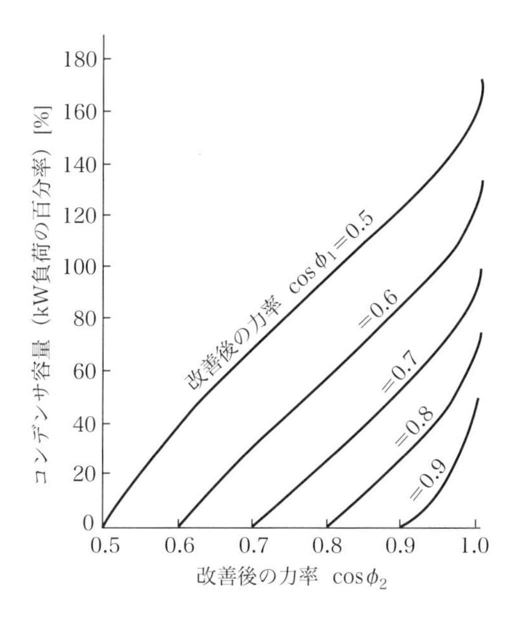

図 44.5　力率と所要コンデンサ容量の関係

例えば120 kW，力率0.7の負荷を力率0.95まで改善する場合，$120 \times 0.69 = 82.8$ kVarの進相コンデンサおよび直列リアクトルを設置する．

<参考>

図44.6のように直列抵抗R，自己誘導L，容量Cが直列に接続されている回路のインピーダンスを求める．供給されている電圧$E=E_0\sin\omega t$に対して，電流は位相ϕだけ遅れて，$I=I_0\sin(\omega t-\phi)$

ここで，$I_0=\dfrac{E_0}{\sqrt{R^2+(L\omega-1/C\omega)^2}}$，$\tan\phi=\dfrac{L\omega-1/C\omega}{R}$で，インピーダンスは$Z=\sqrt{R^2+(L\omega-1/C\omega)^2}$である．

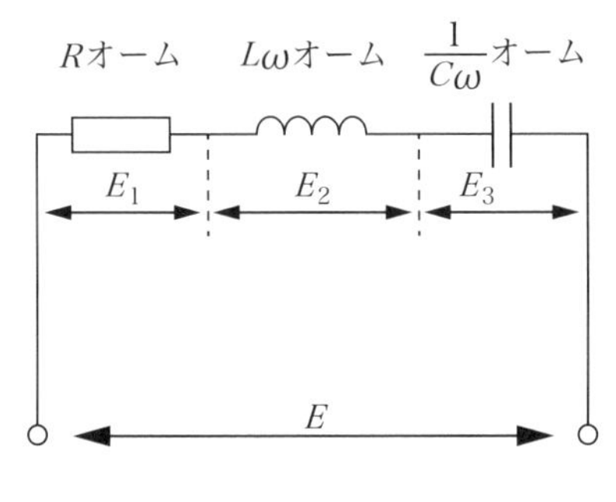

図44.6　R-L-C直列回路

試し問題 1

100 V，60サイクルの交流電源および100 Vの直流電源に，次の3種類：(a)10 μFのコンデンサ，(b)100 Ωの抵抗，(c)30 Hのチョークコイル，をそれぞれ別個につなぐとき，流れる電流および交流の場合の位相差ϕを求めよ．

[解答]

① 100 V，60サイクルの交流の場合：

(a) $C=10\ \mu\mathrm{F}=10\times10^{-6}\mathrm{F}$であり，$\omega=2\pi f=2\pi\times60$から，

$$Z=\frac{1}{C\omega}=\frac{1}{10^{-5}\times120\pi}=\frac{1}{1.2\pi\times10^{-3}}$$

$$I=\frac{E}{Z}\text{から } I=\frac{100}{1/(C\omega)}=100\times1.2\pi\times10^{-3}=0.38\ \mathrm{A}$$

位相差ϕは，$\tan\phi=-\infty$から$\phi=-\dfrac{\pi}{2}$

(b) $E=100\ \mathrm{V}$，$R=100\ \Omega$から$I=1\ \mathrm{A}$，位相差$\phi=0$

(c) $Z=L\omega=30\times2\pi\times f=30\times2\pi\times60=11310\ \Omega$，$I=\dfrac{E}{Z}=8.8\ \mathrm{mA}$，

位相差$\phi=\dfrac{\pi}{2}$

② 100 V直流の場合：

(a) $R\to\infty$から$I=0$

(b) $R=100\ \Omega$から$I=1\ \mathrm{A}$

(c) $R\to0$から$I=\infty$

試し問題 2

三相3線式6.6 kV電源から供給される平衡三相負荷の消費電力が300 kW，力率が90 %であった．力率を100 %に改善するのに，負荷に並列に設置すべきコンデンサ容量は，何kVarか．

[解答]

式(44.1)に代入して，$Q=300\times\left(\dfrac{\sqrt{1-0.9^2}}{0.9}-0\right)=300\times0.484=145.3\ \mathrm{kVar}$，

あるいは

$(\text{皮相電力})^2=(\text{有効電力})^2+(\text{無効電力})^2$の関係から

$$\text{無効電力}=\sqrt{\left(\frac{300}{0.9}\right)^2-300^2}=\frac{300}{0.9}\times\sqrt{1-0.81}=145.3\ \mathrm{kVar}$$

試し問題 3

線間電圧400 Vの対称三相交流電源に，消費電力50 kW，力率60 %の負荷と消費電力130 kW，力率80 %の負荷が並列に接続され，いずれも平衡三相負荷である．このときの負荷の合計消費電力と需要側からみた力率は何%か．ここで，力率はいずれも遅れ力率である．

[解答]

消費電力50 kWと130 kWの負荷が並列に接続されているときの合計の消費電力は，$P=50+130=180$ kW，消費電力が50 kW，力率60 %の負荷の無効電力$Q_1\,[\mathrm{kVar}]=\dfrac{50}{0.6}\times\sqrt{1-0.6^2}=66.67$ kVar，消費電力が130 kW，力率80 %の負荷の無効電力$Q_1\,[\mathrm{kVar}]=\dfrac{130}{0.8}\times\sqrt{1-0.8^2}=97.5$ kVar，合計の無効電力$Q=Q_1+Q_2=66.67+97.5=164.17$ kVar，電源側から見た力率を$\cos\phi$とすると，$\cos\phi=\dfrac{p}{\sqrt{p^2+Q^2}}=\dfrac{180}{\sqrt{180^2+164.17^2}}=0.739\rightarrow 74$ %

試し問題 4

500 kVA三相変圧器（定格出力時8.0 kW）が負荷率60 %で月間250 h運転されていた．変圧器の2次側に進相コンデンサを接続し，力率を75 %から95 %に改善した．月間の低減電力量および電力料金単価を15円/kWhと仮定したときの削減金額を求めよ．

[解答]

負荷率60 %のとき負荷損は，負荷率の2乗に比例するので，

$8000\ \mathrm{W}\times(0.60)^2=2880\ \mathrm{W}$

有効電流をI_pとすれば，力率$\cos\phi$の電流$I=\dfrac{I_p}{\cos\phi}$で，変圧器の負荷損は電流の2乗に比例するので，力率改善による効果は，$\dfrac{\Delta I^2}{{I_1}^2}=\dfrac{{I_1}^2-{I_2}^2}{{I_1}^2}=1-\left(\dfrac{\cos\phi_1}{\cos\phi_2}\right)^2$ $=1-\left(\dfrac{0.75}{0.95}\right)^2=0.377$，したがって，負荷損の低減量$=2880\times0.377=1086$ W

月間の低減電力量$=1.086\times250=271.5$ kWh/月，削減金額$=271.5\times15$ $=4072.5$円/月

試し問題 5

ある工場で8時～22時までの有効電力量と無効電力量を1ヶ月間測定し，有効電力量が150000 kWhで，無効電力量が70000 kVarであった．力率を求め，基本料金単価を1560円/kWとしたときの基本料金を求めよ．契約電力を500 kWとする．

[解答]

受変電設備における損失改善の効果は，電力会社にとって設備稼働率や管理の面で大きなメリットとなるので，改善の程度に応じて基本料金を減額している．すなわち，

$$\text{基本料金} = \text{契約電力}[\text{kW}]\times\text{基本料金単価}\times(1.85-\text{力率}) \qquad (41.2)$$

一方，力率は，次から求められ，

$$\text{力率}=\frac{\text{有効電力量}}{\sqrt{(\text{有効電力量})^2+(\text{無効電力量})^2}}=\frac{150000}{\sqrt{(150000)^2+(70000)^2}}=0.906$$

したがって，基本料金$=500\times1560\times(1.85-0.906)=736.2$千円である．

技45 待機電力の削減

キーポイント

待機電力とは，電気製品に対して電源スイッチOFFや待機モードの状態で消費されてしまう電力，すなわち電源が切れている状態でもコンセントを入れているだけで消費される電力をいう．コンセントを抜いていれば待機電力は，発生しない．すなわち，工作機械やコンベアを停止させても機械に組み込まれている補助用電動機は稼働している場合が多い．一方，家電製品のテレビやエアコン，炊飯器，オーディオ製品等もコンセントを抜かずに電源スイッチをOFFにした場合，電源がONになるまでの待機時間，リモート制御やデジタル時計等が機能し，電力を消費する．このような待機電力量は工場や事務所，家庭において多くを占めるので，減少させることが大きな省エネにつながる．

解説

例えば工作機械の停止時，切削油ポンプやチップコンベア，サーボモータ，表示器，機内照明等の運転は必要でないのに停止されず待機状態で電力を消費している(図45.1参照)ので，機器停止に伴いこれらの運転不要な機器をOFFにする機能を付加する．また配電系統における変圧器も使用時間外も鉄損等の無負荷損が生じるので配電を遮断させて無駄な待機電力をなくす．さらに，ライン設備でプログラムのバックアップのため非生産時の休日や夜間にも電源を連続ONで待機電力を消費しているのでバックアップ電池を交換してバックアップの確認ができ次第非稼働時の電源をOFFにする．このような工場の電力使用状況をリアルタイムで計測するために電力監視モニターを導入し，電力量を監視し，機械停止時や夜間，休日の待機電力量等を調べ，省エネ推進に役立てることができる．

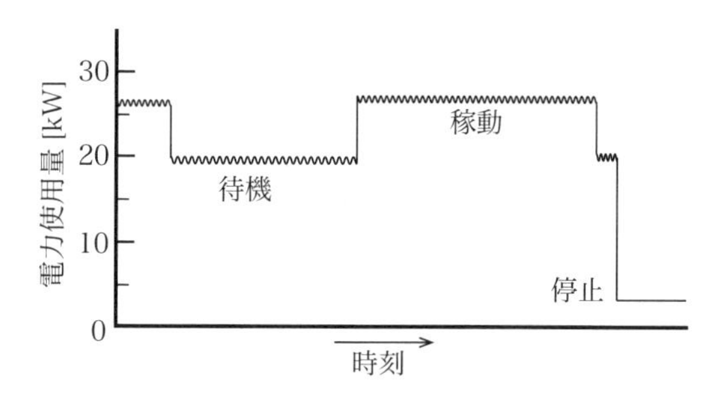

図 45.1　製造機械の消費電力例

一方，家電製品のテレビやエアコン，炊飯器，オーディオ製品等でもコンセントを抜かずに電源スイッチをOFFにした場合，電源がONになるまでの待機時間，リモート制御やデジタル時計等が機能し，電力を消費する．一般に家電製品の待機電力を集計すると20〜30 W程度，家庭の消費電力量全体の約6 %に及ぶといわれる．したがって，電気機器を長期に利用しないときはコンセントから外しておくのが望ましい．家電製品ではコンセントの抜き差しを無理なく行うために，個別スイッチ付テーブルタップの使用が便利である．

我が国の1世帯あたりの年間待機時消費電力は，約300 kWh/年(4人家族の1日あたりの平均電気使用量は，18.5kWh/日）といわれ，年間電力消費量の約5 %を占める．待機時の消費電力量の大きい家電製品は，①ガス温水器，ガス給湯器(19 %)，②テレビ(10 %)，③エアコン(8 %)，④電話機(8 %)，⑤DVDレコーダ(6 %)である．このベスト5の待機電力量を合計すると，家電の全待機時消費電力量の51 %を占める．不使用時は主電源を切ることを心がける．電話機は省エネモードがあれば利用する．さらに工場等での製造機器の待機電力も可能な範囲，特に昼休みの休憩時には主電源を切って省エネを図る．

事務所内に多数のパソコンがある場合，その電力消費の一例を示すと，例えば最近のノートパソコンの通常モードでおよそ26 Wとすると，省エネモードで12 W，スリープモードで0.4 W程度である．またスリープモードとシャットダウンでは，どちらが節電になるかは，シャットダウン時と起動時に通常より多くの電力を消費するので，頻繁に行う場合にはスリープモードの方が節電になり，通常90分以内の離席ならスリープモードを使った方が有利とされる．

試し問題 1

NC加工旋盤の運転終了後，翌朝まで待機状態にしているが，タイマーによって制御および電源ON，OFFすることによって待機電力削減を図った．待機時電力は7.7 kW/台で旋盤20台が可能であった．運転時間は，8 h/日 × 330日とする．年間の節減電力量と買電単価15円/kWhとしたときの節減額を求めよ．

［解答］

年間節減電力量 = 7.7 kW × 20台 × 8 h/日 × 330日 = 406560 kWh

年間節減額 = 406560 kWh/年 × 15円/kWh = 6098千円/年

試し問題 2

事務所で稼働100台のディスクトップ型パソコンの消費電力が1台あたり平均100 W，スリーブモード状態時2.3 Wの場合を想定し，1日10時間節電時間（スリープモード，待機電力）としたときの年間稼働時間250日/年の節減電力量，節減金額およびCO_2削減量を求めよ．

[解答]

① 年間節減電力量 [kWh/年]＝(100－2.3)×10^{-3} kW/台×100台×10 h/日×250日/年＝24425 kWh/年

② 一般事務所の買電単価を26円/kWhとすると，年間節減金額＝24425 kWh/年×26円/kWh＝635千円/年

③ 年間CO_2削減量＝24425 kWh/年×0.518 t-CO_2/千kWh＝12.7 t-CO_2/年

ここで，基準排出係数0.518 t-CO_2/千kWhは，平成30年1月12日改正による電気事業者9電力（沖縄電力の0.705 t-CO_2/千kWhを除く）の平均による．

試し問題 3

1台の液晶テレビ（消費電力300 W）の待機電力0.5 Wに対して，1年間待機電力の状態にあったときの年間の待機電力量と電力代およびCO_2削減量を求めよ．

[解答]

① 年間待機電力量 [kWh/年]＝$\frac{0.5}{1000}\times 24\times 365$＝4.38 kWh/年

② 買電単価を26円/kWhとすると，年間電力代＝4.38 kWh/年×26円/kWh＝114円/年

③ 年間CO_2削減量＝4.38 kWh/年×0.518 t-CO_2/千kWh
＝2.3×10^{-3} t-CO_2/年

技46 照明設備の省エネ

キーポイント

照明については調光による減光や消灯等を行って，過剰や不要な照明をなくすとともに設備の清掃を行うことが省エネにつながる．したがって，作業場等の照度計測を行い，適正か調べ，過剰であれば間引く．不必要な場所および時間帯の消灯，減光するために人体感知装置やタイマーの利用を図る．さらに，省エネのために電気料金やCO_2排出量の削減のため，効率の低い白熱電球を廃止し，高周波点灯方式のHf蛍光ランプや高輝度放電ランプ等効率の高い光源に変更する．電球形蛍光ランプや電球形LEDランプ等省エネランプへ切り替える．これらの高効率照明器具への普及が進んでいる．

解説

省エネ性能の差として，60 W白熱電球相当の3種類のランプの比較を次に示す．

表 46.1　三種類のランプ(白熱電球 60 W 相当)

	消費電力 [W]	寿命(参考)[h]	概略価格 (参考) [円]
白熱電球	54.0	3000	400
蛍光灯形ランプ	11.0	10000	800
LED ランプ	6.9	40000	1500

すなわち，LED電球の消費電力は白熱電球に比べ87 %，従来の蛍光灯に比べ約37 %下がる．寿命は蛍光灯の4～5倍長く，交換頻度が大きく減少する．またLED照明はガラス管を用いている蛍光灯と違い，

外周部はポリカーボネイトの樹脂材料でコーティングされているので振動や衝撃に強く，落下してもガラスの破片で怪我したり，内部の水銀が飛び散る等の危険性がない．さらにLED照明は紫外線や赤外線がほとんど含まれていないので，衣類，美術工芸品への褐色，変色等の影響や生鮮食品の鮮度にも影響を与えない．屋外では，紫外線に引き寄せられる害虫等も防げる．2020年に向けて我が国の大手照明メーカーが白熱灯，蛍光灯器具や水銀ランプの生産終了を発表し，LED化への加速が進んでいる．

最近，表46.2に示すように調光スイッチや人感センサー等の照明制御による省エネ化が図られている．省エネ計算に際して消費電力は，照明設備の制御方法に応じて表に示す補正係数を乗じて算定する．また，手法が併用されているときの補正係数は，それぞれの係数を乗じて算出される．

表 46.2　照明制御の手法と補正係数

制御の方法	係数	制御の方法	係数
人感センサー，カード等による感知制御	0.80	昼光利用照明制御	0.90
照度センサーによる明るさ感知制御	0.80	ゾーニング制御	0.90
調光スイッチによる制御	0.80	局所制御	0.90
多灯分散照明方式	0.80	タイマー制御	0.95
タイムスケジュール制御	0.90	その他	1.0

試し問題 1

表46.1に示す60 W相当の3種類のランプにつき，稼働時間10 h/日×350日/年における個数100個あたりの年間の電力消費量および電気料金を比べよ．

[解答]

稼働時間：10×350＝3500 h/年

白熱電球：$\frac{54}{1000}$ ×100個×3500 h/年＝18900 kWh/年

蛍光灯形ランプ：$\frac{11}{1000}$ ×100個×3500 h/年＝3850 kWh/年

LEDランプ：$\frac{6.9}{1000}$ ×100個×3500 h/年＝2415 kWh/年

1 kWhの電気料金を15円/kWhと想定すると，年間の各電気料金は

白熱電球：18900 kWh/年×15円/kWh＝283.5千円/年

蛍光灯形ランプ：3850 kWh/年×15円/kWh＝57.8千円/年

LEDランプ：2415 kWh/年×15円/kWh＝36.2千円/年

試し問題 2

ある老人福祉施設で蛍光灯形シーリングライト50台のLED化を計画した．消費電力は蛍光灯形シーリングライト：78 W，LED形シーリングライト：32 Wである．稼働時間を10 h/日×365日/年とした場合の省エネ性を検討せよ．

[解答]

稼働時間：10×365＝3650 h/年

蛍光灯形シーリングライト：$\frac{78}{1000}$ ×50個×3650 h/年＝14235 kWh/年

LEDシーリングライト：$\frac{32}{1000}$ ×50個×3650 h/年＝5840 kWh/年

1 kWhの電気料金を15円/kWhと想定すると，

蛍光灯形シーリングライト：14235 kWh/年×15円/kWh＝213.5千円/年

LEDシーリングライト：5840 kWh/年×15円/kWh＝87.6千円/年

年間のコストメリットは，213.5－87.6＝125.9千円/年

試し問題 3

高天井の工場倉庫に下記の旧式の水銀灯50台を使用していたが，次表に示す消費電力の少ないLED照明50台に変え，電力使用量の削減を図った．年間の電力削減量，原油換算削減量およびCO_2削減量を求めよ．点灯時間は10 h/日 × 240日/年とする．

表 46.3　水銀ランプと同等の明るさの LED

水銀ランプ	消費電力(安定器含む)	LED	消費電力
400 W(HF400X)	415 W	水銀ランプ400相当	117 W

[解答]

現状の水銀灯の消費電力：415 W/台 × 50台 × 10 h/日 × 240日/年

$= 4.980 \times 10^7$ W/年 = 49.80 MWh/年

改善後のLEDの消費電力：117 W × 50台 × 10 h/日 × 240日/年

$= 1.404 \times 10^7$ W/年 = 14.04 MWh/年

年間削減電力量 = 49.80 − 14.04 = 35.76 MWh/年

年間削減金額は，買電単価15円/kWhを仮定すると，

年間削減額 $= 35.76 \times 10^3$ kWh/年 × 15円/kWh = 536.4千円/年

年間原油換算削減量 = 35.76 MWh/年 × 9.97 GJ/千kWh × 0.0258 kL/GJ

= 9.20 kL/年

ここで，買電の原油換算係数値9.97 GJ/千kWhは，削減消費電力を昼間電力(8時〜22時)に対応するものとする．

年間CO_2削減量 = 35.76 MWh/年 × 0.435 t-CO_2/千kWh*

= 15.56 t-CO_2/年

＊CO_2排出係数は契約電力会社の係数を使用すること．

技47 自販機の省エネ

キーポイント

我が国の2017年末の飲料自販機の普及台数は，約250万台におよび，年間の売上金額は2兆円に達する．その消費電力は1台600 W以上あり，早くから消費電力への省エネに取り組まれてきた．すなわち，1998年の改正省エネ法に基づき，自動車や家電等のトップランナー方式*による省エネ制度に，自動販売機が2012年加えられた．缶・ボトル飲料自販機1台あたりの年間消費電力量は，2005年度の1600 kWh/台と比べて2017年度は700 kWh/台と半分以上削減された．照明の自動点灯・消灯・減光機能，部分冷却・加温システム，真空断熱材の採用等の他電力需要ピーク時の午後(7/1～9/30の午後1時～午後4時)に冷却運転停止および夜間・休日停止，台数制御等により省エネが一層図られている．

*トップランナー方式：省エネ法で指定された特定機器のエネルギー消費効率等の省エネ基準を，各製造者の製品の加重平均エネルギー消費効率が現在商品化されている製品のうち最も優れている機種の性能(トップランナー)以上にするというもの．

解説

2017年末の自販機および自動サービス機(両替機，自動精算機等)を含めた合計普及台数は約430万台で，飲料自動販売機がそのうちの約60 %を占め，飲料自動販売機の年間の売上金額は2兆円にも達する．過去，自販機1台あたりの消費電力は，500～1000 W/台程度で，加熱，冷却のためのヒータや圧縮機および40 W蛍光灯を2，3本内蔵し，24時間運転されていた．したがって，自販機250万台について単純に1台あたり消費電力を1 kWとすると，250万kWもの大きな電力を消費する．最近，省エネに配慮した自販機では150 W/台やピークシフト形の130 W/台が出現している．そのための省エネ手法として次の機能を持たせている．

① 加熱・冷却にヒートポンプを用いて，消費電力を削減する．

② ピークカット機能：7～9月の多い電力需要時期に，午前中に商品の冷却を行い，午後1～4時のピークには冷却を停止し，電力需要平準化に寄与する．すなわち，朝方の冷却に300～400 W程度消費し，電力需要のピーク時間帯には20 W程度に抑え，トータル1日3 kWh程度/台の省エネ運転を達成する．

③ ゾーンクーリングと全体クーリング：冷気は下方に溜まり，商品は下から売れていくので，全体を冷やすのではなく，商品保存室の下方のみ冷却して消費電力を削減する．さらに，製品自体を畜冷剤として使用し，電力需要時間帯の冷却を停止しても製品に蓄えられた冷気を逃さないようにする．

④ 真空断熱材の採用：ウレタン等を真空パックにし，金属フィルムで覆った保温性能の良い真空断熱材を使用する．

⑤ 照明の自動点灯・消灯・減光：明るさをセンサーで感知して，照明の点灯や消灯を行う．さらに，タイマーコントロールしたり，蛍光灯等インバータによって減光する．

⑥ 学習省エネ：内蔵したコンピュータによって販売実績データを分析して傾向に応じて部分冷却，加温システム等の省エネ機能を働かせて，消費電力を抑制する．

試し問題 1

工場内に自動販売機が20台（消費電力を155 W/1台）設置されているが，夜間は勤務者が少なく，数台を除いて利用がない．そこで，20台中利用の少ない15台を夜間（21～朝7時の10時間）タイマーで停止する．電気料金単価を15円/kWhとしたときの1年間の削減電力量，削減金額およびCO_2削減量を求めよ．

[解答]

削減電力量：155 W/1台 × 15 台 × 10 h × 365日/年

　　　　　$= 8.486 \times 10^6$ Wh/年 → 8486 kWh/年

削減金額：8486 kWh/年 × 15円/kWh＝127.3千円/年

CO_2削減量：8486 kWh/年 × 0.418(想定) t-CO_2/千kWh＝3.55 t-CO_2/年

試し問題 2

10台の自動販売機(モータ消費電力400 W，蛍光灯30 W × 4本)においてモータ稼働率を現状の50 %から30 %，蛍光点灯時間を現状の12時間から5時間にした時の1ヶ月の電気使用量の削減量および電気料金単価15円/kWhとしたときの削減金額を求めよ.

[解答]

現状の消費電力：

$$\frac{(400 \times 0.5 + 120 \times 12/24) \times 24\ \text{h} \times 30\text{日} \times 10\text{台}}{1000} = 1872\ \text{kWh/月}$$

改善後の省電力：

$$\frac{(400 \times 0.3 + 120 \times 5/24) \times 24\ \text{h} \times 30\text{日} \times 10\text{台}}{1000} = 1044\ \text{kWh/月}$$

電気使用量の削減量＝1872－1044＝828 kWh/月

削減金額＝828 kWh × 15円/kWh＝12.4千円/月

技48 駆動ベルトコンベアのインバータ制御

キーポイント

箱物，袋，粒状物等多くの搬送物に対応できるベルトコンベアは，ベルト表面と搬送物の間で生じる摩擦力によって傾斜搬送も可能である．通常，定速で連続運転されているが，輸送量の変化によってコンベアモータにインバータを設置してコンベア速度を調整して省エネが図れないか検討する．

解説

図48.1に示す駆動ベルトコンベアの所要動力P [kW]は，①無負荷ベルトコンベアを駆動するのに必要な軸動力P_1，②運搬物の水平または垂直輸送に必要な軸動力P_2，P_3からなり，次のように表される(JIS B 8805).

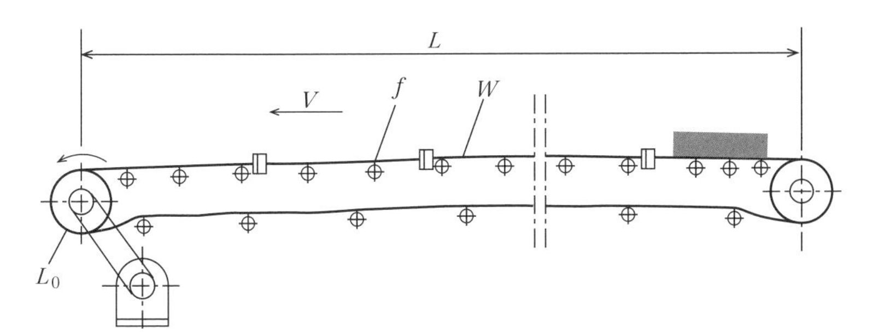

図48.1　駆動ベルトコンベア

所要動力 P [kW]＝無負荷動力＋水平負荷動力＋垂直負荷動力

$$=P_1+P_2+P_3 = K_1V+K_2Q+K_3Q \tag{48.1}$$

ここで，

$$\left.\begin{aligned}\text{無負荷動力}\ P_1 &= K_1V = \frac{fWV(L+L_0)}{6120}\\ \text{水平負荷動力}\ P_2 &= K_2Q = \frac{fQ(L+L_0)}{367}\\ \text{垂直負荷動力}\ P_3 &= K_3Q = \frac{HQ}{367}\end{aligned}\right\} \tag{48.2}$$

K_1，K_2，K_3：装置による係数

f：ローラの摩擦係数，＝0.03（回転抵抗が普通のローラで設置状態があまり良好でない場合），＝0.022（回転抵抗が少ないローラを使用して設置状態が良好なもの）

W：運搬物以外の運動部分の質量 [kg/m]

V：ベルト速度 [m/min]

L：コンベアの長さ（頭部と尾部ベルト車間の中心距離）[m]

L_0：中心距離修正値 [m]

Q：輸送量 [t/h]

H：垂直高さ [m]

ここで，ベルトコンベアのモータにインバータによってコンベア速度を変化させた場合，式(48.2)からわかるように所要動力に影響する項は，無負荷動力のみで速度に一次比例し，動力低減への効果の小さいことがわかる．

すなわち，インバータを設けて速度 V を $1/N$ にすると，インバータの設置前後の輸送量 Q [t/h] も単位時間あたり $1/N$ になる．式(48.1)を用いて，

インバータ設置前の所要動力 $P=K_1V+K_2Q+K_3Q$

インバータ設置後の所要動力 $P'=K_1(V/N)+K_2(Q/N)+K_3(Q/N)=P/N$

したがって，コンベア速度を$1/N$にすれば所要動力も$1/N$にできる．しかし，同一の輸送量Q [t/h]を運ぶためにはインバータ設置前にA [h]要するとすれば，設置後はNA [h]必要となる．したがって，その間の電力量は，

$$\left.\begin{array}{l}\text{インバータ設置前の電力量} = PA \\ \text{インバータ設置後の電力量} = (P/N) \times NA = PA\end{array}\right\} \quad (48.3)$$

結果，インバータを取りつけてコンベア速度を下げてP_1が減少しても，トータルの輸送量を同一とすれば，トータル電力量は，式(48.3)からわかるように変化しない．

すなわち，コンベアの加減速をコントロールして，工場内の物流ラインの流れをスムーズにして生産性の向上を図ることができる．

ここで，ベルトコンベアモータの所要動力の計算例を示す．

試し問題

反応器送りのベルトコンベアを定速120 m/minで運転している．輸送量は500 t/hであったが，生産調整で250 t/hに減少した．ベルトコンベアモータにインバータを設置してコンベア速度を半分の60 m/minに落として駆動力を削減して省エネを図る．年間運転時間を24時間/日×300日/年とする．コンベアの機械効率は85 %一定で，インバータ効率は95 %とする．モータ効率は，速度120 m/minのとき90 %，速度60 m/minのとき85 %とする．ベルトコンベアの緒元：摩擦係数$f = 0.022$，運搬物以外の運動部分の質量$W = 63$ kg/m，コンベアの水平長さ$L = 100$ m，長さの補正係数$L_0 = 60$ m，垂直高さ$H = 5$ mとする．

[解答]

① インバータなしの$Q=500$ t/h，速度$V=120$ m/minのとき，所要動力は式(48.2)を用いて，

$$\text{無負荷動力}P_1=\frac{fWV(L+L_0)}{6120}=\frac{0.022\times63\times120\times(100+60)}{6120}=4.35\ \text{kW}$$

$$\text{水平負荷動力}P_2=\frac{fQ(L+L_0)}{367}=\frac{0.022\times500\times(100+60)}{367}=4.80\ \text{kW}$$

$$\text{垂直負荷動力}P_3=\frac{HQ}{367}=\frac{5\times500}{367}=6.81\ \text{kW}$$

機械効率85 %，モータ効率90 %から，

$$\text{駆動力}P\,[\text{kW}]=\frac{P_1+P_2+P_3}{0.85\times0.90}=\frac{4.35+4.80+6.81}{0.85\times0.90}=20.86\ \text{kW}$$

② インバータなしの$Q=250$ t/h，速度$V=120$ m/minのとき，同様に式(48.2)を用いて，

$$\text{無負荷動力}P_1=\frac{fWV(L+L_0)}{6120}=\frac{0.022\times63\times120\times(100+60)}{6120}=4.35\ \text{kW}$$

$$\text{水平負荷動力}P_2=\frac{fQ(L+L_0)}{367}=\frac{0.022\times250\times(100+60)}{367}=2.40\ \text{kW}$$

$$\text{垂直負荷動力}P_3=\frac{HQ}{367}=\frac{5\times250}{367}=3.41\ \text{kW}$$

機械効率85 %，モータ効率90 %から，

$$\text{駆動力}P\,[\text{kW}]=\frac{P_1+P_2+P_3}{0.85\times0.90}=\frac{4.35+2.40+3.41}{0.85\times0.90}=13.28\ \text{kW}$$

③ インバータ付きの$Q=250$ t/h，速度$V=60$ m/minのとき，同様に式(48.2)を用いて，

$$\text{無負荷動力}P_1=\frac{fWV(L+L_0)}{6120}=\frac{0.022\times63\times60\times(100+60)}{6120}=2.17\ \text{kW}$$

$$\text{水平負荷動力}P_2=\frac{fQ(L+L_0)}{367}=\frac{0.022\times250\times(100+60)}{367}=2.40\ \text{kW}$$

$$\text{垂直負荷動力}P_3=\frac{HQ}{367}=\frac{5\times250}{367}=3.41\ \text{kW}$$

機械効率85 %，モータ効率85 %，インバータ効率95 %から，

$$\text{駆動力}P\,[\text{kW}]=\frac{P_1+P_2+P_3}{0.85\times0.85\times0.95}=\frac{2.17+2.40+3.41}{0.85\times0.85\times0.95}=11.63\ \text{kW}$$

したがって，インバータなしの輸送量が①500 t/hと②250 t/hでは，所要動力の差$\Delta P_{1\text{-}2}=20.86-13.28=7.58$ kW，②インバータなしの250 t/hと③インバータありの同一輸送量250 t/hの場合，差$\Delta P_{2\text{-}3}=13.28-11.63=1.65$ kW.

表 48.1　各運搬量 Q およびインバータの有無による所要動力

輸送量 Q [t/h]	①　500 t/h	②　250 t/h	③　250 t/h
ベルト速度 V	120 m/min	120 m/min	60 m/min
インバータ	×	×	○
無負荷動力 P_1	4.35 kW	4.35 kW	2.17 kW
水平負荷動力 P_2	4.80 kW	2.40 kW	2.40 kW
垂直負荷動力 P_3	6.81 kW	3.41 kW	3.41 kW
駆動力	20.86 kW	13.28 kW	11.63 kW

年間の稼働時間24 h/日 × 300日/年 = 7200 h/年から，削減電力量および削減金額（電力単価15円/kWhと仮定）は，

⑴　上項の①と②の比較：

削減電力量 = (20.86 − 13.28) × 7200 = 54576 kWh/年,

削減金額 = 54576 × 15 = 818.64千円/年

⑵　上項の①と③の比較：

削減電力量 = (20.86 − 11.63) × 7200 = 66456 kWh/年,

削減金額 = 66456 × 15 = 996.84千円/年

⑶　上項の②と③の比較：

削減電力量 = (13.28 − 11.63) × 7200 = 11880 kWh /年,

削減金額 = 11880 × 15 = 178.20千円/年

結果，250 t/hをインバータの有無で比較すると，上記の項②，③に相当し，インバータを設けて速度制御することによって，年間の削減電力量11880 kWhで，年間削減金額178.20千円となる.

技49 ボイラとヒートポンプによる加熱システムの利用効率の比較

キーポイント

ボイラで発生した蒸気や温水は，需要側のプロセス用加熱以外に暖房や給湯にも用いられてきた．近年，ヒートポンプが空気や水のもっている熱エネルギーを熱源として利用し，投入した電気(動力)エネルギーより大きな温冷熱を取り出せるということで注目されている．さらに性能の高いCO_2ヒートポンプ給湯器(エコキュート)が普及し，空調，給湯，さらに業務用としても混浴施設，ゴルフ場，病院，ホテル，食品工場等で65～100 ℃近くの加熱等に適用されてきている．このようなヒートポンプの普及とともに従来用いられてきたボイラと一部競合するようになってきた．ここでは，ボイラとヒートポンプ加熱システムを利用効率の観点からどちらが各温度範囲について省エネとなるか検討してみる．

解説

1．ボイラとヒートポンプの加熱システム

ボイラ蒸気は，図49.1に示すようにプロセス用に直接または間接的に利用され，その温度範囲，生産用途は表49.1に示すように多種にわたっている．例えば直接蒸気加熱の代表としては食品の蒸し工程・オートクレーブ(加熱圧力窯)による殺菌や建材の養生，ゴムの加硫があり，間接加熱ではフィンチューブ式の熱交換器で温風を発生させ，食品や繊維・紙の乾燥に用いたり，各種流体を間接加熱昇温させ，洗浄や繊維の染色，

石油化学の蒸留・反応・凝縮工程等に利用されている．さらに食品の揚げ工程・段ボールの接着・乾燥工程，石油化学のトレースでは200 ℃近くの高温領域まで需要がある．

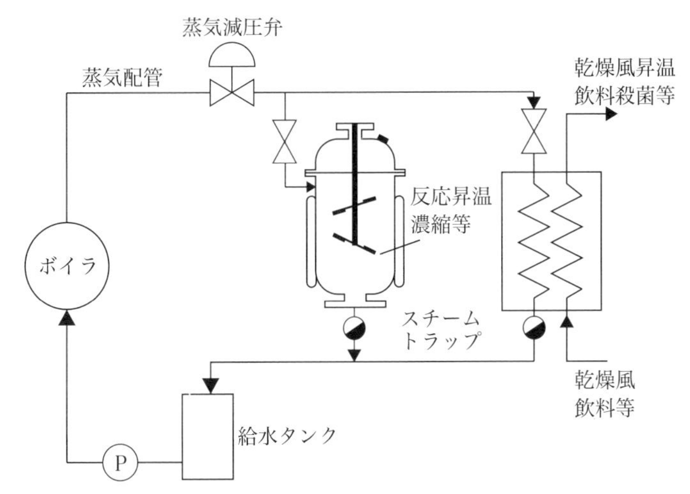

図 49.1　ボイラ蒸気加熱システムの例

表 49.1　各種生産工程別の制御温度範囲

業種	生産物	工程	制御温度［℃］									
			20	40	60	80	100	120	140	160	180	200
ビル	―	空調										
	―	給湯										
クリーニング	―	洗濯										
食品	飲料・菓子	殺菌・調理										
	飼料	乾燥										
	揚げ食品	フライヤー										
繊維	衣料	染色										
	衣料	乾燥										
紙	一般紙	抄紙										
	一般紙	乾燥										
	段ボール	接着・乾燥										
樹脂	樹脂	成形										
	フィルム	乾燥										
建材	合板	成形										
	合板	養生										
ゴム	ゴム製品	加硫										
石油化学	石油製品	蒸留										
	石油製品	トレース										

一方，ヒートポンプは，その高い成績係数(COP)から建物のセントラル空調の熱源機として，またヒートポンプ給湯器が普及し，従来ボイラ蒸気が用いられてきた産業用プロセスにも給湯，乾燥等低温加熱器として，主に100 ℃未満で利用されている．特に，図49.2に示すエコキュートは，自然冷媒のCO_2を作動流体とし，約3 MPaのCO_2が大気から吸熱し，電動圧縮機によって約10 MPaまで昇圧高温化し，熱交換器を通して水を加熱し貯湯槽に蓄え，給湯，暖房用に利用されている．さらに業務・産業部門にも洗浄，乾燥，低温加熱，除湿，空調等に導入が図られている．

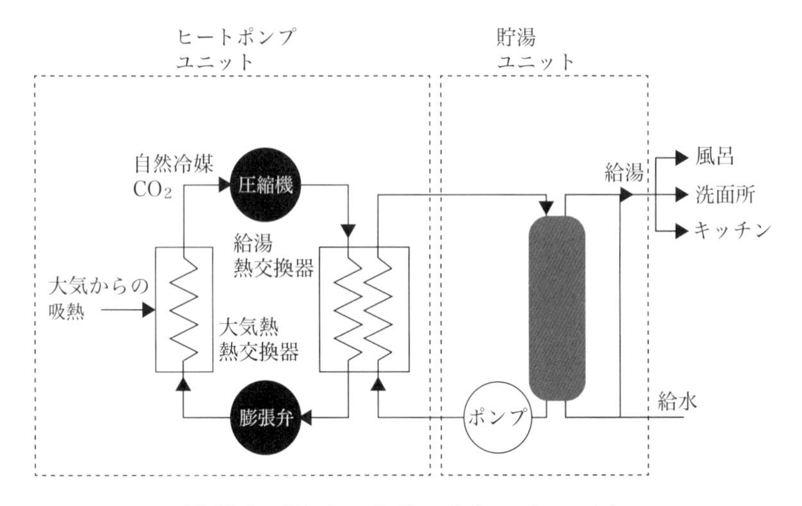

図49.2　CO_2ヒートポンプ（エコキュート）

2. 両システムの利用効率の定義

ボイラ加熱システムにおいてボイラ効率をη_B [%]，配管中の送気熱損や生産需要負荷側の廃棄ドレンやトラップからの排熱損等を含めた送気側のトータル熱損失を，燃料の入熱量Q_{iB} [J]に対してη_s [%]とすると，需要負荷側に正味供給可能な熱量Q_{oB}は，

$$\text{供給可能な熱量 } Q_{oB} = \text{燃料の入熱量 } Q_{iB}\,[\mathrm{J}] \times \frac{\eta_B}{100} \times \left(1 - \frac{\eta_s}{100}\right)$$

一方，電動型ヒートポンプは買電によって圧縮機を駆動し温熱を供給するが，電力会社の受電端熱効率を送電ロスを含め η_G [%]（平均的な火力発電に対して 36.9 %）とするが，その買電量の成績係数（COP）倍の熱量がヒートポンプによって得られる．しかし，貯湯ユニット，配管および需要端でのトータルの熱損失を η_H [%] とすると，

$$\text{供給可能な熱量 } Q_{oH} = \text{入熱量 } Q_{iH} \,[\mathrm{J}] \times \frac{\eta_G}{100} \times \mathrm{COP} \times \left(1 - \frac{\eta_H}{100}\right)$$

すなわち，システムのエネルギー利用効率 $\eta_{total} = \dfrac{Q_o}{Q_i}$ と定義すると，

ボイラ加熱：

$$\eta_{total,B} = \frac{Q_{oB}}{Q_{iB}} = \frac{\eta_B}{100} \times \left(1 - \frac{\eta_s}{100}\right) = \frac{\eta_B}{100} \times B$$

ヒートポンプ：

$$\eta_{total,H} = \frac{Q_{oH}}{Q_{iH}} = \frac{\eta_G}{100} \times \mathrm{COP} \times \left(1 - \frac{\eta_H}{100}\right) = \frac{\eta_G}{100} \times \mathrm{COP} \times H \qquad (49.1)$$

ここで，式中の係数 B，H はシステムの熱損失に関係した係数（0～1）を表す．

$$B = \left(1 - \frac{\eta_s}{100}\right), \quad H = \left(1 - \frac{\eta_H}{100}\right) \qquad (49.2)$$

これより，システム全体の利用効率 η_{total} は，各機器効率以外にシステムからの熱損失，すなわち上式中の B，H の値の影響が大きい[*1]．今後の省エネ改善にあたっては単体の機器効率以外にこれまであまり注目されていなかったシステムにおける熱損失をいかに小さくしていくかが重要となる．さらに，季節や時間変動を伴った外界や需要側条件に伴う部分負荷時の性能変化等を含めた総合的検討が必要となる．

＊1　$B = H = 1$ のシステムに損失のない場合の η_{total} は，式（49.1）において $\eta_{total,H} = \dfrac{\eta_G}{100} \times \mathrm{COP}$，$\eta_{total,B} = \dfrac{\eta_B}{100}$ で表され，火力発電の平均受電端熱効率 $0.369 \times \mathrm{COP}$ とボイラ効率 η_B の大小によって決まる．システムの熱損失のない $B = H = 1$ の場合，$\mathrm{COP} > \dfrac{\eta_B}{36.9}$，例えば $\eta_B = 100$ % ではヒートポンプの $\mathrm{COP} < 2.71$，$\eta_B = 90$ % ではヒートポンプの $\mathrm{COP} < 2.44$ に対してボイラ蒸気が熱利用効率上有利となる．

3．ヒートポンプの成績係数（COP）

ヒートポンプの理想サイクルである逆カルノーサイクルと冷媒が上限で凝縮過程を持たない，例えばCO_2を用いる2つのT-s線図を図49.3(a)，(b)に示す．

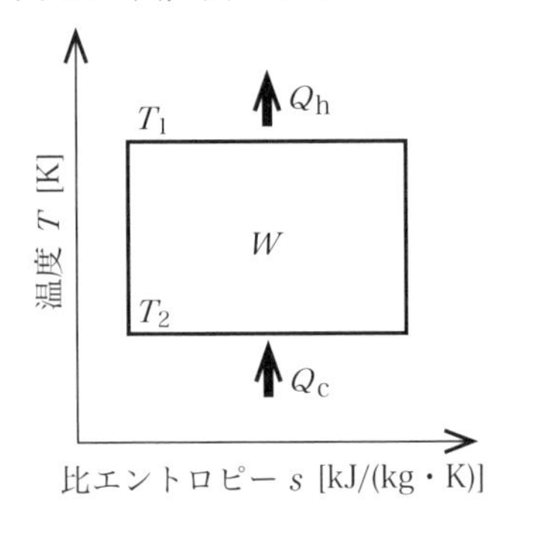

(a)　逆カルノーサイクル

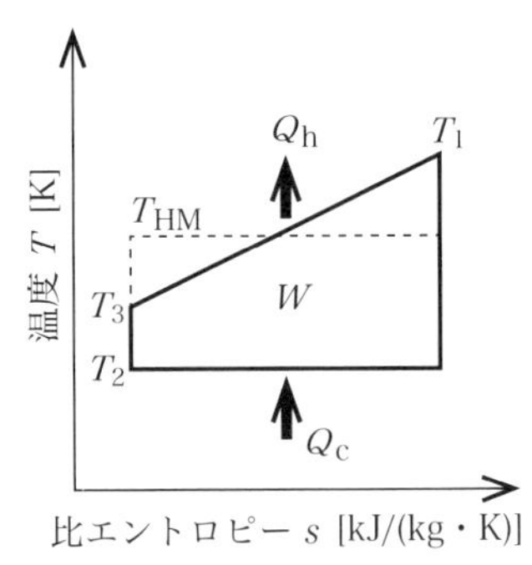

(b)　給湯用理想サイクル

図 49.3　ヒートポンプの理想サイクル

ヒートポンプサイクルの性能は，自然界の空気や河川水等の熱を入力として用いることから，一般に圧縮機動力を入力とした成績係数(COP)が採用される．ここで，上記2つの理想サイクルの理論上到達可能な限界成績係数$(COP)_R$は，既に技29に示したように，各温度を用いて次のように表される．

逆カルノーサイクル：

$$(COP)_R = \frac{T_1}{T_1 - T_2} = \frac{1}{1 - T_2/T_1}$$

理想CO_2ヒートポンプサイクル：

$$(COP)_R = \frac{T_{HM}}{T_{HM} - T_2} = \frac{1}{1 - T_2/T_{HM}} \qquad (49.3)$$

ここで，T_2，T_3は外気温度，給水温度，T_{HM}はT_1とT_3の対数平均温度$T_{HM} = \dfrac{T_1 - T_3}{\ln(T_1/T_3)}$を表す．

上式(49.3)は，熱機関サイクルの目標値となるカルノーサイクル効率の逆数であり，上限温度T_1の低いほど，下限温度T_2の高いほど$(COP)_R$が高くなる．定格COPは上記理論サイクルに対して圧縮機や膨張弁，温度差を伴う熱交換器における不可逆損失によって理論限界$(COP)_R$より低下する．

ここで，図49.3(b)の理想サイクルの理論限界$(COP)_R$の値を上限温度（沸き上げ温度，T_1）を横軸に，下限温度（外気温度，T_2）をパラメーターにとってて図49.4 *2,3 に示す．外気温度T_2が低くて沸き上げ温度T_1が高い，給湯負荷の大きな冬季の方が負荷の小さい夏季より COP 値が低下することになる．

*2　図49.3(b)中の給水温度T_3は外界温度T_2=7，16，25 ℃に対して9，17，24 ℃を採用

*3　日本冷凍空調工業会標準規格JRA4050：2001，性能評価定格条件：外気条件(乾球/湿球)16/12 ℃，給水温度17 ℃，給湯温度65 ℃と定めている．この条件の$(COP)_R$は式(49.3)から，$T_{HM}=\dfrac{65-17}{\ln\{(273.15+65)/(273.15+17)\}}=313.54\ \mathrm{K}\rightarrow 40.4\ ℃$，$(COP)_R=\dfrac{313.54}{313.54-289.15}=12.86$である．ただし，2008年から年間給湯効率APF(Annual Performance Factor of hot water supply，JRA4050：2007R)の表示がされている．

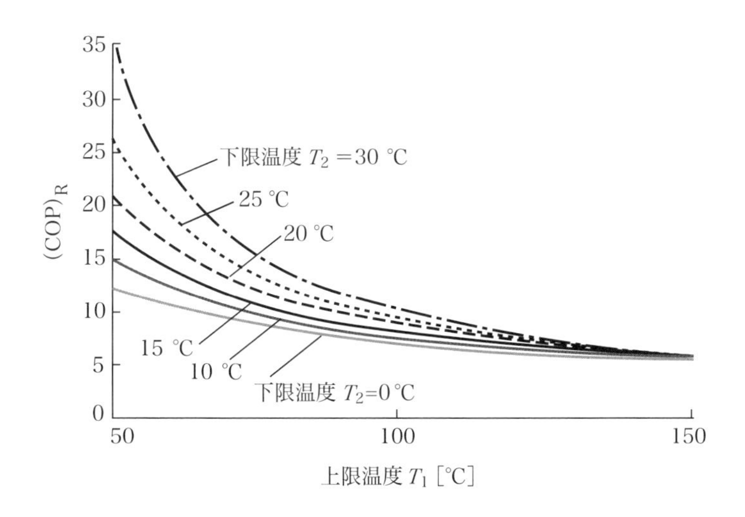

図 49.4　CO_2 ヒートポンプサイクルの理論限界 $(COP)_R$

5．システム全体としてのエネルギー利用効率の比較

蒸気加熱の場合，最近のボイラ効率80～95 %(低発熱量基準)，送気ロス5 %，また一般的に実施されるようになったドレン回収に対して未回収の熱ロスを7～15 %とすると，ボイラへの入力熱量100に対して65～80 %の有効熱量が得られる(ドレン回収の省エネ効果は大きい).

一方，エコキュートが給湯・暖房等に使用される場合，①外気温や水温等の季節，地域変動，②沸き上げ温度(出湯温度)，③追い焚き回数，貯湯槽のサイズや使用比率，等の条件によって実際の実働COP(貯湯槽を含めたシステムの性能)は大きく変化する.

例えば，定格COP4.5～4.9，給湯負荷約42 MJ/日に対して行った年間の実測報告結果によると，定格COP＝(0.31～0.43)×$(COP)_R$，実働COP＝2.09～1.69(平均1.82)，または3.93～2.73(平均3.16)であり，実働COPは定格COPの4～7割に低下する.

したがって，表49.2に示すように，入熱量100に対して受電端熱効率を36.9 %とすると，

エネルギー利用効率$\eta_{total,H}$

＝(0.369×実働COP)＝0.369×(0.40～0.70)×定格COP

＝(0.15～0.26)×定格COP

＝(0.15～0.26)×(0.31～0.43)×$(COP)_R$

＝(0.046～0.11)×$(COP)_R$となる.

$$\eta_{total,H} = (0.046 \sim 0.11) \times (COP)_R \tag{49.4}$$

表49.2　エコキュートのCOPと転換係数

	算出式	備　考
理論限界 $(COP)_R$	式(49.3)	JRA4050：$(COP)_R$=12.86(65 ℃)
定格COP	(0.31～0.43)×$(COP)_R$	4～5.5
実働COP	(0.40～0.70)×定格COP =(0.12～0.30)×$(COP)_R$	APF値による
トータルの転換係数	(0.046～0.11)×$(COP)_R$	0.37×実働COP

ここでエコキュートの利用効率$\eta_{\mathrm{total,H}}$の上式中の係数(0.046～0.11)が給湯以外の他用途の沸き上げ(出湯)温度の変化に対しても成立すると仮定したエネルギー利用効率は，外気温16 ℃一定に対して図49.5の曲線のようになる．

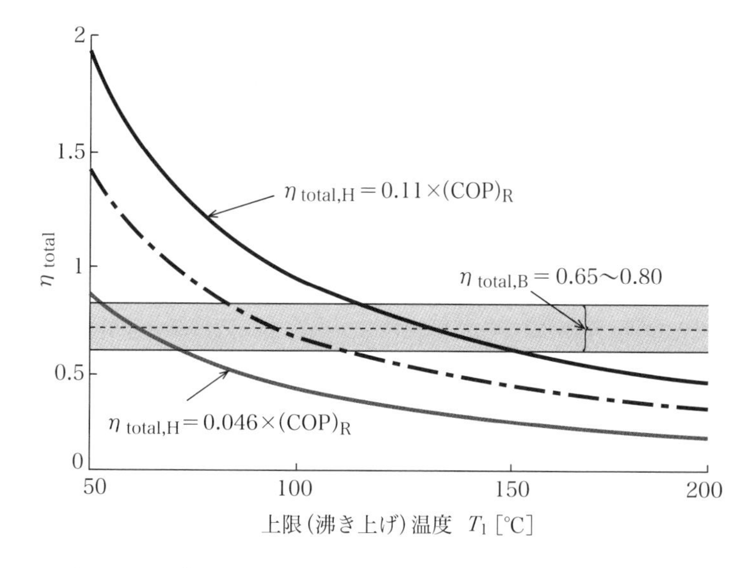

図 49.5　ボイラと CO_2ヒートポンプシステムの利用効率 η_{total}

CO_2ヒートポンプの利用効率は2本の太い曲線の間の値(一点鎖線は平均)をとり，上部曲線が実働COPの高い側(平均3.16，式(49.4)中の係数0.11)，下部曲線が実働COP＝1.82の低い側(式(49.4)中の係数0.046)に相当する．沸き上げ温度100 ℃の場合システム利用効率$\eta_{\mathrm{total,H}}=0.37\sim0.89$ (<1) の値となり沸き上げ温度の増加とともに減少していく．

一方，ボイラ加熱の場合温度に大きく依存せず$\eta_{\mathrm{total,B}}=0.65\sim0.80$であり，図49.5中の2本の横軸水平の実線(破線は平均)の間の値をとる．両者の比較ではη_{total}の大きな程有利となるので，両者の有利な温度範囲が決定できる．エコキュートおよび蒸気加熱システム両者が最低のη_{total}の場合には60 ℃程度，両者が最大のときには110 ℃近辺，平均では90 ℃付近が境界となる．それ以上の温度ではボイラ蒸気加熱システムが有利といえる．ただし，需要負荷に対するこのシステム利用効率の改善によってこの境界温度が変わっていくことは当然である．

6．蒸気と温水の比較

実際には上記のシステム利用効率η_{total}の評価以外に熱媒体である蒸気と温水の特質の違いからくる省エネ性を考慮する必要がある．例えば，温水と比べた蒸気加熱の特徴は次のようである．①蒸気は単位質量あたりの保有熱エネルギーが温水の4～15倍大きいので，同一熱量に対する質量流量が少なくて済む，②潜熱が利用できるので，温度一定の均一加熱が可能（品質の向上），③圧力による蒸気温度の変更（温度制御）が容易となる（操作性），④熱伝達性能が温水より数倍優れているので，加熱時間が早く生産性が向上する，⑤凝縮蒸気の熱の伝わりやすさは温水より数倍良好であり，かつ温度差ΔTも高く取りやすいのでより伝熱面積を小さくでき，熱交換器がコンパクトになる，⑥温水の製造に対してもボイラ蒸気によって低温から高温までの対応が容易である．

上記項目④，⑤については特に生産性に大きく影響してくるので，工程時間が蒸気の方が短縮できる．それに伴い，関連設備，補機類の消費エネルギーの削減が望め，より省エネ性が増す．

試し問題 1

図49.3(a)，(b)のサイクルにおいて上限温度$T_1 = 100$ ℃，下限温度$T_2 = 16$ ℃の場合の理論上到達可能な限界成績係数$(COP)_R$を求めよ．

[解答]

式(49.3)から，

(a)　逆カルノーサイクル：$(\mathrm{COP})_\mathrm{R} = \dfrac{T_1}{T_1 - T_2} = \dfrac{100 + 273.15}{100 - 16} = 4.44$,

(b)　CO_2ヒートポンプサイクル：$(\mathrm{COP})_\mathrm{R} = \dfrac{T_\mathrm{HM}}{T_\mathrm{HM} - T_2} = \dfrac{329.9}{56.76 - 16} = 8.09$,

ここで，$T_\mathrm{HM} = \dfrac{T_1 - T_3}{\ln(T_1/T_3)} = \dfrac{100 - 17}{\ln\{(100 + 273.15)/(17 + 273.15)\}} = 329.9$

→56.76 ℃

試し問題 2

ボイラとCO_2ヒートポンプを用いて1 MJの熱量を発生させるのに，ボイラ燃料の都市ガス13 Aの費用と圧縮機の電力代を概算比較せよ．ただし，都市ガス13 Aの価格を70～130円/m^3，電力単価を15円/kWhとする．

[解答]

ヒートポンプの場合，表49.2を用いて，

$$1\ \mathrm{MJ}の熱量を得るのに必要な圧縮機入力 = \frac{1\ \mathrm{MJ}}{(0.4 \sim 0.7) \times 定格\mathrm{COP}}$$

$$= \frac{1\ \mathrm{MJ}}{(0.4 \sim 0.7) \times (0.31 \sim 0.43) \times (\mathrm{COP})_\mathrm{R}} = \frac{1\ \mathrm{MJ}}{(0.12 \sim 0.30) \times (\mathrm{COP})_\mathrm{R}}$$ から，

$(\mathrm{COP})_\mathrm{R} = 8 \sim 13$に対して圧縮機の入熱量$= 0.26 \sim 1.0$ MJ$= (0.072 \sim 0.29)$ kWh
$[1\ \mathrm{kWh} = 3.6 \times 10^6\ \mathrm{J}]$

したがって，

圧縮機電力費$= (0.072 \sim 0.29)$ kWh × 15円/kWh $= (1.08 \sim 4.35)$円/MJ

ボイラの場合，75～86 %の利用効率とすると，1.16～1.33 MJの熱量が必要となる．都市ガス13 A(低発熱量40.6 MJ/m^3)に対して燃料量は0.029～0.033 m^3，燃料価格を70～130円/m^3とすると，2.0～4.3円/MJとなる．

技50 再生可能エネルギーの活用

キーポイント

資源の乏しい我が国の一次エネルギー自給率は，2017年度で9.6 %(再生可能エネルギー，水力，原子力等)とされるが，他のOECD諸国等と比べて非常に低い水準(世界の約35位，一次エネルギー消費量は，世界4位)にある．一次エネルギー(化石，核，再生可能エネルギー)のうち，核(原子力)や再生エネルギーは国産の一次エネルギーとみなされるが，化石燃料(石油，天然ガス，石炭)のほぼ100 %を輸入している．すなわち，省エネ法の対象とされるエネルギーからは除外されているが，再生エネルギーの活用は，輸入に頼っている化石燃料の削減につながるとともに地球温暖化の原因となるCO_2削減に大きく寄与するので，省エネへの取組として大きな要素となる．

解説

再生可能エネルギーとは，常に自然界に存在するエネルギー，具体的には①太陽光，②風力，③水力，④地熱，⑤太陽熱，⑥バイオマス，⑦大気中の熱や他の自然界に存在する熱(温度差，雪氷熱利用)等区分されている．特徴は，「枯渇しない」，「どこでも存在する」，「CO_2を排出しない」である．上記⑤と⑦を除く2018年度の導入水準と2030年度の目標値を表50.1に示す．

これらの再生可能エネルギーの普及を図るために，我が国は，2003年から「電気事業者による新エネルギー等の利用に関する特別措置法」に基づき，電気事業者が一定割合以上の新エネルギーから発電される電気の利用を義務付けたRPS(Renewable Portfolio Standard)制度

表 50.1　再生可能エネルギーの導入目標

項　目	導入水準 (2018 年) [万 kW]	目標 (2030 年) [万 kW]	導入進捗率 [%]
①　太陽光	4870	6400	76
②　風力	370	1000	37
③　地熱	54	140 ～ 155	37
④　中小水力	970	1090 ～ 1170	86
⑥　バイオマス	380	602 ～ 728	18

を開始したが，2012年廃止，新たに再生可能エネルギー特措法の固定買取制度(FIT，Feed-In-Tariff)を導入した．発電者が対象となる再生可能エネルギーで発電した電気を電力会社が通常の電気料金より高い価格で一定の期間買い取ること(表50.2参照)を義務付けるものである．ただし，電気を使う需要家は，電気料金の一部として電気の使用量に比例して賦課金を負担させられる．例えば2019年度賦課金単価は，1 kWhあたり2.95円で，1ヶ月の電力使用量が260 kWhでは月額767円(年額9204円)に達する．

＜参考＞

再生可能エネルギー(Renewable energy)，新エネルギー(New energy)，自然エネルギー(Natural energy)

再生可能エネルギーは有限な資源の化石エネルギーではなく，太陽光や風力，地熱，バイオマス等自然界に常に存在するエネルギーをいう．新エネルギーは再生可能エネルギーのうち，技術的には実用段階にあるが，経済的な理由から普及が十分に進んでいないエネルギーを指す．既に普及している大規模水力発電や地熱発電は再生可能エネルギーであるが，新エネルギーには入れない．自然エネルギーは自然現象から得られる太陽光，風，水，地熱等で，バイオマスや廃棄物エネルギーは自然エネルギーと呼ばない．

表 50.2　2019 年度固定買取制度調達価格と期間（一部抜粋）

種別	発電規模等	期間	調達価格（1 kWh あたり）
太陽光発電	500 kW 以上	20 年	入札
	10 kW 以上 500 kW 未満	〃	14 円
	10 kW 未満（出力制御機構付）	10 年	26 円
	〃　（出力制御機構なし）	〃	24 円
風力発電	陸上風力	20 年	18 円
	陸上風力（リプレース）	〃	16 円
	洋上風力（着床式，浮体式）	〃	36 円
中小水力発電（既設導水路なし）	5000 kW 以上 3 万 kW 未満	20 年	20 円
	1000 kW 以上 5000 kW 未満	〃	27 円
	200 kW 以上 1000 kW 未満	〃	29 円
	200 kW 未満	〃	34 円
地熱発電	15000 kW 以上	15 年	26 円
	15000 kW 未満	〃	40 円
バイオマス	メタン発酵ガス	20 年	39 円
	間伐材由来の木質 ≧ 2000 kW	〃	32 円
	〃　＜2000 kW	〃	40 円
	建築資材廃棄物	〃	13 円
	一般廃棄物・その他	〃	17 円

1．太陽光発電

我が国における太陽光発電設備の導入量は，2016年末で累積導入量4230万kWで世界の14 %を占め，中国(26 %)，ドイツ(14 %)とともに世界をリードしている．

太陽中心部の核融合反応によって太陽の表面温度は約6000 Kの高熱源となり，その放射エネルギーは，3.85×10^{26} Wとされ，1億5千万kmの宇宙空間を通過して地球大気圏に到達する．大気表面では面積

1 m^{2}あたり1.37 kW/m^2(太陽定数)で，地球への総エネルギーは，1.77×10^{17} Wで，世界のエネルギー消費1.85×10^{13} W(2018年度)の約1万倍もの大きな量を占める．地表面では，オゾン，空気，水蒸気，塵埃等に吸収，反射され，地表面では約70 %に減少し，1 kW/m^2 (=3.6 MJ/h)である．

年間予測発電量E_{p} [kWh/年]は，次式によって概算できる．

$$E_{\mathrm{P}} = H\times K\times P\times\frac{365}{N} \tag{50.1}$$

ここで，E_{P}：年間発電予想量 [kWh/年]，H：設置面の1日あたりの年平均日射量 [kWh/(m^2・日)]，K：損失係数(モジュール種類や汚れ等で変わるが，約0.73(73 %)，内訳は，セルの温度上昇による損失(約15 %)，パワーコンディショナーの損失(約8 %)，配線，汚れ等の損失，P：システム容量 [kW]，365：年間の日数，N：標準状態における日射強度 [kW/m^2] (例えば，1 kW/m^2)

Hについては，NEDO (New Energy and Industrial Technology Development Organization，国立研究開発法人新エネルギー・産業技総合開機構)が1981～2009年の29年間の平均データを地点，年度，月ごとに開示している．

一般に太陽光発電の我が国の平均の設備利用率は，年間を通して全体の13 %，すなわち年間365日 × 24 h = 8760 hのうち13 %の1140 hが発電できるとされている．

太陽光発電システムの構成例(高圧，低圧受電)を図50.1に示す．

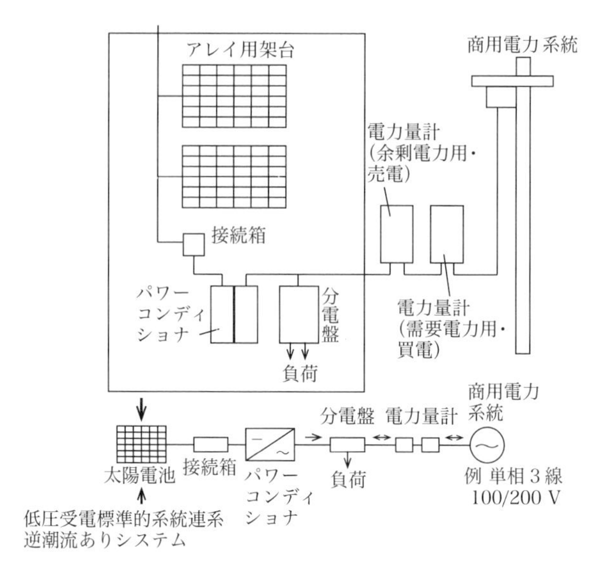

(a) 低圧受電

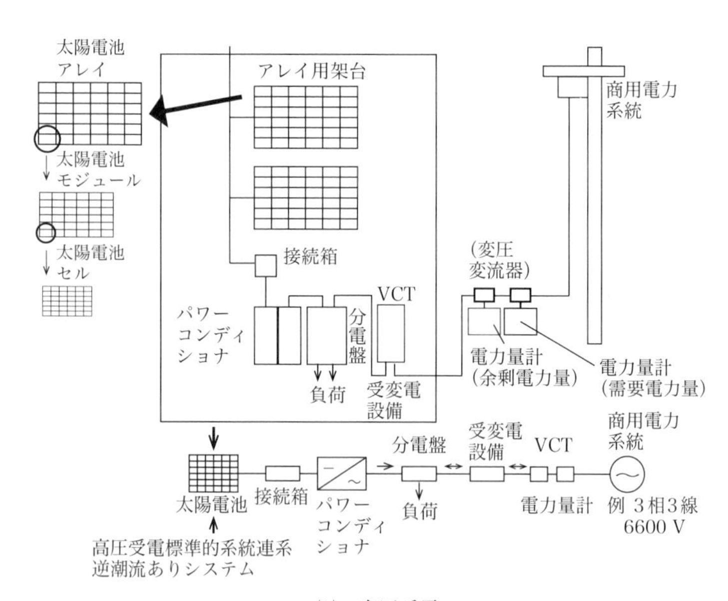

(b) 高圧受電

図 50.1 太陽光発電システムの構成例

光エネルギーを直接電気に変換する太陽電池には，現在実用化されている半導体型が主であるが，シリコン系，化合物系，有機物径等最小基本単位のセル(10 cm，15 cm各等)を数十枚パッケージに収納した太陽電池モジュール(ソーラパネル)を直列，並列接続して大型パネル化したものを太陽電池アレイと呼ぶ．太陽電池モジュール(ソーラパネル)自体の大きさには決まった規格はなく，メーカーによって様々で，サイズは1枚：概略1.2(977×1257 mm)～1.7 m^2(1670×1000 mm)で，10 m^2あたりの重さは，65～150 kg/10m^2(1枚では9.5～18.5 kg)，1枚の発電量は，180～270 Wである．なお，太陽電池からの出力は，直流なので，インバータで交流に変換するパワーコンディショナを必要とする．

2．風力発電

我が国における風力発電設備の導入量は，2018年3月末で設備容量350万kW，設置基数2253基で，世界全体5.4億kWのわずか0.6 %(19位)と低い．

風の持つエネルギー，すなわち風の運動エネルギーWは，次のように表される．

$$W=\frac{mv^2}{2}=\frac{(\rho Av)v^2}{2}=\frac{\rho Av^3}{2} \qquad (50.2)$$

ここで，W：風のエネルギー [W]，m：質量流量 [kg/s]，v：風速 [m/s]，ρ：空気密度 [kg/m^3]，A：受風面積 [m^2](ブレードが回転する円面積，水平軸風車ではロータ半径をRとすると，$A=\pi R^2$，ストレートダリウス翼では外径×高さ)である．したがって，風力エネルギーは，空気密度(ρ)，受風面積(A)および風速(v)の3乗に比例する．よって，エネルギーは，風速が2倍になれば8倍に，10 %大きいと，30 %増大する．大気圧下で3種類の温度5，15，30 ℃における単位面積あたりの風のエネルギー密度W/A [kW/m^2]を式(50.2)から求め，図50.2に示す．温度15 ℃で風速10 m/sで0.61 kW/m^2，15 m/sで2.07 kW/m^2と風速の3乗に比例していく．すなわち，風速の分布や変化が出力への大きな要因となる．図50.3に示すように，風力発電は，風の運動エネルギーの最大30〜40 %を電気エネルギーに変換できる．

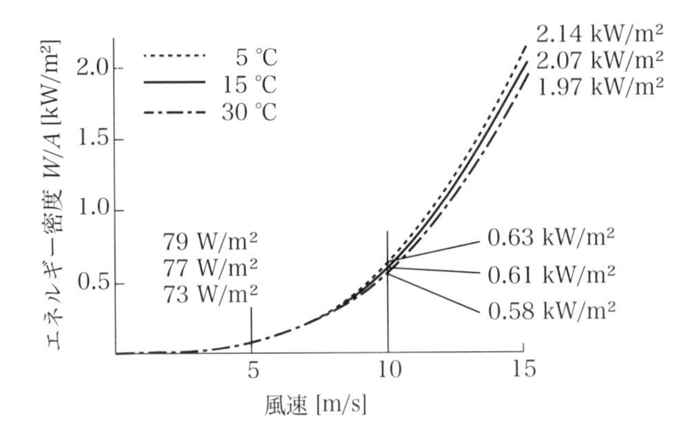

図 50.2　風力エネルギー密度

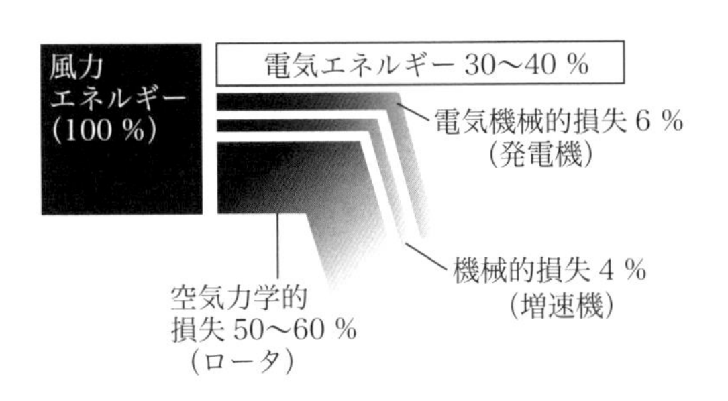

図 50.3　風力発電の各種損失と効率

風速に対して，一定風速以上で発電を開始(カットイン風速，3〜4 m/s)し，風速が大きくなると危険防止のためロータ回転を止め，発電を停止する(カットアウト風速，24〜25 m/s).

風速の出現率分布は，次のワイブル分布で近似される．

$$F(v) = \frac{\pi}{2}\frac{v}{\overline{v}^2}\exp\left\{-\frac{\pi}{4}\left(\frac{v}{\overline{v}}\right)^2\right\} \tag{50.3}$$

ここで，$F(v)$：風速vの出現率，$\overline{v}$：平均風速 [m/s]，v：風速 [m/s]
平均風速$\overline{v}=5$ m/sに対して式(50.3)から求めた出現率分布と風速の大きい方から加算累積した累積出現率分布を図50.4に示す．

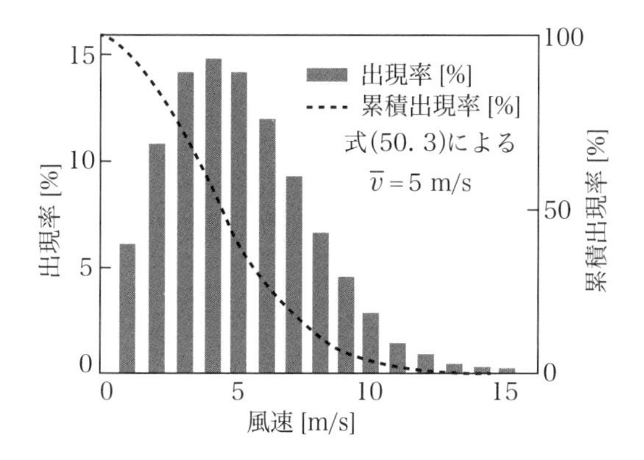

図 50.4　風速の出現率と累積出現率分布の例（平均流速$\overline{v}$=5 m/s）

したがって，年間発電量P [kWh]は，設置の風車の性能曲線とワイブル分布による風速の出現率から求められる．

$$P=\sum\{P(v)\times F(v)\times 8760\} \tag{50.4}$$

ここで，$P(v)$：風速vでの発生電力 [kW]，年間時間数8760は，365日×24時間である．次の設備利用率(C.F.，Capacity Factor)を用いると，年間発電量P [kWh/年]は次の二式から簡易的に求められる．

$$\text{C.F.}=\text{年間発電量}\times\frac{100}{\text{定格出力}\times\text{年間時間数}} \tag{50.5}$$

① 発電機容量から

$$\text{年間発電量}\ P\ [\text{kWh/年}]=\text{C.F.}\times\ \text{定格の発電機容量}\ [\text{kW}]\times 8760 \tag{50.6}$$

② ロータ面積(A)と風力マップから

$$年間発電量\,P\,[\mathrm{kWh/年}] = \mathrm{C.F.} \times \frac{P}{A}\ [\mathrm{W/m^2}] \times A\,[\mathrm{m^2}] \times \frac{8760}{1000} \tag{50.7}$$

ここで，$\dfrac{P}{A}$ は各地点の風力エネルギー密度 $\dfrac{P}{A}$ [W/m²]である．

(参照：NEDOのホームページ)

3．地熱

我が国の地熱資源量は，23.5 GWと，アメリカ(30 GW)，インドネシア(27.7 GW)に次ぎ，第3位にある．しかし，2016年時点で地熱発電所の出力は，36地点で52万kW(資源量の2.2 %)であり，世界第10位にある．表50.3に示すように，150 ℃以上の地熱資源量は，20 GW以上と推定されるが，その80 %以上が国立公園内にあり，自然環境との調和，開発コスト・時間等の制約のため停滞しているが，固定買取制度(FIT)導入によってその促進が望まれている．

表50.3　我が国の地熱発電の賦存量と導入ポテンシャル

区　分	温度区分	賦存量 [MW]	導入ポテンシャル [MW]
熱水資源開発	150 ℃以上	23570	6360
	120～150 ℃	1080	330
	53～120 ℃	8490	7510
	小　計	33140	14200
温泉発電*		(720)	(720)
合　計		33140	14200

＊温泉発電は，53～120 ℃の低温域を活用した小規模バイナリー発電

地熱発電の設備利用率は，再生可能エネルギーの中でも70 %程度と高く，安定した発電が可能なベースロード電源と位置付けられている．地熱発電サイクルとしては，①フラッシュ方式，②バイナリー方式，③トータルフロータービン方式，④カリーナサイクル方式等がある．

一部のフローを図50.5に示す．さらに，高温であるが，水分に乏しく十分な熱水が得られない天然の岩石を対象に高温岩体発電が開発されている．岩盤に人工的に割れ目(フラクチャー)をつくり，2本の坑井の1つから水を注入し，一方から熱水や蒸気を織り出しタービン発電を行う．NEDOの調査によると，地熱地帯29か所の調査では賦存量が29 GWを超えると期待されている．

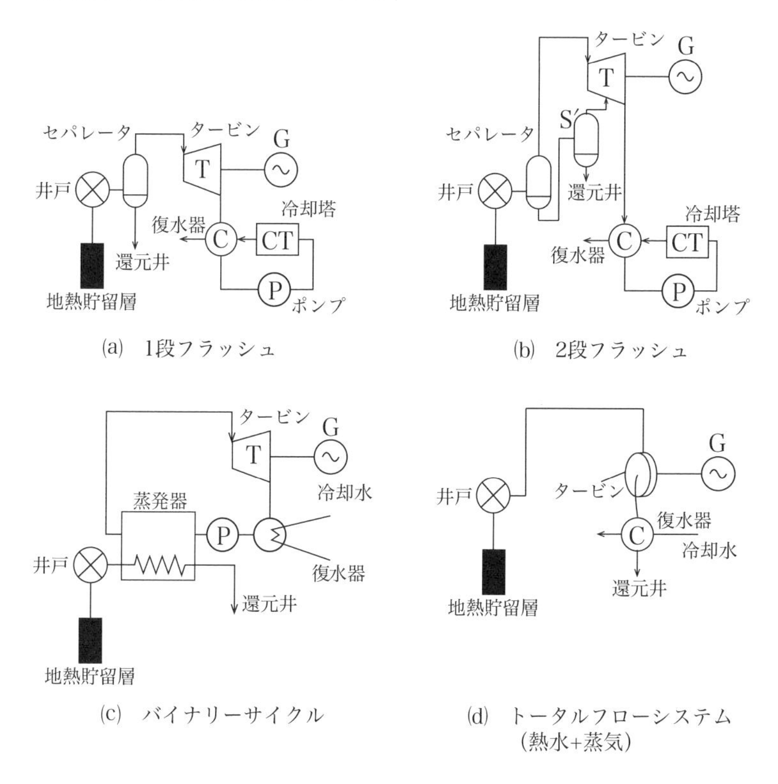

図 50.5　地熱発電のフロー

我が国は温泉大国で全国で約2万8千ヶ所を超える温泉があり，20～100 ℃の温度幅で湧出する．このような源泉や捨てられていた未利用の配湯を利用して，熱交換器やヒートポンプを利用して冷暖房，給湯や浴槽昇温，さらにイチゴ等の果実栽培や融雪利用に利用されている．

4．中小水力エネルギー

我が国の水力発電全体の発電設備容量と件数は，2016年末で5019万kW，2329基(このうち，2747万kWが揚水発電で42基)で，揚水発電を除く一般的な水力発電設備容量は，約2272万kW，2287基となり，1基あたりの平均設備容量は約1万kW程度である．

海や川，湖の水は，太陽熱を吸収して蒸発し，雨や雪となり，湖や川に貯えられる．高い位置にある水の持つ位置エネルギーや川を流れる水の運動エネルギーを動力として利用するのが水力で，古くから水車が利用されている．水車は一基あたり500 MWを超す大型機から数kWのマイクロ水力発電まであるが，30 MW以下の中小水力発電が再生可能エネルギーの固定価格買取制度(FIT)の対象とされる．中小水力発電の国内賦存量は，表50.4に示すように，河川部で1655万kW，農業用水路で32万kW，導入ポテンシャルは，河川部で1398万kWと推定されている．我が国の中小水力発電コストは，一般に約19.1～22.0円/kWhで，海外に比べ割高である．

表50.4　中小水力発電ポテンシャル(2011年，環境省)

項　目	賦存量[万kW]	導入ポテンシャル
河川部	1655	1398
農業用水路	32	30
上下水道・工業用水道	18	16
合　計	1705	1444

・水車の有効熱落差と出力

水車の駆動に利用される水の全ヘッドを有効熱落差と呼ぶが，図50.6に示す流れ込み式水力発電所の有効熱落差Hは，次のように表される．

$$H = H_g - H_1 - H_2 - \frac{{v_2}^2}{2g} - h \tag{50.8}$$

ここで，H：有効熱落差 [m]，H_g：総落差 [m]，H_1：取水口と水槽の間の損失落差 [m]，H_2：水槽と水車入口の間の損失落差 [m]，h：吸出し管と放水口水位との高低差 [m]，v_2：吸出し管出口における流速 [m/s]，g：重力加速度 [m/s^2].

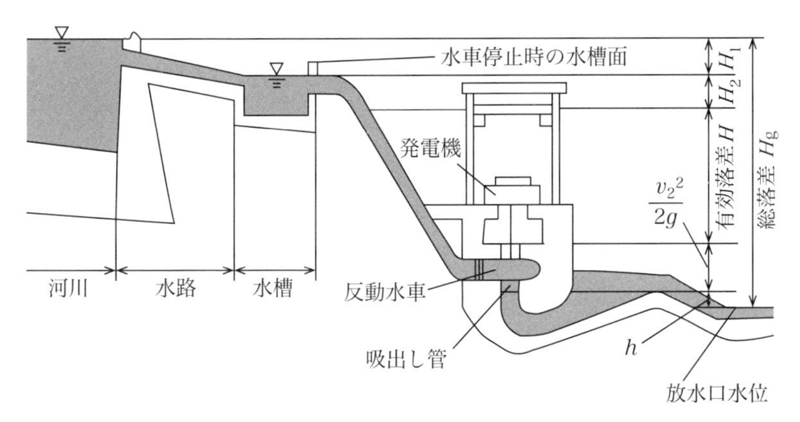

図 50.6　水力発電所（流れ込み式）有効熱落差

有効落差H [m]の流体が流量Q [m^3/s]，密度ρ [kg/m^3]で流れているとき，出力P [kW]は次式で表される.

$$P = \rho g Q H \times 10^{-3}\ [\mathrm{kW}] \times \eta_\mathrm{h} \times \eta_\mathrm{g} \qquad (50.9)$$

ここで，η_h：水車効率で，型式と容量によって異なるが，一般に0.8（中小型）～0.95（大容量）である．η_g：発電機効率で極数によって異なるが，一般に6～18極の中小水力発電機で0.88～0.92，大容量発電機で0.95程度である.

5．バイオマス

人類がエネルギー源として最初に発見したバイオマスは，太陽エネルギーの力で炭酸ガスと水から光合成されたもので，動植物由来の有機性資源のうち化石燃料を除いたものをいう．CO_2を吸収して成長する植物からつくられるバイオマス燃料は，燃焼によって発生したCO_2量が植物の成長過程で吸収されたCO_2量と等しいので，CO_2の発生量はゼロとみなされる．このようにCO_2の放出と吸収が相殺される状態を「カーボンニュートラル」と呼ばれる．ただし，自然・人口再生(植林，栽培等)をせず，消費するだけでは枯渇していく．我が国のバイオマス賦存量と利用状況を表50.5に示す．

表 50.5　我が国のバイオマス賦存量と利用率 (2008 年)

バイオマスの種類	年間発生量 [万トン]	利用の現状
家畜排せつ物	8700	約 90 % がたい肥等への利用
食品廃棄物	1900	肥飼料等への利用が約 25 %
廃棄紙	3600	素材原料，エネルギー利用が約 60 %
下水汚泥	7900	建築資材，たい肥等への利用が約 75 %
黒液	7000	エネルギーへの利用，約 100 %
製材工場等残材	430	製紙原料，エネルギー等への利用，約 95 %
建設発生木材	470	製紙原料，家畜等への利用，約 70 %
農作物非食用部	1400	たい肥，飼料等への利用，約 30 %
林地素材	800	製紙原料糖への利用，約 1 %

バイオマスのエネルギー変換には，直接燃焼のように熱エネルギーに変わる熱化学的変換と発酵等微生物を使って分解，ガスやアルコールを生成する生物化学的変換がある．

・熱化学的変換

化学反応を利用するもので，直接燃焼させるものや空気，酸素，水蒸気等のガス化剤で部分酸化させて生成ガスを製造するガス化がある．直接燃焼に用いられる固形バイオマス燃料の性状を表50.6に示す．ボイラ用燃料として木質系(製材廃材，建設廃材，未利用材，バーク)，農業残渣(バガス，パーム)，製紙系(黒液，製紙汚泥)等がある．

表 50.6　バイオマス燃料の性状

燃料種類	工業分析 [質量 %]			水分	低発熱量
	揮発分	固定炭素分	灰分	[質量 %]	[MJ/kg]
バガス	84.0	14.3	1.7	49 ～ 53	7.12 ～ 7.95
木くず	80.0	17.0	3.0	28 ～ 32	11.51 ～ 12.56
パームかす	83.0	12.0	5.0	32 ～ 37	11.30 ～ 12.56
コーンかす	70.0	24.5	5.5	39 ～ 43	9.21 ～ 10.05
もみがら	64.0	15.0	21.0	10 ～ 13	12.35 ～ 12.77
鶏糞	69 ～ 43	17 ～ 25	14 ～ 32	39 ～ 40	8.10 ～ 5.10

直接燃焼発電プラントの実施例を表50.7に，発電の経済性について出力10 MWクラスの復水式木屑燃焼発電プラントの試算結果を図50.7に示す．8000時間の稼働時間で総建設費が30万円/kW程度であれば，送電単価が約10円/kWhとなることを示している．

表 50.7　直接燃焼発電プラントの実施例

	種類	単位	バガス		木質	鶏糞
主燃料	低発熱量	kJ/kg	7620		11390	8075
	消費量	kg/h	19800		9120	13000
	燃焼方式	—	移床ストーカ		移床ストーカ	流動床
主蒸気	圧力	MPa	1.86		6.1	1.67
	温度	℃	355		425	206
	流量	kg/h	45000		34000	41000
タービン	型式	—	背圧式		抽気・背圧式	復水式
	出力	kW	2300		3000	1500
プロセス送気	圧力	MPa	0.15	1.76	2.0	1.62
	温度	℃	160	350	225	204
	流量	kg/h	25000	20000	24000	22400
エネルギー効率（発電）		%	5.5		10.4	5.1
（熱）		%	40.0	36.6	63.6	57.8

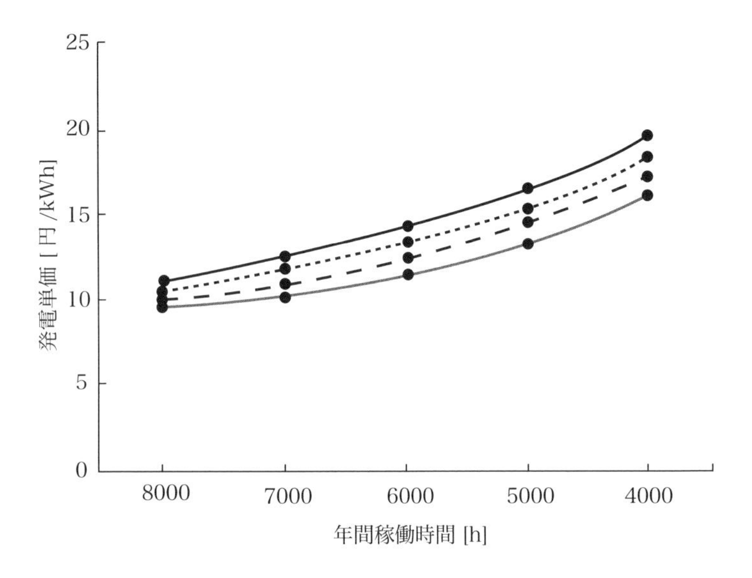

図 50.7　木屑燃焼発電プラントの経済性の試算結果（例）

バイオガス化発電システムは，廃棄物系バイオマス（主に食品廃棄物・紙ごみ）を嫌気条件下（酸素のない状態）で微生物の働きで分解し，メタンガスや酸化炭素を含む可燃性ガス（バイオガス）を生成し，燃料や発電・熱源として利用するもので，今後の一層の展開が望まれている．ここで，廃棄物系バイオマスから発生するバイオガス発生量は，種類，ガス化装置によって大きく異なるが，参考値を表50.8に示す．

表 50.8　バイオガス発生量の算出（参考値）

	バイオマス	ガス発生量	備　考
乾式	紙ごみ賦存量 [t/ 年]	490 $m^3{}_N$/t	紙ごみ，紙くず（産業廃棄物）
湿式	生ごみ賦存量 [t/ 年]	150 $m^3{}_N$/t	食品廃棄物，動物性残渣（産業廃棄物）
	し尿・浄化槽汚泥等 [kL/ 年]	8 $m^3{}_N$/kL	—

・生物化学的変換

代表的なものにメタン発酵，エタノール発酵がある．メタン発酵と発電システムを組み合わせたガスエンジン発電機や温水ボイラの燃料として，エタノールはガソリン代替の輸送機関燃料として用いられる．

試し問題 1

住宅用屋根に太陽光発電システム 6 kW を 2019 年度に設置する．日中の電気使用率を 15 % とし，残り 85 % を売電する．投資の総額費用は，25 万円/1kW と仮定する．年間の売電量と回収年限を求めよ．

[解答]

年間の予測発電量を推定すると，太陽光発電の我が国平均の設備利用率は，年間通して全体の 13 %，1140 h と概算されるので，6 kW では 6 kW × 1140 h/ 年 = 6840 kWh/ 年，または式(50.1)を用いて求めると，$E_P = H \times K \times P \times \dfrac{365}{N}$ $= 4.30\ \text{kWh/(m}^2\text{・日)} \times 0.73 \times 6\ \text{kW} \times \dfrac{365\text{日/年}}{1\ \text{kW/m}^2} = 6874\ \text{kWh}$ である．ここで，年平均日射量 H として 4.30 kWh/(m^2・日)を採用する．

以下では，年間の予測発電量 6840 kWh/ 年を採用する．年間の売電電力量は，その 85 % から 6840 kWh × 0.85 = 5814 kWh/ 年である．

したがって，出力制御対応機器の設置のない場合，2019年度の売電単価は，表50.2から24円/kWh(期間10年)で，年間5814 kWh/年×24円/kWh×1年=139.5千円，また年間の電気代削減額は，電気料金単価24円/kWhとして電気使用率15 %から，6840 kWh×0.15×24円=24.6千円/年，したがって，年間の経済メリットは，売電収入139.5千円+24.6千円=164.1千円/年，初期費用を25万円/1kWとすると，6 kW×250千円=1500千円から，回収年限

$$=\frac{1500}{164.1}=9.1\text{年}$$

<参考>

我が国の4人家族の一般家庭における1日あたりの平均電気使用量18.5 kWh/日とすると，1年間の必要電力量=18.5 kWh×365日/年=6752.5 kWh/年である．

試し問題 2

土地付き太陽光発電システム56 kWを2019年度申請設置する．経済性を検討せよ．太陽パネルは，7万円/1 kW(施工費含まず)，パワーコンディショナー5.5 kW×9台で20万円/1台，架台費用：3万円/1 kW，設置工事費：5万円/1 kWと仮定する．

[解答]

我が国の年間の平均発電予測量は，年間通して13 %(=1140 h)として，56 kW×1140 h=63840 kWh/年，したがって，年間の売電電力費は，売電単価は表50.2より14円/kWh(期間20年)から，

年間の売電電力費 =63840 kWh/年 ×14円/kWh=893.8千円/年

投資コスト：①太陽パネル70千円/1 kW×56 kW=3920千円，②パワーコンディ

ショナー200千円/1台×9台＝1800千円，③架台費30千円/1 kW×56 kW＝1680千円，④設置工事費50千円/1 kW×56 kW＝2800千円，合計(①＋②＋③＋④)＝10200千円

したがって，償却年数＝10200千円/年893.8千円＝11.4年

試し問題 3

風力発電は，風(空気)の運動エネルギーを電気エネルギーに変換しているが，次の問に答えよ．ただし，空気の密度を1.225 kg/m³とする．

① 風速10 m/sのときの空気1 m³が有する運動エネルギーはいくらか．

② 風車の直径が100 mのとき風速$v=10$ m/sの風車の回転面を通過する空気の体積を求めよ．ただし，風は水平軸風車回転面に直角にあたるとする．

③ 1秒間に風車が受ける風のエネルギー総量 [kW]を求めよ．

④ 風車1基の出力 [kW]を求めよ．ただし，風のエネルギー総量の内の20 %が電気エネルギーに変換されるとする．

[解答]

① 式(50.2)から，空気1 m³あたりの運動エネルギー

$$W=\frac{mv^2}{2}=1.225\times1\times\frac{10^2}{2}=61.25\ \mathrm{J/m^3}$$

② 1秒間の空気の体積Vは，翼直径Dとして

$$V=\frac{\pi D^2}{4}\cdot v=\frac{\pi\times(100)^2}{4}\times10=78539.8\ \mathrm{m^3/s}$$

③ $W_{\mathrm{total}}=W\cdot V=61.25\ \mathrm{J/m^3}\times78539.8\ \mathrm{m^3/s}=4.81\times10^6\ \mathrm{J/s}=4810\ \mathrm{kW}$

④ 効率20 %から，出力＝$0.2\times W_{\mathrm{total}}=0.2\times4810=962$ kW

試し問題 4

地熱発電出力2万kWを2019年度新設し，年間の設備利用率70 %とし，所内電力25 %として残りを固定買取制度(FIT)26円/kWh(期間15年)で電力会社に売電するとしたときの金額は年間いくらか.

[解答]

年間の発生電力量P_1 [kWh] = 20000 kW × 0.7 × 365日 × 24 h

= 1.226×10^8 kWh/年

年間の所内電力量P_2 [kWh] = 1.226×10^8 kWh/年 × 0.25

= 3.07×10^7 kWh/年

年間の売電力費P [kWh] = $(P_1 - P_2)$ [kWh/年] × 26円/kWh

= $(1.226 \times 10^8 - 3.07 \times 10^7)$ kWh/年 × 26 円/kWh

= 23.89億円/年

試し問題 5

有効落差50 m，流量50 m^3/sの水車出力を求めよ．ただし，水車効率85 %，発電機効率90 %とする．設備利用率を65 %とすると，年間の発電量はいくらか．また所内電力を出力の7 %とし，残りを固定価格買取制度(FIT)で売電すると年間の売電費は，いくらか.

[解答]

水車出力Pは，式(50.9)から，

$P = \rho g Q H \times 10^{-3} \times \eta_h \times \eta_g = 1000 \times 9.807 \times 50 \times 50 \times 10^{-3} \times 0.85 \times 0.90$
$= 18756$ kW

設備利用率65 %から，年間の発電量 = 18756 kW × 365日 × 24 h × 0.65 = 1.068×10^8 kWh/年

所内電力7％を除く年間売電量 $= 1.068 \times 10^8$ kWh/年 $\times (1-0.07) = 9.932 \times 10^7$ kWh/年

売電単価20円kWhから年間の売電費 $= 9.932 \times 10^7$ kWh/年 $\times$ 20円/kWh $=$ 19.9億円/年

総建設費を80万円/kWと仮定すると，80万円 $\times$ 18756 kW=150.0億円の投資が必要となる．償却年数 $=$ 150.0億円/年19.9億円 $=$ 7.54年

試し問題 6

バイオガス燃料のバーク(樹皮，低発熱量7600 kJ/kg)を直接燃焼させるボイラタービン発電プラントを計画した．燃料消費量20 t/h，ボイラ効率85 %，主蒸気圧力・温度2 MPa(abs) $\times$ 390 ℃，給水温度25 ℃，タービン出口圧力7.384 kPa(abs)の復水式タービンの断熱効率を90 %とする．年間稼働時間を24 h/日 $\times$ 250日/年とする．

① 発電端出力(発電効率98 %)を求めよ．

② 電力の所内消費比率を20 %とし，残りを固定買取制度で売電(≧2000 kW：32円/kWh，< 2000 kW：40円/kWh)したときの年間売り上げ価格を求めよ．

ここで，2 MPa(abs) $\times$ 390 ℃の比エンタルピー：3226.21 kJ/kg，比エントロピー：7.096 kJ/(kg・K)，飽和圧力7.384 kPa(飽和温度40 ℃)の各比エンタルピー，比エントロピーは次のようである．

表 50.9　7.384 kPa 飽和の水蒸気の物性値

圧力	h' [kJ/kg]	h'' [kJ/kg]	s' [kJ/(kg・K)	s'' [kJ/(kg・K)
7.384 kPa 飽和	167.54	2573.54	0.57243	8.25567

[解答]

① 燃料バークの燃焼による発生熱量＝7600 kJ/kg×20000 kg/h＝1.52×10^{8} kJ/h →1.52×10^{8}/3600 kJ/s＝4.22×10^{4} kW

ボイラが正味吸収する熱量は，ボイラ効率85 %から，1.52×10^{8} kJ/h ×0.85＝1.292×10^{8} kJ/h

2 MPa(abs)×390 ℃の比エンタルピー＝3226.21 kJ/kg，比エントロピー＝7.096 kJ/(kg・K)からボイラで発生する蒸気流量G [kg/h]は，ボイラ供給熱量と水の吸収する熱量が等しいから，

$$流量\ G\,[\mathrm{kg/h}]=\frac{1.292\times10^{8}\ \mathrm{kJ/h}}{3226.21-25\times4.1868\ \mathrm{kJ/kg}}=41390\ \mathrm{kg/h}$$

ここで，上記中の4.1868は，水の比熱 [kJ/(kg・K)]である．

タービン出力を求める．図50.8のh-s線図に示すように，タービンの断熱熱落差Δh_{ad}は，図中のタービン入口の点Aと可逆断熱膨張したタービン出口点Bとのエンタルピー差である．タービン出口(点B)の蒸気乾き度x_{ad}は，等エントロピー変化でタービン入口(点A)と出口(点B)のエントロピーが等しいので，表50.9の物性値表から

$7.096=0.57243+x(8.25567-0.57243)$ より，$x_{ad}=0.849$,

このときの出口比エンタルピーh_Bは，

$$h_B=167.54+x_{ad}(2573.54-167.54)$$
$$=167.54+0.849\times(2573.54-167.54)=2210.23\ \mathrm{kJ/kg}$$

よって，断熱熱落差$\Delta h_{ad}=3226.21-2210.23=1015.98$ kJ/kg，タービン断熱効率90 %から，熱落差$\Delta h=1015.98$ kJ/kg×0.9＝914.38 kJ/kg，タービン出口エンタルピー$h_c=3226.21-914.38=2311.83$ kJ/kg，実際のタービン出口乾き度x_cは，$2311.83=167.54+x_c(2573.54-167.54)$から$x_c=0.891$

$$タービン出力\ W_T=G\times\Delta h=\frac{41390}{3600}\ \mathrm{kg/s}\times914.38\ \mathrm{kJ/kg}=10513\ \mathrm{kW}$$

発電端出力 $W_G=10513\ \mathrm{kW}\times0.98=10302.7\ \mathrm{kW}$

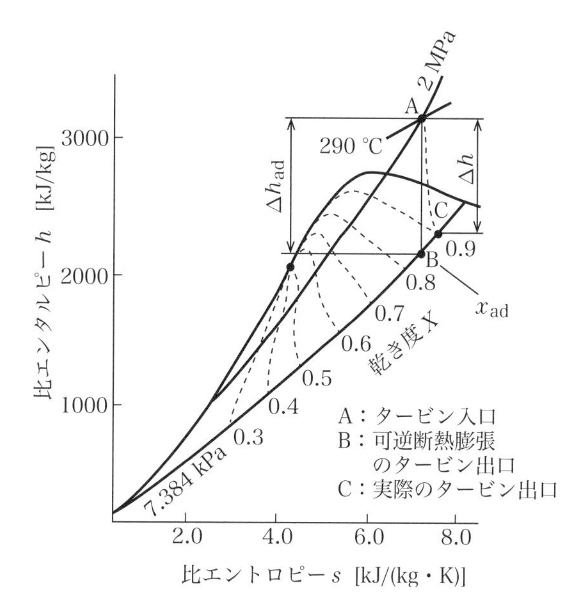

図 50.8　エンタルピー―エントロピー（h-s）線図

②　年間の売電電力量P＝10302.7 kW×(1－0.2)×24 h/日×250日/年＝4.945×10^7 kWh/年，売電単価32円/kWhから年間の売電費＝4.945×10^7 kWh/年×32円/kWh＝15.82億円/年

総建設費40万円/kWとすると，10513 kW×40万円/kW＝42.05億円

したがって，償却年数＝42.05億円/年15.82億円＝2.66年

参考文献

基本技1〜4 「省エネ法に関する基礎事項」

1. 経済産業省資源エネルギー庁，『省エネ法の概要』(エネルギーの使用の合理化等に関する法律)，2019年1月.
2. ㈶省エネルギーセンター編，『エネルギー管理士試験（模範解答集，熱分野)』，2015年10月.
3. ㈶省エネルギーセンター編，『管理標準総合ガイド（工場編)』，2008年3月.

技1〜9 「ボイラ関連」

1. 石谷清幹，赤川浩爾，『蒸気工学』，コロナ社，1983年2月.
2. 藤井照重，『2級ボイラー技士模擬問題集』，電気書院，2015年4月.
3. 藤井照重，『2級ボイラー技士試験対策必携ポイントブック』，電気書院，2016年5月.
4. 平田賢監訳，『伝熱工学＜上，下＞』，ブレイン図書出版，1988年3月.
5. 藤井照重，『ボイラ蒸気プラントにおけるドレン回収の有効性』，省エネルギー（省エネルギーセンター)，2009年3月.

技10〜28 「圧縮機・ポンプ・送風機関連」

1. 省エネルギーセンター編，『熱管理士試験講座（熱と流体の流れの基礎)』，安信印刷工業，2000年2月.
2. 今木清康，『流体機械工学』，コロナ社，2004年1月.

技29〜34 「ヒートポンプ・冷凍機関連」

1. ㈶ヒートポンプ・蓄熱センター編，『ヒートポンプ・蓄熱白書』，オーム社，2007年1月.
2. 藤井照重，『第3種冷凍機械責任者試験合格テキスト』，電気書院，2017年2月.

技35～48 「工業炉・乾燥炉」,「電気設備関連」

1. 荒野喆也,『現場における省エネのチェックポイント』, オーム社, 2001年5月.
2. 神谷清, 鈴木志郎,『ビルの省エネルギー』, 電気書院, 2006年11月.
3. ㈶省エネルギーセンター,『第33回エネルギー研修（電気分野専門区分編）』, 2010年11月.
4. ㈶省エネルギーセンター,『エネルギー管理士試験講座（熱利用設備及びその管理）』, 2011年6月.
5. 高田秋一, 堀川武廣,『省エネ対策の考え方・進め方』, オーム社, 2007年9月.

技49, 50 「その他」

1. 藤井照重,『省エネルギー』, CO_2ヒートポンプとボイラ蒸気加熱システム, 省エネルギーセンター, 2009年9月.
2. 藤井照重, 中塚勉他,『再生可能エネルギー技術』, 森北出版, 2016年2月.

索引

欧字

APF …… 166
CFC …… 171
COP …… 163, 174, 276

HCFC …… 171
HFC …… 171

LED 照明 …… 261
LED 電球 …… 260
Low E ガラス …… 197

あ行

圧縮機 …… 77
圧力損失 …… 96

一次エネルギー …… 11
インバータ …… 92, 121, 267
インバータ制御 …… 92

エコキュート …… 161, 165
エネルギー管理指定工場 …… 5
エネルギー消費原単位 5, 21, 22
遠心ポンプの特性曲線 …… 147
煙突効果 …… 73

オゾン層破壊係数 …… 171, 178
温室効果ガス …… 19

か行

カーボンニュートラル …… 17
外気導入量制御 …… 185
回転数制御 …… 116, 152
乾き空気 …… 181
乾燥炉 …… 217
管理標準 …… 6

基本料金 …… 237
逆カルノーサイクル …… 276

空気比 …… 36, 45
空気漏れ …… 85
クールルーフファン …… 125
クロロフルオロカーボン …… 171

下水道料金 …… 56
原油換算 …… 9

工業炉 …… 202
工場エアー …… 135
工場換気 …… 125
コージェネレーションシステム …… 227
固定買取制度 …… 283

さ行

再生可能エネルギー …… 283

自然エネルギー …… 283
自然通風力 …… 73
実揚程 …… 140
自販機 …… 264
湿り空気 …… 84, 181
省エネ法 …… 2, 8
照明 …… 260
新エネルギー …… 283

吸込みダンパ制御 …… 115
吸込みベーン制御 …… 116
水道料金 …… 56
ステファン・ボルツマン定数 …… 63, 198
ステファン・ボルツマンの法則 63

成績係数 …… 163
絶対湿度 …… 181
セラミックファイバ …… 214
全熱交換器 …… 179
全揚程 …… 140

相対湿度 …… 181
送風機 …… 112

た行

待機電力 …………………… 256
台数制御 ………… 88, 117, 158
太陽光発電 ………………… 284
対流熱伝達 ………………… 62
断熱材 ……………………… 68

地球温暖化係数 ……… 172, 178
地熱 ………………………… 290
中小水力エネルギー ……… 292

通年エネルギー消費効率 … 166

デマンド監視装置 ………… 237
デマンドコントローラ …… 239
電気需要平準化時間帯 …… 21
電気需要平準化評価原単位
…………………… 5, 21, 24
電気伝導率 ………………… 49
電力量料金 ………………… 237

特定事業者 ………………… 3
特定連鎖化事業者 ………… 4
吐出ダンパ制御 …………… 114
トップランナー制度 ……… 243
取鍋(とりべ)…………… 223
ドレン回収 ………………… 55

な行

二酸化炭素排出量 ………… 17
二次エネルギー …………… 11
日射熱 ……………………… 197
入出熱法 …………………… 31

熱貫流率 …………………… 195
熱損失法 …………………… 31
熱伝達率 …………………… 62
熱伝導 ……………………… 60
熱伝導率 …………………… 61
熱搬送設備 ………………… 158
熱容量 ……………………… 213

は行

パージ損失 ………………… 41
バイオマス ………………… 293
排ガスの熱損失 …………… 37
ハイドロクロロフルオロカーボン
…………………………… 171
ハイドロフルオロカーボン… 171

ヒートポンプ ………… 161, 272
比動力 ……………………… 80

ファン ……………………… 112
風力発電 …………………… 287
負荷損 ……………………… 241
輻射 ………………………… 63
ブロー率 …………………… 51
ブロー量 …………………… 48
ブロワ ……………………… 112

ベルトコンベア …………… 267
変圧器 ……………………… 240

ボイラ効率 ………………… 30
放射熱伝達率 ……………… 198
ポンプ ……………………… 139

ま行

未利用エネルギー ………… 229

無負荷損 …………………… 241

ら行

力率 ………………………… 247
リジェネレイティブバーナ
…………………… 202, 207
流量制御 …………………… 146
理論圧縮動力 ……………… 78
臨界圧力 …………………… 102
臨界ノズル ………………… 104
臨界流 ……………………… 106
臨界流量 …………………… 101
臨海流量係数 ……………… 103

冷凍サイクル ……………… 161
レキュペレータ ……… 202, 207
レシーバタンク …………… 95

── 著 者 略 歴 ──

藤井　照重（ふじい　てるしげ）工学博士

1967年　神戸大学大学院工学研究科修士課程（機械工学専攻）修了
1980年　工学博士（大阪大学）
1983年～1984年　オーストラリア国ニューサウスウェールズ大学客員研究員
1988年　神戸大学教授（機械工学科）
2005年～2018年　有限会社エフ・EN代表取締役
2005年～現在　神戸大学名誉教授

（著書）
『蒸気動力』（共著、コロナ社）、『熱管理士教本（エクセルギーによるエネルギーの評価と管理）』（共著、共立出版）（『Steam Power Engineering-Thermal and Hydraulic Design Principles』(joint work、Cambridge Univ. Press)、『熱設計ハンドブック』(共著、朝倉書店)、『気液二相流の動的配管計画』（共著、日刊工業新聞社)、『コージェネレーションの基礎と応用』（編著、コロナ社)、『トラッピング・エンジニアリング』（監修、㈶省エネルギーセンター）、『機械工学入門』（共著、朝倉書店)、『環境にやさしい新エネルギーの基礎』(監修、森北出版)　他

現場で働く方必携!!
知っておきたい省エネ対策試し技50

2020年 6月19日　　第1版第1刷発行

著　者　藤井照重（ふじい てるしげ）
発行者　田中　聡

発行所
株式会社　電気書院
ホームページ　www.denkishoin.co.jp
（振替口座　00190-5-18837）
〒101-0051　東京都千代田区神田神保町1-3ミヤタビル2F
電話(03)5259-9160／FAX(03)5259-9162

印刷　中央精版印刷株式会社　DTP　Mayumi Yanagihara
Printed in Japan／ISBN978-4-485-66554-1